蚯蚓与土壤重金属污染：毒理与修复

段昌群　刘嫦娥　主编

科学出版社
北京

内 容 简 介

本书主要探讨土壤重金属污染条件下蚯蚓-土壤-微生物-植物整个体系的生态响应与生态效应，旨在为重金属污染土壤的生物生态修复提供科技路径。本书从蚯蚓的生态功能与分布特征出发，以作者团队开展的研究工作为基础，结合国内外研究动态，围绕重金属污染对蚯蚓-微生物-植物-土壤生态系统的影响与效应，阐述其生态过程与机理，最后落脚于重金属污染土壤的修复，实现从理论研究到实际应用的贯通。

本书可供环境科学与工程、生态学等学科领域的研究人员、教学人员及管理人员参考使用。

图书在版编目（CIP）数据

蚯蚓与土壤重金属污染：毒理与修复／段昌群，刘嫦娥主编. —北京：科学出版社，2023.12

ISBN 978-7-03-076019-7

Ⅰ.①蚯… Ⅱ.①段… ②刘… Ⅲ.①蚯蚓-作用-土壤污染-重金属污染-修复 Ⅳ.①X53

中国国家版本馆 CIP 数据核字（2023）第 127945 号

责任编辑：郭允允 马珺荻／责任校对：郝甜甜
责任印制：赵 博／封面设计：无极书装

科学出版社出版
北京东黄城根北街 16 号
邮政编码：100717
http://www.sciencep.com

北京科印技术咨询服务有限公司数码印刷分部印刷
科学出版社发行 各地新华书店经销
*
2023 年 12 月第 一 版 开本：787×1092 1/16
2024 年 10 月第 二 次印刷 印张：16
字数：380 000
定价：**158.00** 元
（如有印装质量问题，我社负责调换）

前　言

重金属污染已经成为制约中国乃至世界生态环境质量，影响食物安全和人类健康的重要环境问题。重金属污染具有隐蔽、持久且不能被降解等特点，通过直接摄入、皮肤接触、吸收等各种途径进入生物及人体内，对生态环境、食品安全产生影响，并通过生物富集和生物放大等对生态系统和人群健康造成巨大的危害。

蚯蚓是维系陆生生物和土壤生态系统间关系的桥梁，发挥着极其重要的生态功能而被誉为"生态系统工程师"，作为重要的大型土壤动物，蚯蚓通过影响土壤物理、化学和生物学等性质在物质循环、能量流动和信息传递过程中起着极其重要的作用。国内外针对蚯蚓在生态系统中的作用与功能研究，尤其在森林和农田生态系统中的研究已较为系统，越来越多的科学家关注蚯蚓作为环境污染的指示者和修复者的特殊作用。在国家自然科学基金项目（编号：32260315、32371707）、云南省基础研究计划重点项目（编号：202201AS070016、202201BF070001-002）的持续支持下，作者团队聚焦相关研究十余年，本书是作者团队研究和国内外相关研究的归纳和总结，期待为相关学者进一步开展研究提供集成信息与背景资料。

本书贯通三方面内容：蚯蚓的生态功能、重金属对土壤生态系统的影响及蚯蚓的生理生态响应、蚯蚓对土壤重金属污染修复。这三方面内容既相互区别，又形成一个有机整体。本书主要突出基础性、前沿性和应用性，着眼于作者团队的研究工作，同时将当前前沿领域和热点问题贯穿其中，如：①云南省典型区域蚯蚓分布特征调查，弥补了云南省土壤蚯蚓分布、种类与数量等调查工作的盲区，为野生蚯蚓保护及其改善土壤生态环境等提供支撑；②云南省农田土壤重金属污染特征研究；③重金属对蚯蚓-微生物-植物-土壤生态系统的危害，全面、综合、系统评价重金属的毒害作用；④蚯蚓介导环境友好型物质修复重金属污染土壤，为重金属污染土壤提供一个全新的治理途径与方法。

本书编写作为云南大学生态学"双一流"学科建设的工作之一，作为云南省高原山地生态与退化环境修复重点实验室、滇中生态敏感区生态功能修复云南省野外科学观测研究站、云南大学云南生态文明建设智库的重要成果，得到了云南大学多位专家教授的鼎力支持和科学出版社郭允允编辑的指导，谨此一并致谢。

本书由段昌群、刘嫦娥共同主编，段昌群主要承担书稿大纲与内容总体设计，刘嫦娥主要承担书稿内容的编写与组织工作。参与写作的人员分工情况如下：第1章、第2章由段昌群、刘嫦娥、付登高、肖艳兰、赵奕乔、罗庆睿编写，第3章由段昌群、李小琦编写，第4章由刘嫦娥、潘瑛、孟祥怀编写，第5章由刘嫦娥、陈金全、禹明慧编写，第6章由刘嫦娥、赵永贵、秦媛儒编写，第7章由刘嫦娥、岳敏慧、李世玉、王朋编写，第8章由段昌群、张悦、张维兰、汪元凤编写。全书由刘嫦娥、段昌群统稿，刘嫦娥负责文字和图文编排。董红娟、字玉奋、唐彬程、刘萍、蔡粤、杨雪清、李卫军等参与书稿的审读和校阅工作。

我们尝试对蚯蚓-重金属相互关系研究内容进行组织归纳，但限于水平、时间，且内容涉及面广、参编人员较多、统稿难度大等，书中错误和疏漏在所难免，希望读者提出宝贵意见（联系邮箱：change@ynu.edu.cn），以便进一步修订和完善。

《蚯蚓与土壤重金属污染：毒理与修复》编委会

2023 年 3 月

目　　录

第1章 陆地生态系统蚯蚓的生态功能

通常所说的"蚯蚓"是指隶属于环节动物门（Annelida）寡毛纲（Oligochaeta）的所有生物，系陆栖无脊椎动物，主要分布在土壤的表层，在土壤生态系统中扮演着非常重要的角色，因此被称为土壤"生态系统工程师"（ecosystem engineer）。土壤作为地球上万物生存发展所需的宝贵资源和家园，由大气圈、水圈、岩石圈及生物圈交叉组成的圈层，因此是最为活跃的圈层，也是人类生存及孕育生物多样性的基础，其包含十分巨大的生物多样性，在保障初级生产力方面作出了巨大贡献。蚯蚓是维持土壤生物之间、非生物与生物因子之间复杂关系并保持平衡的重要驱动力，作为最具代表性的大型土壤动物中的一员，能够通过生物扰动参与到物质分解、养分循环、土壤形成，以及土壤结构塑造的过程中（Edwards，2004），同时还能将土壤生态系统功能多样性维持在一个较高水平。因此，蚯蚓对土壤环境及整个土壤生态系统具有不可小觑的影响力和作用力。蚯蚓的生存和生活受到了多条件的影响与限制，主要包括气候条件、食物资源的可获得性（质量）及土壤性质等，而在所有的影响因素中，气候因素在塑造蚯蚓群落结构方面比土壤性质和栖息地覆盖更为重要。鉴于蚯蚓所具有的其他生物无法替代的特殊地位及重要的生态功能，深入研究显得至关重要。

1.1 蚯蚓调控土壤质量

蚯蚓在土壤中的掘穴、取食、消化、分泌、排泄等一系列的活动能对土壤物理、化学和生物性质产生直接或间接影响，包括土壤孔隙度、团聚体稳定性、酸碱度、养分有效性等（黄福珍，1979），近年来关于蚯蚓对土壤性质的影响得到了较高的关注。首先，蚯蚓通过自身活动能够促进土壤团聚体的形成，并对土壤孔隙度及土壤质地等产生不同程度的影响（程思远等，2021）；其次，蚯蚓通过排泄产生的蚯粪对土壤中养分含量及土壤有机质（soil organic matter，SOM）的分解产生影响；最后，在复杂的土壤环境中，还生活着除了蚯蚓外的其他生物，蚯蚓作为土壤生态系统中的成员之一，其活动会对其他生物产生影响，如会对土壤微生物数量、生物量、种类及群落结构等产生影响，进而改变土壤生态系统平衡及微环境质量。

1.1.1 蚯蚓对土壤结构的影响

蚯蚓可以改变土壤的物理性质，如土壤质地、结构、孔隙分布和密度等，从而影响土壤质量和利用状况。蚯蚓通过一系列的活动对土壤结构及土壤形成过程等产生一定的影响。

1. 蚯蚓行为对土壤团聚体的影响

土壤团聚体（soil aggregate）是由土壤单粒经过凝聚胶结作用之后形成的个体，在土壤微生物、土壤中植物根系等共同作用下形成的，是土壤结构构成的基础，其稳定性直接影响土壤表层的水土界面行为，与降水入渗及土壤侵蚀具有密切联系。团聚体作为土壤结构基本单元，在保水保肥方面发挥着至关重要的作用，减少了水土及营养成分的流失。

蚯蚓可以通过掘穴行为直接改变土壤团聚体结构，也可以通过排泄粪便、吞食土壤及有机物质等间接作用影响土壤团聚体结构。蚯蚓在土壤中钻动使土壤疏松，能够提高土壤的孔隙度、改善土壤通气度、增强土壤的透水性，这为土壤中好氧微生物提供了氧气和水分，有利于土壤微生物繁殖，加快了土壤腐殖质的分解；同时促进了植物的生长及其对水分的利用效率。由于蚯蚓具有繁殖能力强、繁殖周期短、消化系统发达的特点，其翻土量不容小觑。蚯蚓在生命活动过程中会吞噬土壤及有机质，经过蚯蚓肠道的土壤由于挤压、混合，以及黏蛋白、糖胺聚糖对土壤颗粒的胶结作用，有蚯蚓添加的土壤比原土有着更高的稳定性。曾经有研究将蚯蚓引入到团聚体被破坏的土壤中，结果发现蚯蚓的存在使得土壤微团聚体的比例、土壤团聚体的稳定性明显提高。蚯蚓每日通过吞食土壤及有机质所形成的土壤团聚体重量，可达其自身体重的 1.3～2.9 倍，蚯蚓可以利用消化道的黏液或土壤中植物根系分泌物将土壤中有机质与土壤团聚体相结合（于建光等，2010），这与土壤团聚体的水稳性有着密切的关系。

2. 蚓粪对土壤的影响

蚓粪（earthworm cast）是一种黑色、均一的细小颗粒状物质，是营养丰富、品质优良的团粒结构，具有比表面积大、疏松多孔、排水性好、持水性好、有机质含量多等诸多特点，含有丰富的有益微生物、腐殖酸、氮、磷、钾、多种酶、氨基酸和维生素等成分，释放后极易被作物所吸收利用。蚓粪作为一种集营养、刺激生长，以及防病于一身的多功能有机肥，拥有较强的生物活性，在生产中可用于配制营养土，其在减轻病虫害发生、改善农作物产品品质等方面具有良好表现而广被关注。

通常有机肥是通过增加土壤有机质的含量来改良土壤的，蚓粪除了能够向土壤提供丰富的有机质之外，其本身就是品质优良的团粒结构，与原土相比，添加蚓粪的土壤溶胀值、孔隙度有显著增加，促进土壤通气透水。同时蚓粪这种腐殖质在土壤中遇到钙离子时会与土壤颗粒凝聚形成具有稳定性的团粒结构，其覆盖土壤或与土壤混合时也能使板结的土壤得到缓解。蚓粪中富含的微生物、活性物质，以及蚓茧等也能发挥改良土壤的作用。

1.1.2 蚯蚓对土壤化学性质的影响

蚯蚓在改善土壤物理结构的同时，在物质分解及养分循环方面也起着十分积极的作用。蚯蚓在进行生命活动的过程中，能够吞食、破碎、分解和混合大量土壤有机质及废弃物，增加有机质分解速率，将其分解为可以利用的有机质，而且蚯蚓能够转化物质形成有机物质。此外，蚓粪中含有多种未被消化吸收的有机物质，研究发现，蚯蚓的排泄物中含有 19.47%～42.2% 的有机质、11.7%～25.8% 的腐殖酸，这能够将酸性或碱性的土壤变成有利于作物生长发育的接近中性的土壤，促进土壤腐殖质的形成和富集，从而减少有机质的浪费，同时提高土壤中碳、钾、氮的储存量及土壤肥力（刘一凡等，2021）。蚯蚓对土壤化学性质的影响以碳、氮、磷这三种元素为主，主要在蚯蚓肠道、土壤中陈旧排泄物、新鲜蚓粪、土壤的发育四个方面影响土壤有机质动态和养分循环。

1. 蚯蚓对土壤中碳元素的影响

植物生物量是控制土壤微团聚物中碳积累的主要直接因素，而土壤团聚体分布和酶活性与土壤中淤泥和黏土组分中碳积累的相互作用强烈，蚯蚓在这些过程中的影响不容忽视。凋落物中碳的分布受蚯蚓取食和排泄活动的影响显著，且不同生态类群各有其分布机制。表栖类蚯蚓能将凋落物中稳定的有机碳组分转化为更难降解的形式留在土壤中，而深栖类蚯蚓能快速消耗有机质残体，促进凋落物的分解，并将有机碳储藏在土壤中（鲁福庆等，2022）。蚯蚓的取食行为可以促进地表凋落物的周转，致使表层土壤中碳的含量明显减少，但是蚯蚓能够直接参与保护大团聚体里包含的微团聚体中的碳，使得土壤中的碳长期稳定地存于土壤之中。此外，蚓粪中也富含多种动植物生长发育所需的营养元素，蚓粪中碳含量明显高于周围的土壤，并且蚓粪中各粒级均含有大量碳元素。还有研究表明，蚯蚓可以同时促进二氧化碳的排放及碳储藏，尽管蚯蚓对土壤碳库有较大的影响，但这没有显著增加土壤总呼吸量（Kabi et al., 2020），这可能是因为蚯蚓进行的异养呼吸在很大程度上由其他土壤生物自养呼吸的减少而抵消。

2. 蚯蚓对土壤中氮元素的影响

蚯蚓除在提高土壤碳含量有较为显著的提升作用之外，同时能够加速氮的矿化速率，蚯蚓对提高土壤中无机氮的浓度有显著作用，土壤中矿质氮及微生物氮含量也有着明显的提高，表明蚯蚓能够扩大土壤微生物氮库、促进有机氮矿化，这可能是由于通过蚯蚓肠道转化、代谢的作用，促进了整体微生物群落的矿化及对养分的利用。

由于氮在土壤中储存形态丰富且易变，因此蚯蚓对土壤中氮的影响是复杂多样的。深栖类蚯蚓能够明显地改变植物残体氮的分布，使得氮元素向植物体及土壤转移，在种植耕作物的农业生态系统里，蚯蚓能促进深层土中氮的沥滤，使得氮元素淋失，而对无机态氮没有影响。蚯蚓对土壤元素的影响与土壤生态系统有关，与其自身的生态类型是否有关尚有争议：有的学者认为蚯蚓的生态型与铵态氮、硝态氮含量密切相关，深栖类和内栖类可以提高土壤中铵态氮的含量，而表栖类能够提高硝态氮的含量；但是有的学者持相反的态度，认为蚯蚓对土壤中硝态氮及铵态氮确实有一定的效用，但是这与蚯蚓的生态型没有关系。

3. 蚯蚓对土壤中磷元素的影响

蚯蚓是影响有机残体分解、促进养分矿化的重要影响因素之一，同时可以提高土壤养分中可利用氮和速效磷的水平。蚓粪与土壤的融合能够间接地提高土壤中磷的含量，使土壤中无机磷、可溶性磷、有机磷的含量均有显著的增加。蚯蚓的生活习性对磷含量有着深远的影响，例如蚯蚓的取食习性和土壤有机磷含量密切相关，通常蚯蚓更偏向于取食有机磷含量较高的土壤，这会导致土壤有机磷暂时性减少，同时蚯蚓的存在会使磷元素向下移动，这促进了磷在不同土层中呈斑块分布。在蚓道、蚓粪周围的磷容易受到影响，使有机磷、可溶性磷、无机磷等发生形态间的变化。不同生态型的蚯蚓对不同形态的磷的作用也有所不同。表栖类蚯蚓的生命活动会使表层土壤的可交换性的磷含量有所增加，而深栖类蚯蚓的生命活动则会使土壤的速效磷含量有显著提高。

随着蚯蚓的价值逐渐被发现，越来越多的研究将蚯蚓作为重点关注对象，为了将蚯蚓的优势扩大，更多的关注点放在蚯蚓修复土壤及其同其他生物间的相互联合作用上，其中蚯蚓与微生物、植物之间的协作能够创造出更有利的影响（王洪涛等，2022），这也是蚯蚓当前成为研究热点的重要原因，但多数研究只是笼统地描述了蚯蚓的作用，并没有强调蚯蚓本身及种类的选择。土壤作为蚯蚓栖息的自然环境是一个有机的复杂体，其影响是多元化混合的，蚯蚓在调节整个生态系统生物地球化学循环的有序进行的同时，自身也在不断发生变化，而这些变化绝大多是由外界环境变化所致。

1.1.3 蚯蚓改变土壤生物群落结构

土壤是一个较为复杂的生态系统，具有较高的生物多样性，因此蚯蚓在生命活动中或多或少会与其他生物发生作用，进而对土壤环境产生影响。

1. 蚯蚓对土壤微生物群落的影响

作为土壤生物之一的微生物，在和蚯蚓共存的情况下，必定会受到蚯蚓活动的影响。其中最为明显的是对微生物数量、种类、生物量及群落结构的影响（李妍等，2022）。主要表现在蚯蚓的分解作用能够使较为复杂的有机物质分解成微生物能够直接利用的物质，进而提高植物对养分的吸收水平，并为土壤微生物提供了良好的生存环境。土壤微生物是土壤生物群落一个十分重要的组成部分，虽然其比例很小，但对土壤养分循环、有机质积累、矿化等有非常明显的控制作用。此外，土壤微生物对周围环境变化是极其敏感的，轻微的环境变化都会对微生物的生活产生影响。因此，微生物群落的指标参数对土壤生态功能的变化具有重要的指示作用，并具有反映土壤质量的功能。

由于蚯蚓在巨大的土壤食物网中起着关键作用，它们可以通过调节土壤结构、有机质质量和改变微生物活性，成为影响微生物群落的重要因素之一。蚯蚓等土壤动物能够改变土壤食物链，从而出现动、植物组成的更替现象，其中蚯蚓对土壤微生物群落的影响更加复杂，因此探究蚯蚓对土壤微生物群落的作用也可以更为全面地了解其土壤生态功能。蚯蚓能够通过取食活性微生物、分泌黏液来影响土壤微生物群落，通过土壤食物网来改变微生物及无脊椎动物的种类、数量及分布，蚯蚓的肠道内有丰富的有机物、非定型腐殖质，这些物质都是土壤微生物的能量和基底重要来源。蚯蚓的挖穴、粉碎作用也能对微生物群落结构造成一定的影响，蚯蚓对不同品质的凋落物的破碎作用会明显改变微生物的细菌、真菌的比例，因为通常情况下，细菌在微小的凋落物上生活，而真菌则相反，蚯蚓通过缩减表层土壤中的有机质来增加细菌的数量，从而减少真菌的数量（刘青源，2022）。此外，蚓道也是影响微生物群落结构的一个重要因素，蚯蚓对蚓道周围的挤压作用及其残留的分泌黏液都对微生物的活动起着重要的作用，通常蚓道周围细菌数会增加，而对真菌群落数几乎没有影响。

2. 蚯蚓对植物生长的影响

蚯蚓对植物的影响可分为两方面：一方面，蚯蚓的生命活动可以直接影响植物的生长，或能通过改变土壤的理化性质及微生物活动来间接地影响植物与其他生物因子的关系（韦杰，2021）。蚯蚓活动能加快土壤凋落物和有机物释放养分的速度，提高土壤肥力促进植物养分吸收，如蚯蚓活动显著增加无机氮和硝态氮浓度，形成大量供植物吸收的无机氮。蚯蚓的掘穴活动还会使植物种子在土层中重新分布，如将植物种子从种子库转移到土壤的表层，从而提高种群多样性。有研究发现，蚯蚓的生命活动能够加剧植物和土壤微生物之间对氮元素的竞争，从而影响植物生长和微生物群落（康玉娟和武海涛，2021）。另一方面，蚯蚓能够分泌类似植物激素的信号分子，如分泌生长素、细胞分裂素等促进植物生长，分泌茉莉酸、水杨酸诱导对病原体的抗性，分泌类荷尔蒙激素来帮助种子打破休眠机制，促进植物种子的萌发及幼苗生长。

蚯蚓对植物的促进作用可解释为蚯蚓能够改变土壤性质、土壤养分含量、活性物质含量及其他生物而产生间接影响。

1.2　蚯蚓在土壤物质循环中的作用

物质循环是在媒介中进行的，一般来说，物质输入的媒介是水、大气、土壤。蚯蚓等土壤动物不仅能直接地反应土壤的机制状况，且对已退化的土壤能够起到改善恢复的作用。目前对于自然生态系统中蚯蚓等土壤动物与土壤机制关系的研究较多，例如对大部分森林生态系统的研究表明，一般土壤有机质含量较高，含水量、pH（酸碱值）适中有利于蚯蚓等土壤动物的生活，加快了蚯蚓等土壤动物对凋落物的分解速率，促进了物质循环。主要表现为机械破碎、酶、生物降解三个方面作用。

1.2.1　机械破碎作用

蚯蚓是生态系统中重要的分解者和消费者，其功能作用在土壤生态系统中是无可替代的。蚯蚓的机械破碎作用有利于土壤动物和微生物的取食，而蚯蚓活动能够影响有机质的降解速率和营养元素的周转量，对凋落物分解、元素的释放可以起到加速作用，从而直接或间接地促进物质循环。蚯蚓对凋落物的分解作用通过取食-分解-代谢-转化完成物质循环过程，还可以通过其新陈代谢活动加速凋落物-土壤动物-土壤系统中营养元素（C、N 和 P）的循环速率。蚯蚓每天能吞食相当于自重 5～30 倍的土壤，留下大量蚓粪堆积在土壤表层或者土壤内部，每经过几年的时间，上表层的土壤就可全部被土食性蚯蚓吞食一遍，进而促进物质循环；在微生物参与的情况下，蚯蚓能明显地促进土壤有机质和植物残落物中 C、N、P 的循环和转化。然而蚯蚓对土壤中各种存在形式及化学组成中稳态有机碳的转化和降解，对土壤中的微生物碳的利用和稳定化作用机理有待进一步研究。

1. 蚯蚓对碳转化过程的影响

土壤有机质中的有机碳是十分重要的碳源组分，以土壤有机碳的形式存在于土壤中的碳占地球陆域碳循环总碳量的 80%。添加蚯蚓能够有效地增加土壤有机碳含量，可能是由于土壤表面及掩埋其中的动植物残体本身含有较多营养元素，蚯蚓的粉碎活动增加了其与土壤的接触面积，粉碎后并将其混合于土壤中，从而促进有机质分解，加速了有机碳释放到土壤中的进程，进而增加土壤有机碳含量；还可能是随着动植物残体腐解，蚯蚓通过粉碎活动加速了周围微生物的生长繁殖，形成了一个较为稳定的土壤微生物活动层，促进了其中有机态养分的分解和释放，从而提高了土壤的有机碳含量。

蚯蚓通过有机碳自身的难降解性、有机碳的微生物可达性、有机质之间及与无机物的分子间相互作用三个因素实现土壤有机碳稳定性的调控（图 1-1）。

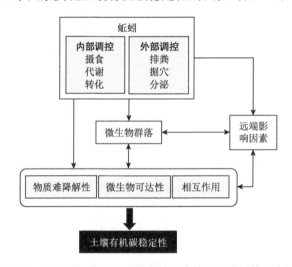

图 1-1　蚯蚓对土壤有机碳稳定性的直接和间接调控示意图

2. 蚯蚓对氮转化过程的影响

土壤全氮（total nitrogen, TN）是指土壤中所有的氮，其中，有机氮所占比例高达95%～98%。有机氮是微生物生长的基质，有机氮虽然不能被作物完全吸收利用，但可逐渐地分解和矿化，转变成作物可以吸收利用的形态。所谓有效氮，则是指硝态氮和铵态氮。土壤中铵态氮和硝态氮主要来源于有机氮，它们是土壤中能够被植物直接利用的氮素。铵态氮可以通过氨的干湿沉降，被微生物及低等植物的固定作用，有机氮的矿化作用，以及化肥的形式补给。土壤中的铵态氮主要以铵盐的形式存在，铵盐能迅速溶解，进入土壤溶液后，不仅能够被作物吸收利用或微生物利用，还能参与到土壤中的各种反应，尤其是参与到通过硝化作用转化为硝态氮这一重要环节。硝态氮主要存在于土壤溶液中，由于硝态氮是阴离子，而土壤胶体一般带负电，因此土壤胶体对硝态氮一般不存在吸附作用或吸附甚弱。随着水分的迁移，硝态氮可以运移到土壤各层，随时随地供给作物需要，满足根系不同部位的吸收。因此，硝态氮是作物能够直接利用的、最重要和最主要的氮素形态。

蚯蚓能调控非共生生物的固氮过程，其肠道为微厌氧环境，为反硝化细菌和固氮细菌提供了适宜的生存环境，这些细菌在蚯蚓肠道内或排出体外后可能在调节土壤的氮循环中发挥重要作用，蚯蚓在土壤氮循环中起的作用主要有土壤的氮矿化、硝化、反硝化等。并且蚯蚓生存的土壤中的固氮酶活性不仅受到土壤性质的影响（碳氮比越高，其固氮活性就越高），也受到蚯蚓活动的影响，因此蚯蚓代谢活动对非共生生物固氮的作用效果存在差异。蚯蚓本身具有碳氮比较低的特点，使蚯蚓容易受到氮限制的同时，也较容易影响氮循环过程。

蚯蚓对氮循环的影响包括两个方面：一方面依赖蚯蚓的生命活动加速氮素矿化进行直接作用，另一方面是蚯蚓通过影响其他土壤生物的群落结构及其生活环境进行间接影响，如蚯蚓能够取食原核生物短暂地作为寄主从而改变土壤的氮循环过程。

3. 蚯蚓对磷转化过程的影响

磷是植物生长发育过程中所需的必要元素之一，能够提高植物的抗寒性、抗旱性，以及抗病性。在磷的影响下，细胞结构成分的水化度及其保持胶体束缚态水的能力被显著提高，从而使细胞抵抗植物体内水分降低的能力得到增强。土壤有机磷在磷酸酶的催化下能够水解释放出可溶性磷盐，一部分会被植物和微生物吸收，另一部分则被土壤中的矿物固定；同时微生物能够通过代谢过程而向土壤中释放无机磷酸盐及低分子量的有机磷。但土壤溶液中可溶性磷酸盐容易被土壤颗粒、有机质及其他矿物络合、形成沉淀、吸附，以及被土壤微生物吸收固定。蚯蚓在吞食植物残体和土壤时，能够加速土壤中有机磷的矿化，使部分不易分解的磷向无机磷形态转变。有研究发现，在蚯蚓堆肥过程中，污泥的总磷总体是呈下降趋势的，速效磷含量则呈现出上升的趋势，这因为蚯蚓体内能够合成并分泌碱性和酸性磷酸单酯酶及磷酸双酯酶（徐轶群等，2016）。在蚯蚓活动的影响下，大量有机磷被矿化形成的速效磷，一部分能够被植物吸收利用，一部分可能会随着降水或灌溉而流失。有研究发现，在受到砷污染的土壤中接种蚯蚓，能够有效地提高脱氢酶、酸性磷酸酶的活性，促进有机磷的释放，减少砷对土壤的负面影响，从而改善土壤养分（白建峰等，2007）。

1.2.2　酶的作用

蚯蚓、微生物及植物三者之间的联动能促进有机质的降解、养分的循环及能量的转化，这些过程的正常实现与良性开展均与土壤酶的调控密切相关。酶是转化有机物质的媒介，土壤酶主要来源是动物、植物和微生物及其分泌物，其中包括活细胞中的胞内酶、土壤溶液及依附在土粒外的胞外酶，土壤酶作为土壤中最容易调动的组分，在物质循环过程中，对有机质的分解起到促进作用，是养分循环、有机质分解过程中的关键因子，其酶活性的高低可以直接地影响各个转化过程的速率，表明催化反应进程的方向与强度。

土壤酶作为土壤肥力的衡量标准之一，与土壤动物的数量和密度有着密切的关联。蚯蚓主要通过两个途径影响土壤酶：一方面，蚯蚓自身直接分泌酶。土壤酶的来源之一是土壤动物的分泌物或者排泄物，蚯蚓的排泄物中存在大量的碱性磷酸酶、蛋白酶、脲酶，以及蔗糖酶等，其中脂肪酶、纤维素酶及几丁质酶活性都要高于周围土壤，而蛋白酶、磷酸酶活性则明显比周围土壤低。不同生态型的蚯蚓对酶活性的调节具有一定的差异性，通常情况下，表栖类（epigeic）蚯蚓的肠道纤维素酶活性高于内栖类（endogeic）和深栖类（anecic）蚯蚓，这主要是因为表栖类蚯蚓能迅速地分解有机质，有利于取食、消化等活动；而内栖类和深栖类蚯蚓肠道的蛋白酶和磷酸酶活性则要显著高于表栖类蚯蚓。研究发现，具有高几丁质酶活性的蚯蚓能取食真菌，而具有高麦芽糖酶及淀粉酶活性的蚯蚓能以植物的根系为食。不过到目前为止，尚未在蚯蚓肠道中发现可以分解木质素的酶，但有研究显示蚯蚓能促进土壤腐殖质化及木质素的降解，这可能是蚯蚓肠道中具有能够分解木质素醚键和碳碳键的过氧化酶（徐瑾，2020）。另一方面，蚯蚓对土壤酶活性的间接作用。蚯蚓能够通过改变土壤环境、动植物的生长发育来间接改变酶的活性。蚯蚓能调节土壤及凋落物中微生物碳、氮元素的摄取量，促使土壤结构、微生物群落组成、活性与数量等发生变化，进而对土壤酶的活性产生间接影响。蚯蚓体内具有分解酶，它能够在吞食凋落物后更好地将其吸收，分泌蛋白酶、纤维素酶等各种生物酶，这些酶与土壤微生物协同作用，能有效地促进有机质的转化。

1.2.3　生物降解作用

随着社会经济的快速发展，引发了一系列环境问题，如大气污染、水污染、生物栖息地被破坏等，物种灭绝加剧，对生物多样性造成了巨大的威胁，致使地球上总生物多样性损失严重。其中较为严重的是土壤污染，随着污染形势愈发严峻，污染物的种类多样，呈现出多污染物混合的复合污染局面，且多为大面积的区域性污染，严重影响了土壤质量，最终会通过食物链的放大作用对人类造成严重危害。同时由于土壤环境的特殊性，导致土壤污染具有一定的隐蔽性、破坏性、滞后性及不均匀性，使得土壤污染较难修复。大量研究发现，蚯蚓多样性在维持土壤生态系统稳定方面发挥着重要作用，且蚯蚓对于土壤重金属、有机物污染及生活垃圾具有较强的耐性和抗性，目前蚯蚓已被广泛地应用于土壤生态修复中，并取得了一定成效。

研究发现，蚯蚓对重金属有富集、迁移、转化的功能，能通过吸收有机物进而降解有机污染物等方式降低土壤中污染物浓度或毒性，这主要是利用其体内各种各样的酶在其消化道中对所食有机物质进行同化，从而实现对污染物的降解。此外，微生物也能够降低污染物毒性，而蚯蚓活动能加快土壤微生物的繁衍与增大微生物丰度来调控重金属的化学行为特征、改变重金属价态，这对土壤环境的改善起到促进作用。蚯蚓的分泌物和蚓粪在植物修复重金属污染土壤过程中也扮演着不可替代的角色。蚯蚓的分泌液中包含大量能够促进植物生长发育的元素及可络合、活化重金属的胶黏物质（张树杰，2009）。

作为常见多功能生物有机肥的蚯粪也具有修复土壤、活化和固定重金属的功能，目前有研究表明，蚯蚓的分泌物和蚯粪可以作为有潜在的土壤重金属污染修复剂。

截至目前，蚯蚓在物质循环中作用的研究主要集中对凋落物的分解作用，有些领域研究还比较薄弱，例如元素在蚯蚓及土壤生态系统中循环途径，土壤动物与土壤微生物之间的耦合作用等。

1.3　蚯蚓在能量流动中的作用

能量是生态系统一切生命动力的基础和源泉。生态系统的能量流动包括能量输入、能量传递、能量散失的过程，具有单向性、开放性、递减性和高质化等特点。在有蚯蚓存在的生态系统中，蚯蚓不仅在生物链中起到捕食作用，还是该捕食过程中物质转化与能量传递的重要参与者与调控者。蚯蚓等土壤动物在生态系统食物链平衡中起到关键作用，因此蚯蚓在生态系统中能量的传输途径和传输效率越来越被重视。

1.3.1　蚯蚓的能量传输作用

蚯蚓-微生物共生系统是一个多结构、多层次、各类群生物能各取所需、相互作用的生态网，这些生态系统中的细菌、放线菌、真菌，以及蚯蚓和其他动物对土壤基质中的物质及能量具有极强的广谱利用和分级利用功能。有研究在蚯蚓肠壁和体壁组织中发现了细菌和真菌分泌的脂肪酸，这是蚯蚓无法合成的（Sampedro et al., 2006），说明微生物脂肪酸可能直接吸收到蚯蚓组织中，证实了蚯蚓-微生物共生系统食物网中物质的利用与传递关系。污染物中的营养成分和微生物通过食物网最终被有效转化为蚯蚓等较为高等土壤生物的增殖与代谢产物，然后各种动植物残体与排泄物又能成为微生物分解与利用的对象，从而形成复杂的生态循环。该共生系统食物网中的能量在沿每一营养级向着更高营养级转化时，会有大量能量以热量的形式损失，这导致了微生物细胞合成的能量减少，以此实现系统对污染物的减量化及稳定化处理，达到了对污染物绿色处理的目的。在系统中人为地加入"捕食者"蚯蚓，能拓展并延长原有的食物链，使在沿着食物链传递过程中物质和能量的损失得到放大，从而实现污染物的显著减量。因此，对蚯蚓-微生物共生系统内食物网结构的研究，可以进一步揭示该系统物质转化和能量流动的特点，为优化土壤修复、蚯蚓生物滤池，以及蚯蚓堆肥的人工调控提供理论依据。

有学者利用室内饲养法分别对帽儿山林区的马陆和蚯蚓进行研究，通过它们对森林生态系统凋落物的分解，测定摄食量、呼吸量、凋落物量和次级生产量等，计算马陆和蚯蚓的各项生态效率。结果表明，不同种类土壤动物的生态效率明显不同，蚯蚓的毛增长效率与同化效率是马陆的两倍（仲伟彦等，1999）；通过测定蚯蚓、马陆和蜈蚣三种大型土壤动物的干热值和凋落叶的干热值来探讨土壤动物在红松阔叶混交林凋落物分解过程中土壤动物与凋落物能量转化之间的关系发现，土壤动物体内 Mn、Zn、Cu 微量元素的含量均与环境本底值、凋落物分解速度、土壤动物的食性，以及对微量元素的选择性吸收和富集作用等有关。

1.3.2 蚯蚓肠道传输与微生物活性的相互作用

蚯蚓与肠道中的微生物是互利共生关系，两者相互作用不仅可以共同促进土壤中有机质和污染物的降解，还会对彼此种群、群落变化，以及分泌的酶类型、活性造成影响（晁会珍等，2020）。蚯蚓肠道内的微生物主要利用其分泌的胞外酶及将污染物吸收至细胞内由胞内酶实现对污染物的降解。例如，肠道细菌地衣芽孢杆菌（*Bacillus licheniformis*）菌株能够分泌胞外聚合物（extracellular polymeric substances，EPS）吸附 Cu^{2+}、Zn^{2+}，且吸附能力较大（Zhang et al.，2022）。

蚯蚓肠道微生物在降解污染物的应用中优点显著：一是微生物能够快速繁殖生长；二是微生物的基因适应能力强；三是微生物活性易被激发；四是微生物代谢方式多样（龙正南，2021）。因此蚯蚓能够加速土壤有机碳的矿化，促进难分解物质的降解，与其肠道微生物之间的交互作用密不可分。微生物将土壤中的污染物作为碳源、能源，从而将污染物分解为二氧化碳和水并释放能量的过程，因此这一过程会受到许多不利因素的影响。微生物对污染物的降解也与其合成分泌的降解酶密切相关，某些微生物对有机污染物的降解具有专一指向性，同时污染物的种类复杂多样，微生物对不同污染物有着不同的降解方式。以土壤有机碳稳定性为例，利用 ^{14}C 示踪法研究蚯蚓等三种大型土壤动物降解、转化有机碳的研究，结果表明土壤动物肠道环境和肠道微生物群落的差异决定了动物对稳态土壤有机碳降解、转化、贡献机制的不同。微生物的数量也影响其降解污染物，通常情况下，微生物的数量与污染物降解程度成正比，微生物的数量越多，降解率越高（张一，2016）。蚯蚓肠道微生物降解污染物还受到肠道环境因素的影响，包括湿度、pH、温度等因素。土壤中污染物浓度也会影响肠道微生物的生长繁殖，通常重金属有效性越高，蚯蚓对其吸收越好，但高重金属浓度对微生物的生长发育有毒害作用，进而抑制肠道微生物对土壤中污染物的降解。

研究表明，内栖类蚯蚓 *Octolasion lacteum* 对 ^{14}C 标记的山毛榉叶片在土壤中矿化的抑制作用高于深栖类蚯蚓 *Lumbricus castaneus*，主要原因可能是内栖类蚯蚓要取食大量的土壤，在经过蚯蚓的肠道传输后，土壤中的有机物会因为同土壤中矿物形成有机-矿物复合体而受到保护（张一，2016）。此外，蚯蚓的肠道传输在降低微生物代谢活动的同时提高了其潜在活性。经过蚯蚓取食，活性微生物的量大大增加，并且微生物群落趋于"年轻化"。另外，微生物活性与蚯蚓间的关系除了单一的营养联系，还包括某种催化机制，这种催化机制类似于激发效应（刘青源，2022）。

此外，蚯蚓肠道微生物群落还能够调节蚯蚓的生理过程和免疫反应，进而影响宿主的适应性，蚯蚓及其肠道中的微生物群落还具有竞争、捕食和促进等相互关系。蚯蚓肠道由其独特的环境（中性 pH、厌氧条件、恒定水分和大量碳基质等），使得蚯蚓肠道细菌群落的 α 多样性比土壤中的低，且与周围的土壤细菌群落有着极为不同的结构。蚯蚓肠道微生物和土壤微生物是硝化、氨化、固氮、氧化等反应及土壤有机质的分解和养分转化的重要参与者，在调节污染土壤的植物修复中都起着关键作用。此外，蚯蚓等土壤动物在能量流动研究一直是土壤生态学研究的难点，相关研究报道较少。

1.4　蚯蚓的生物指示作用

生态系统中包括很多信息，大致可分为物理信息（光、声、热、电、磁）、化学信息、行为信息和营养信息。现阶段我国对蚯蚓在信息传递中作用的研究主要集中在对环境的指示作用及营养信息方面。

1.4.1　蚯蚓的生态类型及指示作用

1. 蚯蚓的生态类型

生态系统中营养信息主要以食物链的形式体现，且食物链关系错综复杂，大大地增加了营养关系研究的难度。在土壤生态系统中，依据蚯蚓食性的不同，将其分为：①腐食性蚯蚓，主要以地表的植物残体和动物粪便为食。通常又将腐食性蚯蚓分为表栖类和深栖类两种生态类型；②土食性蚯蚓，主要以深层土和死亡的根系为食，其重要生态类型为内栖类。

虽然蚯蚓种类繁多，蚯蚓生态类型和食性的不同，在不同地域的种类组成不完全一致，在系统中却起着相似的生态作用，占据着相同的生态位。蚯蚓功能类群的划分为简化营养关系提供了可能。

2. 蚯蚓对环境的指示作用

除螨和蚂蚁之外，蚯蚓是少数几种能够对许多决定土壤肥力的过程产生重要影响的大型土壤无脊椎动物之一，它普遍存在于地球上除冰川、沙漠等极端环境外的各种生态环境中，如森林、草地和田间等，具有极强的生命力。蚯蚓个体大，易于繁殖，分布广泛，通常被视为土壤动物区系的代表类群而被用于监测土壤污染，原因有三：①蚯蚓在降解有机物质、改善土壤物理性状、促进土壤养分循环与释放中起着举足轻重的作用。②从生态学的角度来看，蚯蚓处于陆地生态系统食物链的底端，与土壤中的各种污染物密切接触，对大部分杀虫剂和重金属都具有富积作用。③蚯蚓对某些污染物比许多其他土壤动物更为敏感，土壤中富积的杀虫剂和重金属等物质可能不会对蚯蚓造成严重的伤害，但可能影响食物链中更高级的生物。

此外，蚯蚓对某些污染物的敏感性要比其他土壤动物强，因此蚯蚓常常被用作土壤环境的指示生物。通常又将蚯蚓多样性当作评估土壤质量的指标，能够反映出土壤环境的健康、肥沃等状况。欧洲一些国家已将蚯蚓作为土壤质量监测的一部分。

因此，利用蚯蚓作为指示生物监测、评价土壤污染，可为保护整个土壤动物区系提供一个相对安全的污染物浓度阈值。下面从土壤质量与土壤污染的指示作用两个方面阐述。

1.4.2 蚯蚓对土壤质量的指示作用

1. 蚯蚓对土壤肥力的指示作用

土壤肥力的生物学评价指标之一是土壤中蚯蚓数量，蚯蚓数量大被认为是土壤高度肥沃的表现。不同生境条件下，蚯蚓等土壤动物分布的种类和数量不同，不同种类的土壤动物具有不同的功能作用，其对环境的适应能力也各不相同，某些种类只生活在特定环境中。调查发现，多数情况下植被丰富、凋落物和腐殖质较多、土壤水分较高、土壤团粒结构好、疏松多孔隙、质地轻且局部稍湿润黑褐色土壤中，蚯蚓种类和数量较多；而在植被较少、落叶和腐殖质较少、土壤水分少、树根多、土壤黏重或局部干燥的地段，蚯蚓种类和数量较少，同时群落结构也会发生变化，蚯蚓种群大小反映蚯蚓自我调节、保持稳定的能力及其对土壤环境的适应能力。研究表明，林地中施用有机肥，土壤肥力提升，土壤中蚯蚓的数量明显多于未施用区域，且蚯蚓数量与施肥量成正比。在低肥力土壤中，单施化肥可增加蚯蚓的数量，与此同时，施用化肥对蚯蚓的影响程度依赖于有机物的投入情况，施用有机肥可增加蚯蚓的种群数量，并且这种趋势随着时间的延长更加明显。

因此，蚯蚓种类和数量的变化可以作为环境质量评价的综合指标。蚯蚓的分解能力极强，适于壤质土环境，其数量的变化不但能直接反映土壤结构、土壤质地、土壤养分等土壤特征，而且对环境污染有很好的指示作用。

2. 蚯蚓对土壤水分的指示作用

土壤水是植物吸收水分的主要来源，是植物生长和生存的物质基础，它不仅影响林木、大田作物、蔬菜、果树的产量，还影响陆地表面植物的分布。土壤水存在于土壤孔隙中，尤其是中小孔隙中，穿插于土壤孔隙中的植物根系从含水土壤孔隙中吸取水分，用于蒸腾。

对于蚯蚓的生存来说，在给予了合适的食物之后，最重要的生长条件就是适当的湿度。这是因为大多数蚯蚓属于湿生动物，其机体保持水分的功能很不发达，而蚯蚓的呼吸是通过扩散作用吸收溶解在体表含水层的氧气，因此保持体表合适的水分对蚯蚓的生存尤为重要。土壤含水量在一定的范围内，蚯蚓和良好的排水系统呈正相关，但土壤含水量过高蚯蚓数量会很少，主要是由于湿度过大时，虽然蚯蚓体表的水分很多，但土壤环境中氧气会减少，氧气扩散到体表含水层的速度小于蚯蚓消耗氧气的速度，也会抑制蚯蚓的生长。因此，土壤含水量过高和过低均会抑制蚯蚓的生长。

1.4.3 蚯蚓对土壤污染的指示作用

有关蚯蚓指示土壤污染的研究，主要从三个方面着手：①通过调查污染区土壤中蚯蚓种群的数量和结构反映土壤污染情况；②利用蚯蚓对污染物进行生态毒理风险评价；③利用蚯蚓的分子、生物化学和生理反应（生物标志物）监测土壤污染。下面介绍蚯蚓对无机污染物（重金属）、有机污染物两类物质的指示作用。

1. 蚯蚓对无机污染物（重金属）的指示作用

蚯蚓的种群分布和数量对重金属有一定的指示作用。研究表明，蚯蚓的种群结构和数量变化情况与土壤镉的污染程度一致，可在一定程度上反映土壤受污染的程度。通过对湖南株洲某金属冶炼区附近的蚯蚓种群结构和数量进行调查显示，在重金属（As、Pb、Hg、Cd、Zn、Cu）污染程度大的区域，蚯蚓种类减少，优势种群的优势度明显（邢益钊，2020）。此外，通过对瑞士东南部某黄铜制造厂附近土壤中正蚓科（Lumbricidae）蚯蚓的种类、种群密度进行调查发现，蚯蚓的密度和数量与污染源的距离成比例，离制造厂越近，污染越严重，蚯蚓的数量及种类越少（唐浩等，2013）。

蚯蚓富集土壤中的重金属元素，为重金属提供良好的指示作用，并且为改善治理土壤重金属超标问题提供依据。蚯蚓通过摄食等途径富集土壤中的重金属，使土壤中 Cd、Pb、Zn 等重金属含量显著下降。蚯蚓对土壤重金属元素有很强的生物富集能力，其富集量与蚯蚓的种类、重金属种类、土壤理化性质及污染物浓度等因素有密切关系。重金属在土壤生态系统中不降解且极易富集，因此，Zn、Pb、Cd、Hg、Cu 等重（类）金属会对蚯蚓的生理生化、行为活动等造成影响，包括产茧量、蚓茧孵化率、生物量、生长率、性成熟、种群密度、掘穴行为、组织形态学、抗氧化酶系统等。有研究表明，长期暴露于镉污染土壤中的蚯蚓体腔细胞中金属硫蛋白（metallothionein，MT）表达显著上调。然而并非所有重金属对蚯蚓都会产生毒害作用，不同研究认为，Ni 长期暴露不会在蚯蚓组织内富集，但会显著抑制其生长速率。不同种类蚯蚓因其个体大小、生理习性等方面的差异，对重金属的敏感性和耐受性不同。

近年来，用蚯蚓的分子、生物化学和生理反应（生物标志物）来监测土壤污染的变化情况已越来越受到人们的关注，这主要是因为生物标志物为田间条件下指示土壤污染情况提供有效的支持。大量研究表明，蚯蚓溶酶体膜的完整性是很敏感的标志物，并可用于蚯蚓的毒性评价及监测土壤污染。此外，蚯蚓酶活性、同工酶、金属硫蛋白等也被关注，并力图研究这些物质能否与蚯蚓种群变化之间建立起良好的剂量-效应关系，进一步确认是否具有作为生物标志物的潜力。

2. 对有机污染物的指示作用

土壤中有机污染物按溶解性难易程度可分为两类：①易分解类，如有机磷农药、三氯乙醛；②难分解类，如有机氯等。蚯蚓对有机磷农药、多氯联苯、多环芳烃等物质有反应指示和积累指示的作用。

研究表明，利用土壤中蚯蚓的群落结构变化来监测有机农药的污染程度十分有效，农药污染对蚯蚓的种群分布具有一定的影响（高岩和骆永明，2005）。研究发现，在有机磷农药用量极大的菜地中蚯蚓群落与对照农田截然不同，菜地中出现的有机磷耐受性（抗性）蚯蚓种群可作为有机磷污染的积累监测生物；同样也发现，有机磷的敏感种群可作为有机磷的反映指示生物，有的可以作为积累指示生物。进一步研究表明，在有机磷农药用量极大的菜地中蚯蚓群落与当地普通农田截然不同，菜地中出现微小双胸蚓

（*Bimastus parvus*）、威廉腔环毛蚓（*Pheretima guillemi*）和赤子爱胜蚓（*Eisenia fetida*）对有机磷有较好的耐受性（抗性），可用于指示有机磷污染（王振中等，2002）。野外调查结果也得到了很好的印证，通过对湖南农药厂附近农田土壤中蚯蚓种群结构、数量调查发现，污染区内的土壤中蚯蚓种类较少，随着有机氯农药、有机磷农药污染程度的增加，蚯蚓的种类和数量随之减少。优势种为微小双胸蚓、壮伟环毛蚓（*Pheretima robusta*），且在各污染区均有分布（王振中和颜亨梅，1996）。

农药对蚯蚓的毒理作用可能与农药的作用机制、剂量、蚯蚓种类、环境条件等多种因素有关。农药胁迫会诱导蚯蚓多个生理层次上的响应：在分子水平上，农药在蚯蚓组织内富集，导致抗氧化酶活性、基因表达、DNA 结构等方面的变化；在个体水平上，农药可以影响蚯蚓的生殖力、生长速率及存活率；在种群水平上，农药污染会影响蚯蚓的种群丰度、结构、生物量。研究表明，即使长时间接触低浓度有机磷农药也会对蚯蚓的生理生化过程产生一定的影响，如蚯蚓的生长发育情况，蚯蚓运动行为能力；蚯蚓对农药的富集也会影响其生育能力、种群密度，以及体内重要生化指标等。受到污染的蚯蚓身体蜷曲、僵硬、缩短和肿大，体色变暗，体表受伤甚至死亡等现象。

不同农药的化学结构、毒性机制及其对于蚯蚓的主要侵入方式，在蚯蚓体内的吸收、分布、代谢速度和在土壤环境中的分解难易程度等均有所不同，都会影响蚯蚓的急性毒性。农药还能影响蚯蚓的繁殖率和呼吸强度，损伤蚯蚓体（如体表和肠道）超微结构，影响体内的一些重要物质（如蛋白质、氨基酸和葡萄糖等）含量和酶（乙酰胆碱酯酶、纤维素酶、转氨酶和常见抗氧化系统酶等）活性，影响蚯蚓溶酶体膜稳定性，以及造成蚯蚓 DNA 损伤等（姜锦林等，2017）。

蚯蚓可以作为良好的土壤指示生物，指示土壤肥力、土壤重金属污染、农药残留等（邢益钊，2020）。目前，利用蚯蚓指示污染物对土壤生态系统造成的影响主要通过两种方式：①实地调查污染土壤中蚯蚓种群数量及种群结构，从而获得总丰度、种类丰度、多样性指数等参数以评价土壤生态系统的污染程度；②实验室控制实验条件下，通过毒性和繁殖试验研究污染物对某一种类蚯蚓造成的伤害，即蚯蚓的生态毒理学研究。

蚯蚓在土壤生态系统信息传递过程中作用的研究也不多，且主要集中在对环境的指示方面，土壤动物种类和数量的变化已成为反映土壤质量、人类干扰及土地利用方式变化最敏感的指标之一；在营养信息的研究中，主要集中于蚯蚓种类和数量的变化，应提高生物量信息在营养信息中的关注度。

1.5　蚯蚓在土壤中的生态修复功能

众所周知，土壤是维持人类生活的主要支撑系统，它为作物根系提供固定场所，容纳植物生长所需的水分，提供维系生命的营养物质。同时，土壤还是大量微生物的家园，也是各种动物的聚集场所。

蚯蚓作为土壤生态系统中数量丰富且活动旺盛的一类生物，发挥着至关重要的生态作用。随着土壤污染日趋严重，对土壤生态系统稳定性造成了威胁，使得寻求有效修复土壤污染的措施变得更为必要。当然，经济、绿色且有效的修复技术成为研究热点和创新点，其中生物修复被认为是最有潜力之一，而蚯蚓由于众多优势与重要功能逐渐被研究发现，致使其被广泛应用于生态系统管理中，包括土壤修复、废弃物管理、土壤复垦等，其中在土壤污染生态修复中的效果最为明显。

蚯蚓具有强化污染土壤修复的潜力包括：首先，污染区土壤通常具有较差的理化性质与生物特性，而蚯蚓是改善土壤物理结构、改善土壤通气性和透水性、增强土壤肥力的能手，所以如果将蚯蚓引入土壤中，将有利于污染土壤生态系统的修复；其次，污染土壤中的微生物数量减少，活性降低，群落结构较差，由于蚯蚓体内携带大量微生物，将蚯蚓引入污染土壤的同时也向土壤中添加多种微生物。研究也证实了蚯蚓能提高土壤中活性微生物的数量。最后，蚯蚓能促进植物生长，蚓粪能作为植物的优良肥料，因此蚯蚓的引入有利于污染土壤生态系统中植被的恢复。由此可以看出，蚯蚓对重建健康的土壤生态系统非常重要。

蚯蚓修复主要是吸收、转化及降解污染物，涉及内在和外在机理。内在机理包括改善土壤理化性质、刺激土壤微生物生长、影响微生物活性和代谢、提高植物吸收率等；外在机理包括蚯蚓生理活动，蚯蚓对污染物形态、迁移及生物有效性的影响等。

1.5.1 蚯蚓对贫瘠土壤的改良作用

蚯蚓在生态系统中既是消费者，又是分解者，在土壤生态系统中发挥着重要的调节作用。蚯蚓通过取食、消化、排泄、分泌和掘穴等活动对土壤中物质循环和能量传递作出重要的贡献，并对决定土壤肥力的生物过程产生重要的影响。

蚯蚓对土壤生物肥力的影响可分为直接作用和间接作用。一方面，蚯蚓是土壤有机质的"搅拌机"，吞食过程中充分混匀土壤和有机质，加速有机质分解转化和养分释放。此外，蚯蚓通过取食、掘穴等活动调控土壤微生物数量、活性、群落结构及功能，进而增强微生物的分解作用，提高土壤养分含量。另一方面，蚯蚓通过掘穴活动及排泄物影响土壤结构和土壤理化性质，改变土壤微生物微生境，促进微生物生长。蚯蚓活动促进土壤大团聚体的形成，土壤中>2 mm 团聚体的比例增加，而良好的土壤结构有助于改善微生物微环境，促进其生长和繁殖。

土壤结构、土壤容重、孔隙度、pH、磷、钾含量等都与蚯蚓的活动密切相关。蚯蚓吞食有机物和泥土，经过消化分解后可形成黏结土粒，排出的蚓粪也是具有团粒结构的土粒，可见，蚯蚓的活动有利于土壤团粒结构的形成。由于蚯蚓在土壤中纵横钻洞，使紧实土壤变得疏松多孔，增大了土壤总孔隙度，再加上蚓粪多孔且大小孔隙比例协调，都能降低土壤容重，增大土壤总孔隙度，提高土壤通气性和透水性。研究表明，养殖蚯蚓可以显著提高土壤氮和钾的含量。0～20 cm 土层，蚓粪覆盖下的土壤磷、钾含量比不含蚯蚓的土壤分别提高 13 %、82 %；在 20～40 cm 土层中，蚓粪覆盖下的土壤磷、钾含量比不含蚯蚓的土壤分别提高 12 %、33 %。进一步研究发现，在 0～20 cm 土层的土壤 pH 为 6.2，比对照升高约 1.1；20～40 cm 土层的土壤酸性状况也得到改善（潘政等，2020）。

可见，蚯蚓的活动能明显改善土壤的理化性质，增强土壤肥力。此外，蚓粪能够促进土壤形成团粒结构，团粒结构能够有效地增加土壤保肥和保水能力。

1.5.2 蚯蚓对土壤重金属污染的修复

重金属污染来源广、隐蔽性强等特点导致其治理成为一大难题。随着土壤重金属污染越来越严重，蚯蚓成为受到干扰最严重的土壤生物之一。研究证明重金属复合污染显著降低蚯蚓物种丰富度和成体/幼体的比值等（任婷，2012）。在受重金属污染影响的同时发现，蚯蚓对重金属污染具有较高耐性致使其不受迫害。

1. 蚯蚓对重金属的生物富集及其耐受机理研究

关于土壤重金属含量和蚯蚓体内重金属含量的研究表明，蚯蚓体内重金属浓度与土壤中重金属的含量呈显著正相关，这反映了蚯蚓对重金属具有一定的吸收并会在体内富集，正是因为蚯蚓对重金属的这种富集作用，使土壤环境中的重金属含量减少，从而达到了修复土壤环境的目的。很多研究将蚯蚓作为一些动物粪便的生物反应器，目的是降低粪便中重金属含量，使其达到土壤生物能够生存的浓度，同时也为土壤修复提供了基础。

目前动物粪便中重金属普遍超标，采用蚯蚓堆制处理的方法，研究了蚯蚓处理畜粪过程中蚓体生长及重金属富集、堆制物基本特性及重金属形态转化、可溶性有机质（dissolved organic matter，DOM）含量及其重金属浓度特征变化等。通过畜粪蚯蚓动态堆制试验表明，发现添加畜粪更有利于蚯蚓的存活和生长；且在蚯蚓处理 30 d 时，蚓体 Cu 富集量达到最大，为 54.35 mg/kg，而其蚯蚓体内 Zn 富集量在蚯蚓处理 45 d 时达到最大，为 404.88 mg/kg。蚯蚓处理导致畜粪堆制物温度和电导率（electrical conductivity，EC）上升，堆制物 pH 下降；畜粪堆制物中重金属总量与有效态重金属含量均随处理时间延长而增加，且蚯蚓处理明显高于无蚯蚓处理。与无蚯蚓处理相比，蚯蚓处理可以有效降低 DOM 含量，但却使其堆制物 DOM 溶液中重金属浓度上升（曹佳等，2015）。可见，蚯蚓处理可以增加生物中重金属的生物可利用性，但同时也存在增加重金属向环境中迁移的潜在风险。

目前，关于蚯蚓对重金属耐性这一观点存在着一种共识，就是生物体暴露于重金属后，就可能会受到氧化胁迫的威胁。为了避免受到伤害，生物体内某些与抗氧化酶的活性就会升高。蚯蚓体内也含有丰富的酶类，其中包括过氧化氢酶、谷胱甘肽过氧化物酶、谷胱甘肽还原酶及超氧化物歧化酶（superoxide dismutase，SOD）等酶类构成的脂质过氧化保护酶系统（唐浩等，2013）。有研究人员认为，当蚯蚓暴露于金属后，产生了氧化胁迫，激发这些酶的活性，能缓解活性氧对生物体造成的危害。研究结果表明：蚯蚓体内大部分 Cd、Pb、Zn 都分布在后消化道中，这部分组织集中了蚯蚓所累积的大部分 Cd、Pb、Zn（李志强，2009）。细胞内的泡囊是这些重金属的主要容身之所，并且它们与磷键相结合，形成难溶性的金属磷酸钙盐，从而阻止金属向其他组织扩散。

蚯蚓耐受重金属的另一可能机制是，金属与小分子量、富含半胱氨酸的蛋白质或金属硫蛋白相结合，从而降低其毒性。蚯蚓还能通过体腔内腔胞的溶酶体和细胞质粒抑制重金属活性来进行解毒。因此蚯蚓既然有耐受重金属的基因潜力，就可以利用其对污染土壤的修复。

2. 蚯蚓对重金属生物有效性的影响

目前，主要是蚯蚓合成的腐殖质和蚓粪两方面改变重金属的生物有效性。一方面，蚯蚓能把有机质分解转化为氨基酸、聚酚等简单化合物，进而在肠细胞分泌的酚氧化酶及微生物分泌酶的作用下，缩合形成腐殖质，而腐殖质主要活性部分为腐殖酸：①腐殖酸本身是很强的吸附剂，能够吸附可溶态重金属，影响重金属生物有效性，蚓粪中腐殖酸含量约 11.7%～25.8%。②腐殖酸具有酚羟基、羧基、羰基、氨基等多种官能团，这些基团能够与土壤中重金属发生络合反应，从而改变重金属的活性。

另一方面，在蚯蚓消化系统蛋白酶、脂肪酶、纤维素酶和淀粉酶的作用下迅速分解，转化成为自身或易于其他生物利用的营养物质，经排泄后成为蚓粪：①蚓粪中含有大量的细菌、放线菌和真菌，这些微生物不仅使复杂物质矿化为植物易吸收的有效物质，而且还合成一系列有生物活性的物质。②蚓粪中还含有某些固氮微生物和硫化细菌，在促进作物生长、抑制病原菌活性和改善土壤肥力等方面具有重要作用。③蚓粪具有很好的通气性、排水性和高持水量，能够增加土壤的孔隙度和团聚体数量，同时蚓粪具有很大的表面积，吸附能力较强，可以较大程度地吸附重金属，同时也给许多有益微生物创造良好的生境，具有良好的吸收和保持营养物质的能力。④蚓粪能通过钝化作用或活化作用机制，改变土壤中重金属的生物有效性，具有修复土壤重金属污染的潜能。

3. 蚯蚓行为与重金属活化机制研究

蚯蚓活化重金属主要是通过蚯蚓行为来实现。蚯蚓行为会导致土壤的一些特性发生变化，使重金属的存在形态和迁移能力发生改变，增加了可移动性，也就增加了从土壤中去除的概率。除蚯蚓对重金属的形态产生直接影响外，蚯蚓对环境因素的改变也会间接导致重金属形态的改变，如 pH 变化、有机质含量等均可影响重金属的存在形态。最明显的是通过一系列活动改变土壤 pH，从而增加重金属的有效性。当 pH 发生变化时，重金属发生一系列氧化还原反应，从而使重金属在土壤中的形态发生改变，进而影响重金属在土壤中的活性、生物毒性及迁移转化能力。研究表明，蚯蚓能降低污泥的 pH，使其接近于中性，改变重金属的存在形态和生物可利用性。

蚯蚓行为也会间接地改变重金属移动性，主要表现为：第一，蚯蚓影响土壤有机质的分解，在分解过程中增加了各种有机酸的含量，这些有机酸在改变重金属移动性方面作出了巨大贡献。第二，蚯蚓在活动过程中释放的一些黏性分泌物（络合剂）中含有大量的活性基团，如—COOH，—NH$_2$，—C＝O 等，这些基团通过与重金属结合（螯合或络合）使重金属被活化，改变了土壤重金属的存在形态，生成的螯合物能被植物所吸收，并降低了其对植物的毒性。第三，蚯蚓行为可以刺激土壤微生物活动，有助于增加微生物数量和增强微生物活性，而微生物活动本身可以直接或间接影响重金属的存在形态。有研究表明，蚯蚓作用显著改变了微生物群落结构，提高了微生物多样性，与金属迁移转化相关的微生物变为优势菌群，有利于金属的迁移转化。此外，蚯蚓可显著增加Cu 污染土壤中细菌、放线菌的数量，但对真菌数量影响不大。同时，蚯蚓有利于促进植物根系菌根侵染率，增强植物吸收重金属的能力（章淼等，2019）。研究蚯蚓对土壤重金属的累积、抗性，以及过程机理，对研究土壤污染物的工程生物修复技术具有重要的科学意义。

1.5.3　蚯蚓对土壤有机污染的修复

研究表明，蚯蚓能够促进土壤中多种有机污染物的降解，且对有机污染物的污染程度及生态效应作出较为敏感的响应，同时还能加速有机污染物质的分解与转化，在土壤有机污染修复方面有较好的应用前景。

1. 土壤有机污染物特征

土壤有机污染物因其持久性、蓄积性、"三致"效应、毒性效应等特点而引起研究者们的广泛关注。我国农田土壤除受到传统有机污染物如多氯联苯（polychlorinated biphenyls，PCBs）、多环芳烃（polycyclic aromatic hydro-carbons，PAHs）、农药、石油烃（petroleum hydrocarbon，PHC）等污染外，还受到多种新型有机污染物如抗生素、酞酸酯（phthalate esters，PAEs）、全氟化合物（perflourinated alkyl substances，PFAs）、微塑料等（胡佳妮，2021；周雨婷，2020）污染。

有机污染物在土壤中以游离态和结合态两种基本形态存在。蚯蚓吸收有机污染物的方式有两种：一种是皮肤扩散，另一种是吞食土壤颗粒，后者所占的比重与有机污染物的疏水性及污染物从土壤颗粒上解吸的难易程度相关。由此可以推测，污染物在蚯蚓体内的分布和排出可能与污染物的吸收途径和污染物在土壤中的老化时间有关，但是相关的研究报道还不多。

2. 蚯蚓对有机污染物的降解作用

研究者曾用表栖类赤子爱胜蚓和内栖类壮伟环毛蚓两种不同生态型蚯蚓作为研究对象，研究蚯蚓对土壤阿特拉津（atrazine，ATR）的降解作用及效果，土壤 ATR 浓度随时间一直呈下降趋势，添加两种生态型蚯蚓处理的土壤 ATR 下降速率明显高于未加入蚯蚓的对照组。两种蚯蚓对 ATR 降解都具有明显促进作用，其中壮伟环毛蚓效果较好（吴志豪，2016）。

也有研究者选用赤子爱胜蚓作为实验生物，通过土壤柱和微宇宙培养实验探究蚯蚓对土壤中乙草胺降解的作用及机理。研究表明，蚯蚓对土壤中乙草胺的降解发挥着重要作用。蚯蚓的加入能够使自然和灭菌土壤中乙草胺的降解率分别提高 9%和 51%。蚓粪也对乙草胺降解有一定影响，蚓粪中乙草胺的降解率要高于相应土壤，在培养第 14 d 时，自然/灭菌组蚓粪中乙草胺浓度分别比相应土壤低 47%和 27%（郝月崎，2018）。乙草胺对土壤过氧化氢酶、脱氢酶、蔗糖酶的活性具有明显的抑制作用，蚯蚓的加入能够缓解乙草胺造成的微生物毒性，使得这三种酶的活性提高恢复至未污染水平。同时，蚯蚓的加入对细菌和真菌数量的恢复都有一定的促进作用，进一步证明蚯蚓对乙草胺造成的生态毒害有明显的缓解和修复作用。

3. 蚯蚓对土壤有机物的修复机制及效果

大量研究发现，蚯蚓在促进农药降解中具有明显的效果，能够提高土壤微生物活性，两者的协作明显提高降解率（Lu and Lu，2015），进而实现污染修复的目的，且蚯蚓修复是一种低成本、高效率的处理方式。研究表明，蚯蚓能强化植物对石油污染土壤的修复效果，为植物-蚯蚓联合修复石油污染土壤提供了技术依据。蚯蚓可以通过增加土壤通气性促进 PCBs 微生物的扩散分布，同时增加土壤碳、氮含量，改良土壤微生物群落。蚯蚓生物堆肥处理使基质中总 PCBs 含量降低 55%～66%，而蚯蚓体内 PCBs 水平显著增加，这表明 PCBs 主要被蚯蚓吸收富集（顾浩天等，2021）。

蚯蚓修复土壤 PCBs 主要机制包括：①蚯蚓的活动改善了土壤的通气性，进而改变微生物的生存环境，加速降解菌的扩散，提高土壤微生物活性，从而加速 PCBs 的降解；②蚯蚓的排泄物（尿液和黏液）可以提高土壤的养分和肥力，增加土壤的生物可利用碳和氮的含量，且含复杂的有机质，为植物和土壤微生物提供营养物质，增强微生物和植物的活性，从而促进 PCBs 的降解；③蚯蚓通过皮肤外膜进行跨膜运输和通过肠道直接吸收、富集土壤中 PCBs。结果表明蚯蚓加快了 PCBs 降解菌的分散，促进 PCBs 降解菌的生长，从而提高 PCBs 的修复效率（宋凤敏，2013）。

蚯蚓用于有机污染土壤的处理与修复时，通常通过生物作用和非生物作用降解土壤有机污染物。其中，非生物作用主要包括加强和保持水分、通气量和营养物质循环等；生物作用能增加微生物群落数量、利于微生物发挥呼吸作用、提高 PAHs 的生物有效性。具体来说，蚯蚓在土壤中通过运动而翻动土壤带来通气量的增加、吞食作用使得土壤 PAHs 与肠道中的微生物菌群充分接触等方式，促进土壤中 PAHs 发生好氧降解及微生物代谢。

一方面，蚯蚓迅速熟化对植物生长有促进作用，影响土壤微生物群落结构、数量、活性及土壤酶活性；另一方面，蚯蚓参与土壤有机质的分解和养分循环能够提高土壤中矿物或有机质基团吸收的有机污染物的生物有效性，便于土壤中微生物降解。研究发现，蚯蚓活动可以促进芘、菲污染土壤中修复植物黑麦草的生长，其根冠比明显增大，可见蚯蚓能通过直接或间接作用强化植物、微生物作用，在强化土壤污染的原位修复方面具有很大的潜力和优势（袁馨等，2011）。有学者将蚯蚓用于土壤 PAHs 污染治理中，深入研究土壤-植物体系降解 PAHs 对蚯蚓活动的影响，表明将蚯蚓引入植物-生物修复PAHs 污染土壤的技术中（潘声旺等，2011），充分发挥蚯蚓的作用，具有实用价值和现实意义。

蚯蚓活动能够改善土壤理化性质，提高土壤微生物活性，引入高效降解菌等，直接或间接地促进有机污染物在土壤中的降解和转化。其中"蚓圈"（drilosphere）是有机污染物降解的热点区域。此外，生物富集也是蚯蚓修复土壤有机污染的重要机理之一。研究表明，蚯蚓能够促进土壤中多种有机污染物的降解，在土壤有机污染生物修复方面具有广阔的应用前景。

总之，蚯蚓对土壤有机物及重金属污染均具有良好的修复效果；同时也发现蚯蚓对污染物的吸附、积累、消除作用较为复杂且与多种因素相关。

蚯蚓是最重要的土壤动物类群之一，几乎见于世界各地所有温湿度合适的土壤环境中，在生态系统中占有非常重要的地位。视为"生态系统工程师"的蚯蚓为许多栖息地提供各种重要的生态系统功能和服务，其活动的"蚓圈"对土壤过程产生重要影响。蚯蚓提供的生态系统功能可能取决于蚯蚓物种的丰度、生物量和生态群。同时，蚯蚓作为陆地生态系统最重要的大型土壤动物，也是土壤中生物量最大的一个类群，通过影响土壤物理、化学和生物学等性质在物质循环及能量流动过程中起着极其重要的作用，蚯蚓与土壤生态过程相互作用详见图 1-2。

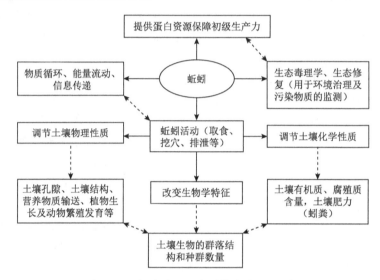

图 1-2　蚯蚓在陆地生态系统中的重要功能

蚯蚓个体导致的群落变化会对生态系统产生重要影响，其在土壤生态系统稳定方面发挥着举足轻重的作用。首先，蚯蚓通过其自身各种活动来影响土壤物理、化学及生物特性，对土壤孔隙、土壤结构、营养物质输送、植物生长、动物繁殖发育及有益微生物等所需的条件发挥着至关重要的作用，进而影响土壤生物组成；其次，蚯蚓在土壤生态系统中具有多重身份，在物质分解及由养分循环到提高土壤肥力的过程中也起着关键性作用；最后，蚯蚓对污染具有耐性，在其体内能够富集污染物且一定限度内不受迫害，还能通过提高土壤中脲酶、磷酸酶等的活性来改变重金属性质，在土壤污染修复中有较好的应用。蚯蚓在土壤生态系统中的重要地位已被公认，且蚯蚓主要通过土壤微生物群落进而影响生态过程也是不争的事实。

第 2 章　陆栖蚯蚓生物多样性及分布特征

生物多样性是地球上生命有机体发展进化的结果，是地球生命的基础，也是宝贵资源之一，形成了人类赖以生存和发展的基础。土壤中蕴藏着较大部分的生物多样性，生物多样性是提高农业生态系统自然生产力的基石，较高的生物多样性对于生态系统服务功能的发挥起着至关重要的作用，包括调节气候、养分循环及物质生产等，其中，蚯蚓生物多样性的重要性不可忽视，其分布调查与特征研究也受关注。

2.1　蚯蚓生物多样性及其影响因素

蚯蚓多样性是指蚯蚓种群及其群落的多样性，然而，人们对它们的多样性、分布，以及影响因素知之甚少，在全球范围内，蚯蚓生物多样性的驱动因素仍然未知。

蚯蚓作为土壤生物成员之一，其生存和生活受多种条件的限制，主要包括食物资源的可获得性和资源的质量、土壤水分条件及土壤温度等，而土壤环境影响因子对蚯蚓影响各异。目前已经有研究采用建立模型的方式，分析和预测土地管理和环境条件对蚯蚓的分布和丰度的影响，这是一种以个体为研究单位，根据蚯蚓个体能量遵循收支平衡的生态学原理，对蚯蚓能量进行预测，考虑各项可能产生影响的因素，从而将蚯蚓指标量化，实现对多个环境变量影响大小的评估。目前就研究频率和深度来看，诸多影响因素中气候因子和土地利用方式及土壤重金属污染是研究的热点趋势，而关于气候变化和土地利用方式的潜在效应对于蚯蚓的影响研究较少。

通常认为竞争、捕食、干扰、环境的空间异质性等是群落结构的影响因素，在地球年代进入"人类世"后，随着人类活动干扰与科学技术进步，影响蚯蚓群落结构及其物种分布的因素有以下几个方面。

2.1.1　自然因素分析

1. 气候因素

气候不仅直接决定蚯蚓自身的生物学过程，比如在对欧亚大陆北部的蚯蚓抗寒性研究中发现，在零下温度越冬的蚯蚓，通过减少体内 20%水分含量而避免冻伤（Meshcheryakova and Berman，2014）；同时也间接地通过改变其生境和食物供应而产生作用。因此，气候是影响蚯蚓群落结构及其功能发挥的重要环境因素。在同一纬度梯度上，蚯蚓的物种多样性将出现不同的变化趋势，比如 γ 多样性将出现从南向北降低的趋势，而 α 多样性相反。这主要是由于气候导致的冰川活动使蚯蚓扩散能力增强及重新占领的地理范围变广等，进而改变蚯蚓种类及分布范围；另外一个生态学角度的解释是，冰川作用导致环境承载力的变化进而引发的种内或种间竞争。通过分析总结气候变化对蚯蚓影响的研究成果发现，在土壤含水量比较足的情况下，随着温度的升高，蚯蚓活动能力、丰度及生物量等出现了比较积极的趋势。根据全球范围大数据研究发现，一个地区蚯蚓物种的丰富度在高纬度达到了峰值。但也出现了特殊情况，即热带地区蚯蚓多样性比温带地区少，追其根源主要是由于热带地区含有相较于温带地区少的土壤有机质资源，同时蚯蚓对凋落物的可利用性不高等原因。在温带局部地区，蚯蚓的多样性可能出现相反的现象，但是温带地区所独有的种可能会比较少；而热带地区的高度差异可能导致了蚯蚓的物种多样性高于其他地区（Helen et al., 2019）。

在青海湖北岸的大型土壤动物群落研究中，并未发现常见种蚯蚓，研究给出的解释是这可能与该区高寒、干旱的气候特征有关（林恭华等，2012），从侧面说明气候对蚯蚓的群落结构具有影响。早前，在欧洲就有相关人士通过环境预测因子来建立分析蚯蚓多样性和丰度的模型，虽然很多因子在多元回归分析中都具有统计学意义，但是气候因素却显得格外重要。正因为如此，随着气候持续变化，导致温度和降水随之变化，这些变化会对蚯蚓的丰度和分布区域等产生较大影响。通过收集全球 57 个国家 6928 个地点的蚯蚓群落样本研究发现，在所有环境因子中，气候因素在塑造蚯蚓群落方面比土壤性质或栖息地覆盖更重要，气候变化主要通过影响蚯蚓的分布进而对蚯蚓群落结构及扩散能力发挥着决定性的作用（Helen et al., 2019）。

2. 季节变化

季节作为影响生态系统良性发展的重要因素，在整个生态过程中的任何一个环节都不容忽视。大型土壤动物受季节变化影响较大，其中蚯蚓种群随季节变化较为明显。季节变化最明显的是通过降雨量和温度来发挥作用，其中温度是影响蚯蚓分布最主要的因素。

蚯蚓属喜阴喜湿的土壤变温动物，环境温度不宜过高或过低。在湿润环境中，蚯蚓活动能力较强，处于繁殖高峰，且生命周期绝大部分在该环境中完成；在干燥且温度较高环境中，活动能力明显减弱，所以它生活的环境对水分（湿度）和温度的要求比较高，它们都对蚯蚓的活动和生长产生影响，而这两者对于蚯蚓的数量及生物量在一定范围内具有显著相关性。一般水分不宜过多或过少，过多会导致蚯蚓出现缺氧或是无氧呼吸甚至是休眠，严重时导致死亡；过少的话使蚯蚓的水分需求不足，没办法进行正常的生命活动。

有研究者通过一年的连续研究不同季节下蚯蚓群落结构的变化发现，蚯蚓的个体数和生物量随着季节的变化出现了不同程度的变化（张卫信等，2005）。在三江平原的碟形洼地中蚯蚓密度和生物量具有明显的季节变化，表现为春季蚯蚓密度和生物量均高于秋季（卢明珠等，2015）。研究发现，蚯蚓很敏感，通过改变自身体重来应对季节变化，这种变化追其根源主要是通过不同季节的降水量和温度的变化来改变土壤环境，致使蚯蚓的生理特性也随之发生变化，这也将使蚯蚓的生命活动和利用性受到影响。

3. 土壤质量

土壤质量认为是可持续农业管理的关键参数，因此其评估指标各异，主要分为物理、化学及生物指标。其中土壤结构、含水量、湿度、温度、pH、土壤碳及黏粒含量等对蚯蚓群落结构组成和分布具有较大的影响，有研究明确指出蚯蚓分布及物种丰富度与土壤中有机碳、全氮、pH（弱酸性）及土壤黏粒含量有关（Birkhofer et al., 2012），因此土壤质量是会对蚯蚓多样性及数量和分布产生决定性影响的因素。

含水量和 pH 是影响蚯蚓生存及密度最主要的因素。蚯蚓适宜的环境中含水量大致为 40%～65%，且在含水量相对较高的土壤中，观察到的蚯蚓种类和数量比在陡峭且干燥的土壤中丰富。也有相关碳氮比的研究表明，蚯蚓的存活率会随着其比率的增加而变大，同时对蚯蚓的生物量，尤其是幼虫的影响更加明显（曹四平等，2018）；蚯蚓数随着 pH（弱酸性）的增加而增多，说明蚯蚓在碱性的环境中更加适宜，且这种环境有利于其繁殖。土壤碳也会对蚯蚓的多样性产生影响，主要表现为蚯蚓提供所需资源，进而起到维持蚯蚓多样性的作用。

土壤密度太大即土壤的孔隙太小，就会使土壤透气和通水性能变差，还不利于植物根系的生长，影响对营养物质的吸收利用能力，最终导致土壤环境中生物量大大减少，不利于稳定环境的维持。有研究指出，在免耕方式下，土壤密度要大于传统耕作的土壤密度，更有利于蚯蚓的活动，增大其分布范围和种类数量（Dam et al., 2005）。

同时，随着目前社会发展的需求，促使大面积的肥沃耕地被侵占，为了不影响耕地面积开垦部分盐碱地或耕作层较薄的新土地作为补偿，这导致耕地面积不减，土壤质量却大大降低的局面。

4. 土壤植物

作为土壤组成的植物，在和蚯蚓共存的情况下同样会对蚯蚓产生影响（图 2-1）。研究证实，植物多样性主要是通过物种互惠共生和生物竞争两大机制来对土壤动物产生影响，而这两种机制曾经被认为是生物多样性在影响生态系统功能中发挥着同样作用的两大机制。其中生物竞争选择效应是指竞争力强的物种对于资源利用具有高效性，能创造出更高生产力，因而使这个物种在生态系统中存活的概率更大。作为土壤动物的蚯蚓，在生存中同样面临着植物所产生的这样的选择效应，当植物多样性比较高时，资源丰富程度加深，这就为蚯蚓提供更加充足的食物来源。

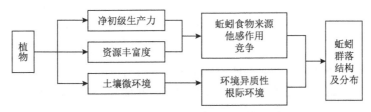

图 2-1　植物对蚯蚓群落结构及分布的影响过程

蚯蚓具有分解植物残枝落叶的酶，这为蚯蚓提供了食物，即有机碳含量的增加，说明土壤有机碳的含量和蚯蚓密度呈正相关，同时植物的存在使土壤不容易被扰动，为蚯蚓提供了一个相对稳定的环境。植物物种的高多样性可能导致土壤生物的高多样性，而蚯蚓群落结构受植物群落的显著影响。研究表明，植物群落中种类组成会导致该区域内蚯蚓多度和分布格局的显著差异（张宝贵，1997）。植物多样性越高的话，整个群落净初级生产力会提高，导致土壤环境中食物网络的关系更加复杂，这主要是通过影响蚯蚓的取食来发挥作用。而这种作用一般情况下是促进作用，但是也有相关研究表明这种影响趋势并不确定（Dey and Chaudhuri，2014）。比如植物多样性对蚯蚓的影响，同时还受到季节的影响，主要是因为在不同的季节里，由于植物的生活史不同，导致了多样性也出现了差异（Schwarz et al.，2015）。从一定的角度来说，植物多样性对蚯蚓的多样性还是具有积极的影响。在比较有优势的情况下，甚至会导致蚯蚓的多样性更加丰富，这主要是由于较高的植物多样性使土壤微环境发生变化，主要表现为环境的异质性增强，其中包括根际环境变化和土壤环境因子（温度、pH 等）改变（严珺和吴纪华，2018），而在这种情况下根据互补效应，物种多样性越丰富，便能够在生态系统中占据更多的生态位，更容易减少资源的竞争，使资源充分利用。但有研究发现了相反的情况，即植物物种多样性对蚯蚓多样性和生物量呈现负相关关系，这可能和植物产生的分泌物及他感作用有关，即植物种类越多，相互作用的结果对蚯蚓的影响越严重，而且植物均匀度越高这种程度越深。

5. 土壤微生物

作为土壤生物的蚯蚓和微生物两者之间存在着直接或间接关联。一方面，蚯蚓的存在会对土壤微生物产生影响。首先，蚯蚓在满足自身生命活动的过程中不可避免地改变土壤微生境，进而间接影响微生物的生活环境和微生物所需物质状态。其次，蚯蚓通过直接取食部分微生物（真菌），使得这些微生物能够在蚯蚓体内存活下来。有研究表明，在蚯蚓和微生物共存的环境下，土壤中总的微生物量出现了减少，但是活性微生物量却没有明显变化（张宝贵，1997），但也有研究表明蚯蚓能够增加微生物量（Bernard et al.，2012），例如经过蚯蚓肠道排泄作用后的蚓粪中微生物的种类和多样性指数出现了明显的增加现象。

另一方面，微生物同样会对蚯蚓产生影响（图 2-2），正是这种相互作用的关系，进一步影响其分布和群落结构。首先，部分微生物是蚯蚓丰富的食物和能量来源，其生活环境及体内含有大量的微生物，这些微生物能够满足蚯蚓的营养需求并让其取食条件更加优质；所以不同土壤环境中微生物的种类和群落结构各异，这就使得微生物将可能直接影响蚯蚓的生物量等，这将进一步影响蚯蚓的群落结构及其在土壤中的分布规律。其次，由于土壤微生物在陆地生态系统中起到重要的分解作用，微生物的存在不仅加速了土壤有机质的分解速度，同时其体内微生物参与部分酶的分泌与合成，这些酶能够加速有机质的分解，这就增加了蚯蚓对营养物质的吸收能力。综上，微生物在促进蚯蚓生长和活性方面发挥着重要作用。同时，有研究证明增加土壤微生物的生物量确实能够改变蚯蚓的群落结构。

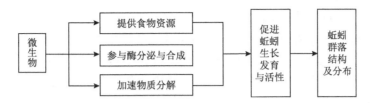

图 2-2　微生物对蚯蚓群落结构及分布的影响途径（肖艳兰等，2020）

2.1.2　人为因素分析

1. 土地利用类型

随着科学技术不断发展进步，人类对土地利用的深度和广度不断延伸。土地利用是导致生物多样性减少的重要人类活动之一，土地利用类型决定了一个区域内土壤生物多样性，也是影响蚯蚓数量、种类及群落结构变化的重要因素，且多样性随着利用方式不同存在差异。不同土地利用方式下，使得地表植被覆盖程度、养分及水分条件等存在差异，影响土壤性质，因蚯蚓对栖息地的偏好差异，最终导致蚯蚓群落结构、数量及种类各异。通过研究不同土地利用方式对蚯蚓数量及生物量的时空影响发现，土地利用方式的改变对蚯蚓的密度产生了明显的影响，对生物量虽未达到显著影响，但干湿季的影响存在差异（王邵军等，2017）。也有研究表明，土地利用方式的改变会使得土壤中有机碳的含量发生变化，将湿地变为耕地和林地后的总有机碳（total organic carbon，TOC）和可溶性有机碳（dissolved organic carbon，DOC）的含量随着变更期限出现不同趋势的变化（简兴等，2020）。

不同土壤类型对蚯蚓影响各异，表 2-1 分析了农业用地、建设用地及未利用地三种类型的具体影响（肖艳兰等，2020）。其中关于不同森林群落类型下土壤蚯蚓密度和生物量的变化特征研究表明，几种不同的森林类型中，蚯蚓的相关指标存在着较大差异

表 2-1　不同土地类型下对蚯蚓相关参数的影响

土地类型		蚯蚓参数				
		数量	种类	生物量	密度	多样性
农业用地	园地	中等	外来种为主	中等	中等	较高
	林地	较高	因具体类型存在差异	较高	较高	较高
	牧草地	—	—	较高	较高	较高
	耕地　传统	—	—	—	较高	较高
	耕地　商业化	—	极低	极低	—	极低
建设用地		较低	—	较低	—	较高
未利用地	原貌地	—	—	—	较低	较低
	荒地	—	—	—	较低	—

注："—"表示未查到相关文献；"原貌地"是指在其上面从未有过耕作活动。

（王红等，2017）。对于耕地而言，传统方式下的耕地和商业化的耕地对蚯蚓的影响有着
较为明显的不同，最主要是因耕作方式及农药化肥的施用不同会对土壤的理化性质和土
壤生态过程等产生差异性，进而影响蚯蚓的生活方式、范围及多样性。建设用地相较于
其他两种类型土地，对蚯蚓的数量和密度具有消极影响，但研究发现城市化对蚯蚓的多
样性却具有较为积极的影响，研究认为这可能和土壤年龄有较大关联（Amosse et al.，
2016）。不同土地利用类型下，其他因素对蚯蚓相关指标的影响大小存在差异，通过对
菜园和荒地的数据进行灰色关联分析发现，菜地中主要是含水量和 pH，而在荒地中主要
是土壤温度和含水量，这种关系主要是由于人为干扰程度不同而导致土壤结构及酸碱度
的变化造成的。

2. 土壤污染胁迫

蚯蚓在受到污染的情况下，根据污染类型及污染程度的不同，其数量、种类及群落
结构会出现比较大的差异性变化，多样性指数也会出现递减。曾将蚯蚓作为土壤生态系
统的指示生物，而这主要是通过利用蚯蚓的多样性指标作为评估指标（Bartz et al.，2013），
能够反映出土壤环境的一些健康、肥沃等状况。研究表明，在一些欧洲国家，蚯蚓已经
成为土壤质量监测的一部分，也从侧面反映了土壤污染程度（Frund et al.，2011）。

土壤污染中最典型且严重的是重金属污染。具有一定的隐蔽性，因而与其他污染有
所不同，同时由于它的长期性和不可逆性导致土壤重金属污染较难治理。土壤中重金属
含量一旦超过环境容量后，会阻碍土壤一系列生命活动的顺利进行进而对土壤生态系统
产生不利的影响，其中蚯蚓便是受害者之一。蚯蚓和重金属接触后，其体内酶活性及种
类发生变化，会产生危害其机体的酶，如活性氧（reactive oxygen species，ROS）或丙二
醛（malondial-dehyde，MDA）等，一旦蚯蚓无法抵御这些氧化应激反应时将有致死的
风险，且影响因重金属种类存在差异，详见表 2-2（肖艳兰等，2020）。随着重金属污
染程度的增加，蚯蚓种类迅速减少，且重金属污染暴露对蚯蚓的影响因物种而异，主要
表现为不同种类蚯蚓对重金属的选择性富集作用导致的，如表栖类和内栖类蚯蚓对镉具
有较强的富集能力，不同种类应对胁迫能力不同，导致各异的蚯蚓种类组成，严重影响
蚯蚓群落结构。

表 2-2　不同土壤污染类型对蚯蚓参数影响

土壤污染类型		蚯蚓参数						
		数量	种类	生物量	密度	年龄结构	种群结构	酶活性
重金属	Pb	减少	减少	明显降低	降低	衰退型	影响明显	不规律
	Cd			明显降低				增强
	Cu			降低				降低
	Pb-Cu			—				升高
农药	除草剂	减少	减少	降低	降低	—	影响明显	增强
	杀虫剂			降低	未发现	衰退型		降低
农药-重金属		—	—	降低	降低			降低

注：“—”表示未查到相关文献。

土壤污染中最普遍的是农药污染。农药在为农业发展作出重大贡献的同时，也导致了严重的土壤污染。农药污染对蚯蚓群落结构的种类、生物量、密度及丰富度等产生较为严重的负面影响，主要表现为对蚯蚓体内超氧化物歧化酶活性的影响，随着农药浓度的增加，蚯蚓的表皮和肠道都会受到不同程度的损伤，且在农药污染区，蚯蚓分布随有机质的增加而减少。有关农药对蚯蚓的影响国内外均有较多研究报道，最多的是杀虫剂和杀菌剂（Gupta et al.，2011）。有关除草剂的研究比较少且不深入，通过采用滤纸法和人工土壤测定法对 22 种常用除草剂的研究发现，不同类型除草剂对蚯蚓的影响均为低毒性，且由于除草剂及其代谢物会在环境中迁移转化，对蚯蚓具有毒性作用（王彦华等，2010）。在除草剂施用下，会对蚯蚓参数产生负面影响，主要通过降低土壤 pH 和含水量使蚯蚓种类、密度及生物量均下降。也有研究表明，除草剂可能通过影响杂草而间接对蚯蚓产生影响（Edwards and Pimentel，1989），这种解释的原因是除草剂的施用使杂草大面积死亡进而增加了土壤环境中有机物导致的。不同类型除草剂对蚯蚓影响具有差异性，在一定浓度范围内，除草剂间具有协同作用，这种关系会使得蚯蚓体内 SOD 活性增强（徐建等，2006）。

3. 其他人类活动

土壤生态系统与人类的生活发展息息相关，人类在发展过程中的一些有意或无意的行为或多或少会对蚯蚓产生影响。其中影响比较明显的是新物种的引入及耕作方式。

新蚯蚓种的引入是一种入侵行为，这种行为可能是人为或自然发生，不同的情况下利弊有别。比如对于一个没有本地蚯蚓的区域，蚯蚓的进入将会面对一个巨大的未利用的资源库，出现较高蚯蚓规模，反而增加了当地的物种多样性，使生态系统更加完善，有利于生态环境的维护；但对于有蚯蚓的系统，在其他种进入后可能会对其造成威胁，导致本地蚯蚓的数量减少，严重时出现种的灭绝。热带地区使生物多样性减少的人类活动方式之一是土地利用，西双版纳橡胶种植土地利用导致外来种蚯蚓入侵，改变了本地蚯蚓群落结构（杜杰，2008）。蚯蚓入侵环境中因生存斗争，导致蚯蚓的分布区各式各样，从而使蚯蚓的群落结构出现重新组合。

人类不同的耕作方式对土壤环境的扰动程度差异较大，进而对蚯蚓群落结构产生显著影响，而不同的耕作方式对蚯蚓数量与土壤密度的具体影响存在差异。研究表明，免耕情况下土壤中蚯蚓数量和种类均高于长期高频翻耕的土壤，主要是因为免耕对土壤土层的影响小，而且这种耕作方式使地表作物残留覆盖率高于 30%，对蚯蚓是具有保护作用的耕作方式，这就为作物残渣堆肥提供了一个较稳定的环境，进而增加土壤中有机质的含量，使土壤微生态环境得以改善（Nuutinen，1992）。但也有研究表明，和免耕相反的传统翻耕作业有与其一样甚至超过免耕的蚯蚓数量（Singh et al.，2020），但其多样性却出现下降趋势。这种耕作方式对土壤深层的扰动比较明显，随着耕作年限的增加，这种效果会更加明显。

综上所述，蚯蚓群落结构与物种分布受气候变化、土地利用类型、土壤质量、季节变化（温度、水分）、植物多样性、土壤微生物、土壤污染及人类活动等因素的影响，但由于土壤环境的特殊性，使得具体的影响因素难以明确，加上各种因子对蚯蚓的影响各异，详见表 2-3（肖艳兰等，2020），且因素间存在直接或间接的影响，致使分析过程中不可避免地存在一些差异性的相互作用，即影响的大小和程度不同。

表 2-3 影响因子与蚯蚓参数的相关性分析

影响因子		蚯蚓参数					
		种类	数量	密度	生物量	群落结构	分布
气候变化		显著	—	—	—	极显著	极显著
土地利用类型		显著	显著	显著	不显著	—	显著
土壤质量（理化性质）	含水量	—	显著	极显著	极显著		
	pH	—	—	显著	—		
	有机质	—	—	显著	显著		
	温度	—	不显著	负相关	负相关		显著
季节变化		—	显著	—	显著	显著	—
植物多样性		—	—	不确定	—	显著	显著
土壤微生物		—	—	—	显著	显著	
土壤污染		负相关	负相关	—	—	—	负相关
人类活动		显著	极显著	—	—	显著	—

注："—"表示未查到相关文献。

2.2 蚯蚓分布特征及影响因素

蚯蚓作为最具代表性的大型土壤动物之一，对土壤生态系统的生态功能发挥着重要的作用并广受关注。蚯蚓在改良土壤质量的同时，也受土壤污染的威胁。因此了解与掌握土壤环境中蚯蚓的分布及其与土壤质量的相互关系具有重要的意义，国内外科学家与学者就蚯蚓分布开展了大量研究与调查，取得了阶段性成果。

2.2.1 全球蚯蚓的分布特征

通过 57 个国家 6928 个地点的蚯蚓群落样本发现，土壤蚯蚓当地物种的丰富度通常在高纬度达到峰值，然而，热带地区的高度物种差异可能导致整个热带地区的多样性高于其他地区。也就是说，气候因素在塑造蚯蚓群落方面比土壤性质或栖息地覆盖更为重要；反过来也表明，气候变化可能对蚯蚓群落及其提供的功能产生严重影响（Helen et al.，2019）。

研究表明，蚯蚓的物种丰富度随纬度增加而增加。由于蚯蚓群落、栖息地覆盖和当地土壤性质之间的关系，土壤性质（如 pH 和土壤有机碳）是蚯蚓群落的关键环境驱动因素。较低的 pH 通过降低钙的利用率来限制蚯蚓的多样性，土壤有机碳提供了维持蚯蚓多样性和种群规模的资源。除了许多相互作用的土壤性质，配偶和栖息地覆盖等其他环境因素也会影响蚯蚓的多样性。

通过探索蚯蚓群落的空间格局，并确定影响蚯蚓生物多样性的环境驱动因素。发现每个研究区域有 1～4 种蚯蚓（平均值 2.42，标准差 2.19），其中，北部和亚北极地区物种丰富度值较低；亚热带和热带地区（如巴西、印度和印度尼西亚）的本地多样性也较低，这与植物多样性的纬度梯度形成了对比（Helen et al., 2019），这可能是：①由于与气候变量的不同关系造成的。例如，尽管植物多样性随着潜在蒸散量（potential evapotranspiration，PET）的增加而增加，但蚯蚓多样性随着潜在蒸散量（PET）的增加而减少；②土壤性质显著影响蚯蚓群落。例如，凋落物可用性和土壤养分含量是蚯蚓多样性的重要调节因子，贫营养土壤具有更多的表观物种，富营养土壤具有更多的内生物种；分解率较高的热带地区土壤有机资源较少，当地蚯蚓多样性较低，以内生物种为主，主要是由于内生物种具有特定的消化系统，允许它们以低质量的土壤有机质为食。在中纬度地区，如南美洲南端、澳大利亚和新西兰南部地区、欧洲（特别是黑海以北）和美国东北部，当地物种丰富度较高。尽管该研究结果与许多地上生物的纬度多样性相反，但与外生菌根真菌、细菌等土壤生物一致。可能是上一个冰河时代的冰川作用及人类活动的结果。以前被冰川覆盖的温带地区（中纬度至高纬度）很可能被具有高扩散能力和大地理范围的蚯蚓物种及人类介导的扩散（"人类脊椎动物"蚯蚓）重新定居。因此，温带群落可能具有较高的蚯蚓本地多样性，但这些物种将广泛分布，导致区域多样性低于本地多样性。在没有经历冰川作用的热带地区，情况可能恰恰相反。

全球当地蚯蚓群落总丰度通常为 5～150 个/m^2（平均值 77.89 个/m^2，标准差为 98.94）。总丰度较高的地区为温带地区，如欧洲（特别是英国、法国和意大利）、新西兰，以及部分潘帕斯草原和周边地区（南美洲），而不是热带地区。在许多热带和亚热带地区，如巴西、中非和印度部分地区，总丰度较低。

全球当地蚯蚓群落（成年和幼年）的总生物量有 0.3% 区域达到极值（>2 kg），97% 区域在 1～150 g/m^2。总生物量高的地区集中在欧亚草原和北美的一些地区。全球大部分地区的总生物量较低。在北美北部，没有原生蚯蚓的高密度，以及在某些地区较高的蚯蚓生物量可能反映了蚯蚓入侵这些地区。小型入侵性欧洲蚯蚓物种遇到了巨大的未利用资源池，导致种群规模较大。

2.2.2　中国蚯蚓的分布情况

中国陆栖蚯蚓地理分布状况起步于 1930 年，陈义于 1956 年《中国蚯蚓》首次论述了中国陆栖蚯蚓的地理分布状况；曾中平等于 1982 年《蚯蚓养殖学》中首次相对详尽地讨论了中国蚯蚓的地理分布概况；21 世纪以来，中国陆栖蚯蚓的分布进入一个新的时期，其中邱江平、蔡住发、施习德、陈俊宏等作出了巨大贡献。

1872 年，Perrier 描述了中国第 1 种蚯蚓参状环毛蚓（*Perichaeta aspergillum*），至 1929 年共记录了 4 科 6 属 28 种 2 亚种，至 1956 年共记录 4 科 14 属 122 种 2 亚种，至

1982 年共记录 7 科 14 属 171 种（含亚种），至 1985 年共记录 7 科 22 属 178 种 15 亚种，至 1992 年共记录 8 科 25 属，补充 51 种。随着新种的不断发现，到 2005 年，中国已记录的陆栖蚯蚓有 9 科 28 属 306 种（含亚种）；至 2018 年，中国共记录蚯蚓 9 科 31 属 640 种，是亚洲乃至全球报道蚯蚓物种数最为丰富的国家之一。中国陆栖蚯蚓名录及分布详见表 2-4。

表 2-4　中国陆栖蚯蚓（后孔寡毛目 Opisthopora）名录及分布

序号	科	属	分布区域
1	单向蚓科 Haplotaxidae	单向蚓属 *Haploaxist* Hoffmeister，1843	新疆
2	链胃蚓科 Moniligastridae	合胃蚓属 *Desmogaster* Rosa，1895	江苏
		杜拉蚓属 *Drawida* Michaelsen，1900	吉林、辽宁、北京、河北、天津、山东、河南、安徽、江苏和浙江等
3	巨蚓科 Megascolecidae	远盲蚓属 *Amynthas* Kinberg，1867	江苏、安徽、江西、浙江、贵州、吉林、四川、福建、海南、香港和台湾等
		毕格蚓属 *Begemius* Easton，1982	广东
		腔蚓属 *Metaphire* Sims et Easyon，1972	辽宁、河南、河北、北京、天津、山东、湖北、江苏、浙江、四川、台湾、甘肃等
		炬蚓属 *Laptio* Kinberg	海南、香港
		环棘蚓属 *Perionyx* Perrier，1872	台湾
		近盲蚓属 *Pithemera* Sims et Easyon，1972	台湾
		扁环蚓属 *Planapheretima* Michaelsen，1934	四川、重庆、贵州
		多环蚓属 *Polypheretima* Michaelsen，1934	台湾
4	正蚓科 Lumbricidae	正蚓属 *Lumbricus* Linnaeus，1758	东北、西北
		异唇蚓属 *Allolobophora* Eisen，1873	江苏、安徽、四川等
		流蚓属 *Aporrectodea* Örley，1885	辽宁、吉林、北京、河北、山东、四川、湖北、安徽、上海、江苏、浙江、江西、湖南和台湾
		双胸蚓属 *Bimastus* Moore，1893	北京、河北、河南、新疆、西藏、四川、江苏、江西、台湾
		林蚓属 *Dendrodrilus* Omodeo，1956	东北、新疆
		爱胜蚓属 *Eisenia* Malm，1877	黑龙江、吉林、辽宁、北京、河北、天津、陕西、新疆、四川、湖北、安徽、上海、江苏、浙江和河南等
		枝蚓属 *Dendrobaena* Eisen，1873	新疆
		辛石蚓属 *Octolasium* Örley，1885	黑龙江
		小爱蚓属 *Eiseniella* Michaelsen，1900	台湾

续表

序号	科	属	分布区域
5	舌文蚓科 Glossoscolecidae	岸蚓属 *Pontoscolex* Schmarda，1861	香港、广东、广西
6	寒宪蚓科 Ocnerodrilidae	角蚓属 *Eukerria* Beddard，1892	台湾
		舟蚓属 *Malabaria* Stephenson，1924	海南，湖南
		寒宪属 *Ocnerodrilus*	北京、四川、湖北、广东和海南等
		泥蚓属 *Ilyogenia*	江苏
7	荆蚓科 Acanthodrilidae	微蠕蚓属 *Microscolex*	江苏
		毛蚓属 *Plutellus* Perrier，1873	四川
		泮蚓属 *Pontodrilus*	海南、台湾、云南
8	八毛蚓科 Octochaetidae	重胃蚓属 *Dichogaster* Beddard，1888	海南
		树蚓属 *Ramiella* Stephenson，1821	福建
9	微毛蚓科 Microchaetidae	槽蚓属 *Glyphidrilus* Horst，1889	海南、云南

注：本名录记述的蚯蚓，是分布在中国境内的广布种和本地种，在地理分布上采取只记述分布在中国的部分省区，不记述具体的分布地点，也不记述该种在全球分布的状况。

2.2.3　云南蚯蚓的分布概况

云南蚯蚓研究始于 1912 年，Stephenson 首先描述了泛布远盲蚓云南亚种（*Amynthas divergens yunnanensis*）和布氏腔蚓（*Metaphire browni*）。之后，Michaelsen（1927 年）和 Gates（1931 年）分别描述了 2 个和 11 个远盲蚓属物种，使得云南蚯蚓分类研究得到发展。我国学者于 1975 年开启云南物种调查，陈义（1957，1977）等描述了泮蚓属、槽蚓属与远盲蚓属共 5 种蚯蚓。20 世纪末，仅钟远辉（1992）与吴纪华等（1996）再各发表 1 个物种；因此，云南省有记录的蚯蚓仅 4 科 5 属 30 种，它们分别为巨蚓科远盲蚓属 21 种、腔蚓属 6 种，以及链胃蚓科杜拉属、荆蚓科泮蚓属和微毛蚓科槽蚓属各 1 种。2003～2005 年，研究人员对云南省普洱市澜沧县的陆栖蚯蚓进行了调查，获得了 2 属 8 种（谷卫彬，2008）。截至 2018 年，云南地区记录的蚯蚓物种达到了 5 科 10 属 70 种，位于全国第 5 位。

2.2.4　蚯蚓群落结构的影响因素

1. 气候变量的影响

研究表明，气候变量是蚯蚓群落的最重要的影响因素（Phillips et al.，2019），其中"降水"对物种丰富度和总生物量影响显著，"温度"对物种丰富度影响显著。同时也有研究表明，在大尺度多样性和分布格局方面，气候变量对植物、爬行动物、两栖动物和哺乳动物等地上分类群和细菌、真菌、线虫等地下分类群影响较大。因此，气候变量和蚯蚓群落指标之间的紧密联系令人担忧，因为在未来几十年中，由于人类活动，气候将继续变化。温度和降水的变化可能会影响蚯蚓的多样性和分布，并对其提供的功能产生影响。存在入侵蚯蚓的情况下，蚯蚓分布的变化可能极大地改变土壤生态系统，尤其在北美地区。然而，气候变量最有可能影响蚯蚓群落的丰度和生物量，从而影响多样性，因为入侵蚯蚓的变化取决于蚯蚓相对较低的扩散能力。

2. 土壤性质

通常认为，土壤性质是蚯蚓群落最重要的驱动因素，但事实并非如此。首先，气候是全球尺度上的驱动模式，但在气候区域（或局部尺度）内，其他变量可能变得更加重要。因此，一个或多个土壤特性可能是特定研究区域中蚯蚓群落的最重要驱动因素，而不是大尺度研究区域中的蚯蚓群落的重要影响因素。然后，栖息地覆盖影响蚯蚓群落，在更大范围内气候影响栖息地覆盖和土壤性质，进而影响蚯蚓群落。

2.3 云南典型区域蚯蚓分布特征调查

云南作为生物多样性大省，蕴含着极其丰富的生物多样性，诸多研究倾向于其生物多样性的分析，但是对于蚯蚓的生物多样性及分布特征尚未开展系统调查与研究。针对目前存在的缺陷，通过调查分析云南典型区域蚯蚓的种类、数量、生物量及群落构成等，掌握蚯蚓分布特征及影响因素，进一步明确环境因素影响蚯蚓多样性的贡献度，为日后更好地应用蚯蚓生态功能并发挥蚯蚓作用及相关工作提供理论依据。

2.3.1 研究区域概况

研究区云南位于中国西南边陲，位于东经 97°31′39″～106°11′47″、北纬 21°8′32″～29°15′8″。云南作为我国的物种基因库，其富含大量的动植物资源，并具有众多特有的生物资源，是我国的生物多样性大省。在全球气候变暖的大背景下，气候因素是人类目前关注最高的环境因素之一，这就使得以气候来划分调查研究区域具有研究价值和现实指导意义。根据前人研究结果，云南省划分为高原气候带、温带、北亚热带、中亚热带、南亚热带和北热带 6 个气候带（段旭等，2011），结合土地利用方式分别在香格里拉、兰坪、昆明、丘北、勐海、景洪、元谋 7 个研究区域确定采样区域，采样点区域概况详见表 2-5。

研究点遴选依据有二：第一，由于研究区域为大尺度，如选择全覆盖布点，这就导致研究工作量较大，为减轻任务量且研究时间具有代表性，选择以气候带为划分依据，在不同气候带中选择有代表性的点作为研究样点；第二，一个区域内的气候条件短时间内不会有较大尺度的变化，这也为气候带划分提供了最根本的保证。

表 2-5　气候带代表区域基本概况

序号	气候带类型	代表性区域	基本概况
1	高原气候带	香格里拉（XG）	年均温为 5.5℃，年降水量为 268～945mm，干湿季分明，地形西北高东南低，平均海拔 3459m，且海拔梯度大，气候区域差异和垂直变化明显；地处云南亚热带常绿阔叶林植被区向青藏高原高寒植被区过渡地带，植被分布南北差异明显、垂直变化突出
2	温带	兰坪（LP）	地处"三江"并流区腹部，年均温 13.7℃，年降水量 1002.4mm，森林、生物资源丰富，山林面积占全县的 71.1%以上，被誉为中国的"绿色锌都"
3	北亚热带	昆明（KM）	年均温 15℃，年降水量 1035mm，森林覆盖率 49.57%，鲜花常年开放，草木四季常春，被誉为"春城""花城"
4	中亚热带	丘北（QB）	年均温 13.2～19.7℃，年降水量 1183mm，地处滇东南岩溶山原丘陵地带，水资源丰富，境内野生动植物资源丰富
5	南亚热带	勐海（MH）	年均温 18.7℃，年降水量 1341mm，河网密布，水资源丰富，境内 7 类土壤，随海拔高低垂直分布，动植物资源丰富，多种珍稀物种，被誉为"滇南粮仓"
6	北热带	景洪（JH）	年均温 18.6～21.9℃，年降水量 1200～1700mm，土壤发育有明显地带性，共 6 个土类，以赤红壤、砖红壤为主，含有大量珍稀物种，动植物资源丰富，被誉为"动植物王国"
		元谋（YM）	年均温 21.9℃，年降水量 613.8mm，境内河流属金沙江水系，呈现四周高、中间低的势态。境内共 9 个土类，85%以上为自然土壤。含有热带地区特色植物攀枝花、凤凰树、合欢等，是云南省重要的蔬菜产地

2.3.2　调查方案

在已经确定的 6 个气候带中选取了 7 个市（县）作为研究区域，在每个研究区域选择有代表性的土地利用方式为采样点，每个采样点需要选取 3 种及以上的土地利用方式，且每个采样点取 5 个平行样，共选择 149 个样方。在取样前对每个采样点进行背景调查，其中包括气候状况、植物分布、地理位置等。

1. 样品采集

1）蚯蚓样本采集

蚯蚓的收集采用电击法和手拣法相结合的方法，选点采用随机布点的方法，在各研究点选取 50cm×50cm×30cm（长×宽×深）的样方，扒开地表凋落物后将便携式蚯蚓捕捉仪两个电极对角插入土壤，深度为 30cm，分别对两组对角线进行电击以便蚯蚓迁移至土表，每次电击时间为 10min，电击结束后等待数分钟，待蚯蚓出现甚少时开始收集蚯蚓，之后用铁锹将样方中的土全部挖出平铺在塑料布上，收集残留在土壤中的蚯蚓，然后取部分样方土和全部蚯蚓放至塑料盒保证蚯蚓存活，之后带回实验室处理分析。采集样本的同时，详细记录采集地海拔、经纬度与生境类型等，具体采样点信息如表 2-6 所示。

表 2-6　采样点地理环境信息概况

序号	气候带类型	样点编号	经度（E）	纬度（N）	海拔/m	温度/℃
1	高原气候带	XG1	99°44′44″	27°49′55″	3301	27.1
2	高原气候带	XG2	99°46′23″	28°03′55″	3105	25.2
3	高原气候带	XG3	99°44′10″	27°36′18″	3203	32.5
4	高原气候带	XG4	99°44′39″	27°49′46″	3296	19.4
5	高原气候带	XG5	99°48′22″	27°33′33″	3283	28.5
6	高原气候带	XG6	99°48′30″	27°33′40″	3297	25.0
7	高原气候带	XG7	99°29′30″	28°04′03″	3149	20.6
8	温带	LP1	99°25′38″	26°26′25″	2417	27.9
9	温带	LP2	99°28′05″	26°27′27″	2745	27.1
10	温带	LP3	99°24′46″	26°25′46″	2319	23.4
11	温带	LP4	99°31′20″	26°41′00″	2460	26.4
12	温带	LP5	99°31′05″	26°40′34″	2510	22.4
13	温带	LP6	99°22′41″	26°52′13″	2079	25.2
14	温带	LP7	99°26′48″	26°27′19″	2600	26.1
15	北热带	JY1	100°28′21″	21°32′36″	620	25.1
16	北热带	JY2	100°44′45″	21°59′08″	527	31.1
17	北热带	JY3	100°27′48″	21°30′54″	630	28.9
18	北热带	JY4	101°30′07″	25°28′09″	1207	28.4
19	北热带	JY5	101°30′27″	25°27′19″	1022	32.0
20	北热带	JY6	101°31′18″	25°25′57″	1093	23.7
21	北热带	JY7	101°31′22″	25°24′55″	1109	22.5
22	北热带	JY8	101°30′53″	25°29′56″	1053	27.0
23	北热带	JY9	101°31′24″	25°25′01″	1255	23.7
24	北亚热带	KM1	102°52′50″	24°52′27″	2010	34.9
25	北亚热带	KM2	103°07′24″	25°50′49″	1610	31.1
26	北亚热带	KM3	103°07′17″	25°51′01″	1563	40.8
27	北亚热带	KM4	103°07′12″	25°50′50″	1689	38.4
28	北亚热带	KM5	103°07′15″	25°50′30″	1710	41.2
29	北亚热带	KM6	103°07′20″	25°50′59″	1589	40.2
30	北亚热带	KM7	102°47′09″	24°55′12″	1890	32.7
31	北亚热带	KM8	102°46′08″	24°49′05″	1895	34.6
32	中亚热带	QB1	104°04′48″	24°02′36″	1412	28.3
33	中亚热带	QB2	104°04′52″	24°03′51″	1450	28.1
34	中亚热带	QB3	104°05′02″	24°03′56″	1450	33.8
35	中亚热带	QB4	104°03′54″	24°06′13″	1450	23.7

续表

序号	气候带类型	样点编号	经度（E）	纬度（N）	海拔/m	温度/℃
36	南亚热带	MH1	100°33′17″	22°03′20″	1177	31.8
37	南亚热带	MH2	100°33′21″	22°03′20″	1182	27.5
38	南亚热带	MH3	100°35′16″	22°02′30″	1166	33.7
39	南亚热带	MH4	100°36′30″	22°01′07″	1050	24.6

2）土样的采集

电击完，蚯蚓收集结束后，采用环刀法（直径 5cm，高 5cm，容重 100cm³）采集土样，编号后带回实验室测定土壤孔隙度。另外，用自封袋采集部分土样（0～30cm 的混合土），带回实验室进行土壤理化性质与重金属含量分析。

3）现场测定的指标

用土壤环境速测仪等设备测定空气湿度、土壤温度及湿度等。

2. 蚯蚓相关指标测定及种类鉴定

1）蚯蚓指标测定

用蒸馏水清洗蚯蚓后放在吸水纸上将其体表水分吸干，首先记录各样方中蚯蚓数量，根据样方大小计算蚯蚓密度；之后对蚯蚓进行称鲜重并计算生物量等。

蚯蚓密度（生物量）计算公式：

$$\text{蚯蚓密度（ind./m}^2\text{）或生物量（g/m}^2\text{）} = \text{样方内蚯蚓数量或鲜重} \div 0.50^2$$

2）蚯蚓鉴定方法

用 75%乙醇浸泡蚯蚓直至其对针刺无身体应答，将其拉直或基本保持伸直状态，转入离心管中再用 95%乙醇固定保存，以便后续物种鉴定。蚯蚓物种鉴定工作包含两部分：形态鉴定和分子鉴定。形态鉴定采用体视镜观察所有成体蚯蚓外部特征，包括口前叶、体宽、体长、体节、体色、环带、背孔、雌雄生殖孔等，依据《中国陆栖蚯蚓》和相关研究物种特征进行详细比对分析；分子鉴定是在使用形态鉴定无法完成鉴定时使用，通过 OMEGA E.Z.N.A.™ Mollusc DNA Kit 试剂盒提取样本尾部组织基因，并将获得的 COI 基因序列同 GenBank 中已有的蚯蚓物种序列进行比对，最终完成物种鉴定工作。本鉴定工作由上海交通大学蒋际宝团队完成。

3）蚯蚓生物多样性指数的计算

Shannon-Weiner 多样性指数

$$H' = -\sum_{i=1}^{s} P_i \log_2 P_i \qquad (2-1)$$

式中，H' 为群落多样性指数；s 为种数；$P_i = n_i/N$；N 为总个体数；n_i 为第 i 种个体数，下同。

Pielou 均匀度指数

$$E = H'/\ln s \qquad (2-2)$$

Simpson 优势度指数

$$C = \sum_{i=1}^{s}\left(n_i / N\right)^2 \tag{2-3}$$

Margalef 丰富度指数

$$D = \left(s - 1\right) / \ln N \tag{2-4}$$

物种相似度指数

$$S = 2c / \left(a + b\right) \tag{2-5}$$

式中，a 为生境 A 中的种数；b 为生境 B 中的种数；c 为 2 种生境中共有种数。根据 Jaccard 相似系数公式规定，相似系数在 0～0.25 为极不相似；0.25～0.50 为中等不相似；0.50～0.75 为中等相似；0.75～1.0 为极相似。

3. 土壤理化性质及其测定方法

土壤理化性质等相关指标的测定方法详见表 2-7。

表 2-7　土壤理化性质及相关指标的测定方法一览表

序号	指标	测定方法
1	含水量（soil water content，SWC）	《土壤 干物质和水分的测定 重量法》（HJ 613—2011）
2	孔隙度（soil porosity，SP）	环刀法
3	pH	《土壤 pH 的测定》（NY/T 1377—2007）
4	有机质（soil organic matter，SOM）	《土壤检测 第 6 部分：土壤有机质的测定》（NY/T 1121.6—2006）
5	全氮（total nitrogen，TN）	《土壤质量 全氮的测定 凯氏法》（HJ 717—2014）
6	总磷（total phosphorus，TP）	《土壤 总磷的测定 碱熔-钼锑抗分光光度法》（HJ 632—2011）
7	全钾（total K，TK）	《土壤全钾测定法》（NY/T 87—1988）
8	碱解氮（alkali-hydrolyzed nitrogen，AN）	《森林土壤水解性氮的测定》（LY/T 1229—1999）
9	速效磷（olsen-P，OP）（又称有效磷）	《土壤 有效磷的测定 碳酸氢钠浸提-钼锑抗分光光度法》（HJ 704—2014）
10	速效钾（available K，AK）	《土壤速效钾和缓效钾含量的测定》（NY/T 889—2004）
11	重金属	便携式 X 射线荧光光谱法
12	土壤温度（soil temperature，ST）	《森林土壤温度的测定》（LY/T 1219—1999）

4. 数据处理方法

所有实验数据均使用 Excel 进行初步分析整理，然后利用 SPSS 统计分析，数据分析发现所有实验数据均服从正态分布且符合方差齐性要求。在统计分析中以 Mean±SD 表示。应用单因素方差分析（one-way ANOVA）的最小显著性差异法（least-significant difference，LSD）和 Duncan 法对不同土地利用方式及气候带类型下的土壤理化性质的差异性进行显著性检验；应用皮尔逊相关性分析，分析蚯蚓分布（密度及生物量）和环境因子间的关系，并进行双尾检验；利用 Excel 对蚯蚓的生物量、多样性等基础指标研究数据进行处理、计算与作图，运用 SPSS、GraphPad Prism 软件和 R 语言进行数据的深入统计分析及绘图。

5. 蚯蚓多样性分布与环境因素的相关分析

土壤作为一个较为复杂的系统，蚯蚓分布具有一定生物学特征，这是由多种生态环境因素综合影响导致的，所有环境因素均通过不同程度或途径影响蚯蚓生态特性与生物学特征，进而作用于蚯蚓的多样性与分布特征。蚯蚓生活在一个相对复杂的环境中，不仅地下土壤环境会对其产生直接影响，同时地上大气环境也直接或间接影响蚯蚓，而这些影响因素之间或多或少存在一定的关联。这种关联作用便成为研究区域蚯蚓多样性与分布特征的最大难题之一，因为无法具体说明单一影响因素的独立作用，同时各个影响因素间的相互作用与关系也难以说明，只能对这种关系定性而无法做到量化评估。因此，需要运用结构方程模型（structural equation model，SEM）量化环境因素对蚯蚓多样性与分布特征的贡献度。

结构方程模型是目前应用较多的一种多元统计分析技术，弥补了其他分析方法较为单一的处理方式。通过整合多因素与多结果，通过路径和因素实现多角度的综合分析，能更加直观地解释原因和研究结果之间的相互关系及影响大小。通过结构方程模型的构建，实现多影响因素的贡献度分析。首先将所有获得实验数据纳入到路径分析中，提出一个假设的作用途径及影响因素之间可能存在的关系，然后根据假设构建一个可能的模型，之后对模型的参数进行估算，通过不断地修改路径和作用途径对模型进行反复修订，最后找到解释度最好的模型，具体操作流程如图 2-3 所示。

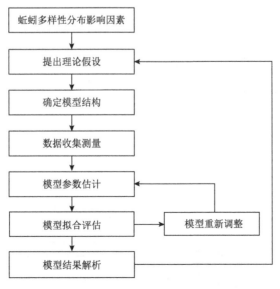

图 2-3　结构方程模型分析流程

2.4 云南典型区域蚯蚓多样性与分布特征

地球上的动物分布因气候、食物、地理和地质等影响，有着相对固定的分布区域，蚯蚓也是如此。

2.4.1 蚯蚓的组成和多样性

在 7 个研究区域共收集 1984 个蚯蚓样本，为 27 种（亚种），隶属于 4 科 11 属（表 2-8），包括巨蚓科远盲蚓属 14 种、腔蚓属 4 种、多囊蚓属（*Polypheretima*）1 种；正蚓科 6 种，分别隶属辛石蚓属、小爱蚓属、林蚓属、爱胜蚓属、正蚓属、流蚓属；链胃蚓科杜拉蚓属 1 种；舌文蚓科岸蚓属 1 种。27 种分别是：参状远盲蚓（*Amynthas aspergillum*）、连突远盲蚓（*Amynthas contingens*）、简洁远盲蚓（*Amynthas gracilis*）、毛利远盲蚓指名亚种（*Amynthas morrisi morrisi*）、毛利远盲蚓菜园亚种（*Amynthas morrisi hortensis*）、光滑远盲蚓（*Amynthas glabrus*）、雌生远盲蚓（*Amynthas demptus*）、完整远盲蚓（*Amynthas onastus*）、湖北远盲蚓（*Amynthas hupeiensis*）、皮质远盲蚓（*Amynthas corticis*）、乡下远盲蚓（*Amynthas rusticanus*）、云龙远盲蚓（*Amynthas yunlongensis*）、玉龙远盲蚓（*Amynthas yulongmontis*）、元江远盲蚓指名亚种（*Amynthas yuanjiangensis*）、大理腔蚓（*Metaphire daliensis*）、白颈腔蚓（*Metaphire californica*）、微隆腔蚓（*Metaphire prominula*）、勐腊腔蚓（*Metaphire menglaensis*）、长体多囊蚓（*Polypheretima elongata*）、正蚓属蚯蚓（*Lumbricus semifuscus*）、梯形流蚓（*Aporrectodea trapezoids*）、神女辛石蚓（*Octolasion tyrtaeum*）、方尾小爱蚓（*Eiseniella tetraedra*）、红丛林蚓（*Dendrodrilus rubidus*）、赤子爱胜蚓（*Eisenia. fetida*）、朝鲜杜拉蚓（*Drawida koreana*）、南美岸蚓（*Pontoscolex corethrurus*）。

调查表明，巨蚓科物种数最多，占总数的 70.4%，为研究区的优势物种类群。神女辛石蚓（18.77ind./m²）和梯形流蚓（7.33ind./m²）为研究区的优势物种。此外，隶属于舌文蚓科岸蚓属的南美岸蚓是一种入侵种，广泛分布于华南地区（He et al.，2020），在西双版纳州景洪市和勐海县发现。

表 2-8 云南典型区域蚯蚓分布名录

科	物种	采样地点						
		北亚热带	中亚热带	温带	南亚热带	高原气候带	北热带	
		昆明	丘北	兰坪	勐海	香格里拉	元谋	景洪
巨蚓科	参状远盲蚓	43	—	—	—	—	14	—
	连突远盲蚓	23	—	—	—	—	—	—
	简洁远盲蚓	6	—	—	—	—	1	8

续表

科	物种	采样地点						
		北亚热带	中亚热带	温带	南亚热带	高原气候带	北热带	
		昆明	丘北	兰坪	勐海	香格里拉	元谋	景洪
巨蚓科	毛利远盲蚓指名亚种	3	1	—	—	—	—	—
	毛利远盲蚓菜园亚种	—	2	—	—	—	10	—
	光滑远盲蚓	—	2	—	—	—	—	—
	雌生远盲蚓	—	—	—	—	—	—	2
	完整远盲蚓	—	—	—	6	—	—	—
	湖北远盲蚓	—	—	31	—	—	—	—
	皮质远盲蚓	—	—	18	—	—	—	—
	乡下远盲蚓	—	—	18	—	—	—	—
	云龙远盲蚓	—	—	1	—	—	—	—
	玉龙远盲蚓	—	—	—	—	1	—	—
	元江远盲蚓指名亚种	—	—	3	—	—	—	—
	大理腔蚓	104	1	—	—	—	7	—
	白颈腔蚓	55	69	2	2	—	31	—
	微隆腔蚓	—	—	—	49	—	—	7
	勐腊腔蚓	—	—	—	—	—	—	1
	长体多囊蚓	—	—	—	—	—	31	—
正蚓科	正蚓属蚯蚓	43	—	—	—	—	72	—
	梯形流蚓	196	—	6	—	71	—	—
	神女辛石蚓	—	—	331	—	368	—	—
	方尾小爱蚓	—	—	10	—	97	—	—
	红丛林蚓	—	—	1	—	—	—	—
	赤子爱胜蚓	—	—	25	—	—	—	—
链胃蚓科	朝鲜杜拉蚓	16	38	22	—	64	—	—
舌文蚓科	南美岸蚓	—	—	—	11	—	—	61

注：“—”表示未发现蚯蚓。

研究发现，不同地区间蚯蚓种类组成存在显著的差异（表 2-8）。其中兰坪蚯蚓种类最多，共计 12 种；元谋–景洪次之，有 11 种；昆明有 9 种，丘北、香格里拉和勐海分别有 6、5、5 种，与其他几个区域差异显著。

就蚯蚓种类组成而言，香格里拉以正蚓科蚯蚓为主，占了总量的 89.18%，巨蚓科仅有 1 种，研究中并未发现舌文蚓科；兰坪除了未发现舌文蚓科外其余三科均有分布，其中以正蚓科为主，占总量的 79.70%；元谋–景洪除未发现链胃蚓科外其余 3 科均有发现，景洪还发现了舌文蚓科，其中以巨蚓科为主，占总量的 45.71%，其余两科的分布较均匀；昆明未发现舌文蚓科，除了较少的链胃蚓科外，巨蚓科和正蚓科分布较均匀。丘北仅有巨蚓科和链胃蚓科，其中以巨蚓科为主；勐海仅发现巨蚓科和舌文蚓科 2 科，其中以巨蚓科为主。

2.4.2 不同气候带类型下蚯蚓群落特征及影响因素分析

1. 不同气候带类型下土壤环境因素的差异

由于地区的土地利用方式等差异性较大，导致无法实现各个地区具有完全相同的样点类型，因此，根据不同地区的具体情况，以代表性的种植类型作为采样依据，对六个气候类型 7 个地区采集蚯蚓样品及土样。为了研究不同气候带类型下环境因素的差异，进行土壤理化指标及环境因素（海拔）的主成分分析，结果如图 2-4 所示。

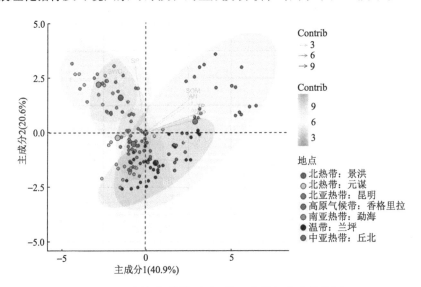

图 2-4　不同气候带类型下土壤理化指标主成分分析

Contrib 表示变量对主成分的贡献（%）

分析表明，六个气候带类型下土壤性质存在差异，其中高原气候带与其余 5 种间差异显著。主成分轴 1 及轴 2 对整体方差的贡献率分别为 40.9%、20.6%。对于轴 1 而言，海拔的贡献率为 0.82，TN 的贡献率为 0.60，SOM 的贡献率为 0.74，TP 的贡献率为 0.87，AN 的贡献率为 0.75，OP 的贡献率为 0.88，SWC 的贡献率为–0.49；就主成分轴 2，SP 的贡献率为 0.82，SWC 的贡献率为 0.69，pH 的贡献率为–0.68，SOM 的贡献率为 0.45。结果表明，不同气候带类型下，TN 及 SOM 是影响土壤理化性质差异的主要指标，即不同气候带类型下土壤理化指标间存在显著差异。

六个气候带类型下土壤理化性质均存在差异，其中土壤温度（soil temperature，ST）最低值 6.50℃出现在高原气候带，最大值 12.40℃出现在南亚热带，这与两气候带类型气温相符，且六个气候带类型气温均存在显著差异。土壤孔隙度在 49.03%～73.71%，且六个气候带类型间差异极为显著，其中北热带的孔隙度相较于其他气候带较低，但土壤含水量却较高，且六个气候带类型中土壤含水量有显著差异。研究区域为中性偏弱酸性土壤，pH 为 5.62～7.48。全氮为 0.81～1.60 g/kg，其中南亚热带有机质含量较低。土壤有机质 33.56～66.28 g/kg，呈现从高原气候带到南亚热带缓慢降低的趋势。总磷含量除高原气候带（0.25mg/kg）以外，另外几个气候带的差异不显著。碱解氮含量在 99.42～259.02mg/kg，其中最大值及最小值分别为高原气候带和北热带。速效磷含量为 4.55～88.97mg/kg，其中高原气候带的含量最高。高原气候带速效钾含量是 6 个气候带中最高的，且与另外 5 个气候带差异显著（表 2-9）。

表 2-9　不同气候带类型下的土壤理化性质一览表

气候类型	ST/℃	SP/%	SWC/%	pH	TN/ (g/kg)	SOM/ (g/kg)	TP/ (g/kg)	AN/ (mg/kg)	OP/ (mg/kg)	TK/ (g/kg)	AK/ (mg/kg)
北亚热带	9.62± 3.96b	62.49± 8.06b	19.57± 5.51b	7.48± 0.29a	1.46± 0.25ab	35.81± 8.21b	0.07± 0.04b	125.09± 58.49cd	18.76± 13.00c	17.49± 4.90b	132.38± 56.51bc
北热带	9.32± 2.84b	57.73± 11.86c	19.61± 6.72b	7.08± 1.23a	1.06± 0.45cd	36.33± 12.31b	0.06± 0.06b	99.42± 48.11d	16.80± 18.16c	26.87± 23.29b	114.01± 43.92bc
温带	10.13± 5.81ab	49.03± 5.82d	8.66± 2.31d	7.10± 0.66a	1.60± 0.60a	38.37± 14.77b	0.10± 0.03b	149.91± 47.16bc	55.83± 46.23b	17.48± 2.55b	147.06± 73.85b
高原气候带	6.50± 3.33c	57.58± 9.94c	12.68± 5.76b	7.10± 0.35a	1.43± 0.49ab	66.28± 36.22a	0.25± 0.12a	259.02± 97.47a	88.97± 68.88a	24.07± 2.29b	257.86± 86.11a
中亚热带	8.78± 0.60bc	73.71± 5.07a	26.27± 3.42a	6.09± 0.60b	1.22± 0.37bc	43.38± 12.19b	0.07± 0.04b	169.75± 46.97b	9.97± 6.93c	27.01± 23.35b	98.43± 33.80bc
南亚热带	12.40± 4.63a	67.95± 7.82b	25.00± 5.30a	5.62± 0.49c	0.81± 0.24ab	33.56± 18.89b	0.06± 0.02b	114.80± 30.60cd	4.55± 1.30c	81.14± 30.06a	105.08± 49.58bc

注：ST 指土壤温度。不同字母表示不同土地利用方式之间土壤理化性质在 0.05 水平上存在显著差异。

2. 不同气候带类型下蚯蚓的分布特征

在研究区进行样品采集，具体蚯蚓分布如图 2-5 所示。

通过六个气候带土壤蚯蚓调查与研究，对蚯蚓密度及生物量进行对比分析，发现不同气候带类型下的蚯蚓分布特征存在差异。其中蚯蚓密度依次为：高原气候带（70.71 ind./m²）＞温带（62.40 ind./m²）＞北亚热带（55.89 ind./m²）＞北热带（37.69 ind./m²）＞中亚热带（37.68 ind./m²）＞南亚热带（22.67 ind./m²），其中高原气候带与南亚热带间的蚯蚓密度相较于其他四个气候带差异显著，且呈现出由高原气候带至北热带降低，北热带至北亚热带增加，北亚热带至南亚热带降低的趋势（图 2-5）。

通过分析发现，不同气候带类型下蚯蚓生物量亦存在显著差异（图 2-6）。其中北亚热带（27.38 g/m²）＞北热带（24.51 g/m²）＞南亚热带（19.13 g/m²）＞温带（17.02 g/m²）＞

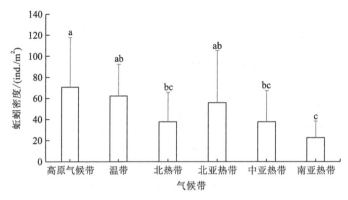

图 2-5　不同气候带类型中蚯蚓密度的变化特征

不同字母表示处理间有显著差异，下同

中亚热带（15.25 g/m²）>高原气候带（12.52 g/m²），且高原气候带与北亚热带中的蚯蚓生物量差异显著，其变化与蚯蚓密度不同，表现为从高原气候带至北亚热带蚯蚓生物量增多，北亚热带至南亚热带出现了减少-增加的趋势。

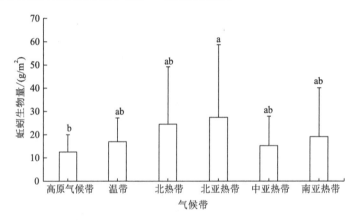

图 2-6　不同气候带类型中蚯蚓生物量的变化特征

3. 不同气候带类型下蚯蚓分布与土壤理化性质间相关性分析

通过不同气候带类型下蚯蚓生物量和密度的差异分析后，发现气候带间的蚯蚓分布存在显著差异，之后进行不同气候带类型下土壤理化性质与蚯蚓分布相关性分析（表 2-10）。

在北亚热带，蚯蚓密度与土壤孔隙度呈极显著正相关关系，与速效钾呈显著正相关关系，与全钾呈显著负相关关系；蚯蚓生物量与土壤含水量、全氮及速效钾呈显著正相关关系。在南亚热带，蚯蚓密度与孔隙度、全氮及碱解氮呈显著正相关关系，与其他土壤理化指标不显著；蚯蚓生物量与 pH、土壤有机质及碱解氮呈显著正相关关系。在温带，蚯蚓密度与土壤含水量、pH、全氮、有机质呈显著正相关关系，与全钾呈极显著正相关关系；而蚯蚓生物量与土壤理化指标的相关性并不显著。在高原气候带，蚯蚓密度与 pH 呈显著正相关关系，与土壤孔隙度、含水量、有机质、总磷及速效磷呈极显著正相关；

蚯蚓生物量则与土壤理化指标间的相关性不显著。在中亚热带，蚯蚓密度仅与土壤物理指标（孔隙度及含水量）呈显著正相关关系，而与土壤化学指标间的相关性并不显著；蚯蚓生物量与含水量和总磷呈显著正相关关系，并与孔隙度、全氮及碱解氮呈极显著正相关关系。在北热带，蚯蚓密度与生物量均与土壤孔隙度呈极显著正相关关系，而蚯蚓生物量则与 pH 呈显著负相关关系。通过分析发现，在不同气候带类型中影响蚯蚓分布的因素存在差异，且影响程度亦不同。

表 2-10　不同气候带类型下蚯蚓分布与土壤理化性质相关分析

气候类型	蚯蚓分布	ST	SP	SWC	pH	TN	SOM	TP	AN	OP	TK	AK
北亚热带	密度	−0.24	0.439**	0.123	−0.071	0.204	−0.262	−0.112	−0.109	−0.124	−0.349*	0.424*
	生物量	−0.23	0.067	0.391*	−0.129	0.403*	0.178	−0.011	0.115	−0.055	−0.009	0.385*
南亚热带	密度	−0.441	0.606*	−0.131	0.163	0.684*	0.512	0.354	0.581*	0.301	0.027	0.429
	生物量	−0.070	0.204	0.034	0.627*	0.171	0.665*	0.060	0.643*	−0.141	−0.203	0.046
温带	密度	0.317	0.267	0.443*	0.364*	0.417*	0.372*	0.149	0.187	0.180	0.473**	0.102
	生物量	0.290	0.006	0.349	0.104	0.097	0.088	−0.112	−0.094	0.018	0.307	−0.225
高原气候带	密度	−0.104	0.552**	0.468**	0.393*	−0.128	0.506**	0.484**	0.029	0.404**	0.145	0.093
	生物量	0.218	0.185	0.303	−0.250	−0.296	0.128	0.220	0.188	0.071	−0.188	0.325
中亚热带	密度	−0.257	0.614*	0.662*	0.023	0.508	0.161	0.520	0.524	0.360	0.096	0.351
	生物量	−0.148	0.819**	0.802*	0.098	0.729**	0.379	0.614*	0.780**	0.041	−0.210	0.069
北热带	密度	−0.031	0.578**	0.040	−0.225	0.181	0.095	0.013	0.337	0.118	0.141	0.095
	生物量	0.241	0.414**	0.028	−0.424*	−0.121	0.129	−0.244	0.126	−0.322	0.339	0.287

*表示 $P<0.05$ 水平上的显著性，**表示 $P<0.01$ 水平上的极显著性。

2.4.3　不同土地利用方式下蚯蚓群落特征

1. 不同土地利用方式下蚯蚓种类组成

参考《土地利用现状分类》（GB/T 21010—2017）的分类方法，将采样点划分为 4 种土地利用方式，分别为耕地、荒地、草地及园地。调查中主要依据土地利用方式的普遍性及代表性来选择采样点，采样点区域土地利用方式占比为耕地>园地>草地>荒地，与面积占比一致。具体划分依据如表 2-11 所示。

表 2-11　土地利用方式划分概况

土地利用方式	采样点占比/%	划分标准
耕地	61.07	以种植农作物（含蔬菜）为主，分为水田、水浇地及旱地等
荒地	8.7	无植被覆盖的裸地，曾经被使用过，但被废弃的土地
草地	12.08	以生长草本植物为主，用于生产活动的自然或人工草地
园地	18.12	以集约化管理为主，生长有多年生木本和草本植物

4 种不同土地利用方式中蚯蚓群落组成略显差异（表 2-12），蚯蚓样本数量依次为耕地（1147 个）>园地（331 个）>荒地（294 个）>草地（212 个）。从获得的蚯蚓物种数来看，耕地（24 种）>园地（12 种）>草地（9 种）>荒地（8 种）。从蚯蚓群落组成来看，4 种土地利用方式下不同蚯蚓类群的比例亦有差异，其中荒地、耕地及草地均以正蚓科蚯蚓类群占据主体地位，而园地为巨蚓科，其中巨蚓科和正蚓科两个类群构成了所有利用方式中主要的蚯蚓类群，占据所有类群的 89.3%。神女辛石蚓（35.23%）和梯形流蚓（13.76%）为优势物种，两种蚯蚓占蚯蚓总量的 48.99%，常见种为 46.78%，其余 4.23% 为稀有种，2 种优势种和 12 种常见种构成了蚯蚓群落的主体。

荒地共收集 8 种，294 个蚯蚓样本，以神女辛石蚓（82.31%）为优势物种，正蚓属蚯蚓（8.16%）、梯形流蚓（1.36%）、朝鲜杜拉蚓（1.02%）、湖北远盲蚓（5.78%）为常见种，参状远盲蚓（0.34%）、简洁远盲蚓（0.34%）及长体多囊蚓（0.68%）为罕见种。

耕地共收集 24 种，1147 个蚯蚓样本，梯形流蚓（15.26%）及神女辛石蚓（35.31%）为优势物种，正蚓属蚯蚓（5.84%）、大理腔蚓（8.46%）、白颈腔蚓（9.94%）、朝鲜杜拉蚓（8.63%）、简洁远盲蚓（1.22%）、毛利远盲蚓菜园亚种（1.05%）、南美岸蚓（3.75%）、方尾小爱蚓（2.18%）、皮质远盲蚓（1.57%）、乡下远盲蚓（1.57%）及赤子爱胜蚓（2.18%）为常见种，参状远盲蚓（0.52%）、毛利远盲蚓指名亚种（0.26%）、光滑远盲蚓（0.09%）、微隆腔蚓（0.70%）、雌生远盲蚓（0.17%）、湖北远盲蚓（0.70%）、元江远盲蚓指名亚种（0.26%）、云龙远盲蚓（0.09%）、玉龙远盲蚓（0.09%）、长体多囊蚓（0.09%）及红丛林蚓（0.09%）为罕见种。

草地共收集 9 种，212 个蚯蚓样本，白颈腔蚓（20.28%）、神女辛石蚓（24.53%）及方尾小爱蚓（38.68%）为优势种，参状远盲蚓（2.36%）、梯形流蚓（2.83%）、大理腔蚓（7.08%）及湖北远盲蚓（2.83%）为常见种，朝鲜杜拉蚓（0.94%）及毛利远盲蚓指名亚种（0.47%）为罕见种。

园地共收集 12 种，331 个蚯蚓样本，其中梯形流蚓（26.59%）、参状远盲蚓（13.60%）、朝鲜杜拉蚓（10.88%）及微隆腔蚓（14.50%）为优势种，正蚓属蚯蚓（7.25%）、连突远盲蚓（6.95%）、南美岸蚓（8.76%）、完整远盲蚓（1.81%）及长体多囊蚓（8.46%）为常见种，白颈腔蚓（0.60%）、光滑远盲蚓（0.30%）及勐腊腔蚓（0.30%）为罕见种。

表 2-12 不同土地利用方式下蚯蚓种类组成

科	种	荒地	耕地	草地	园地	总计	频度/%	多度
巨蚓科	参状远盲蚓	1	6	5	45	57	2.87	++
	连突远盲蚓	0	0	0	23	23	1.16	++
	大理腔蚓	0	97	15	0	112	5.65	++
	白颈腔蚓	0	114	43	2	159	8.01	++
	简洁远盲蚓	1	14	0	0	15	0.76	+
	毛利远盲蚓指名亚种	0	3	1	0	4	0.20	+
	光滑远盲蚓	0	1	0	1	2	0.10	+

续表

科	种	荒地	耕地	草地	园地	总计	频度/%	多度
巨蚓科	毛利远盲蚓菜园亚种	0	12	0	0	12	0.60	+
	微隆腔蚓	0	8	0	48	56	2.82	++
	雌生远盲蚓	0	2	0	0	2	0.10	+
	勐腊腔蚓	0	0	0	1	1	0.05	+
	完整远盲蚓	0	0	0	6	6	0.30	+
	湖北远盲蚓	17	8	6	0	31	1.56	++
	元江远盲蚓指名亚种	0	3	0	0	3	0.15	+
	皮质远盲蚓	0	18	0	0	18	0.91	+
	乡下远盲蚓	0	18	0	0	18	0.91	+
	云龙远盲蚓	0	1	0	0	1	0.05	+
	玉龙远盲蚓	0	1	0	0	1	0.05	+
	长体多囊蚓	2	1	0	28	31	1.56	++
正蚓科	梯形流蚓	4	175	6	88	273	13.76	+++
	正蚓属蚯蚓	24	67	0	24	115	5.80	++
	神女辛石蚓	242	405	52	0	699	35.23	+++
	方尾小爱蚓	0	25	82	0	107	5.39	++
	红丛林蚓	0	1	0	0	1	0.05	+
	赤子爱胜蚓	0	25	0	0	25	1.26	++
链胃蚓科	朝鲜杜拉蚓	3	99	2	36	140	7.06	++
舌文蚓科	南美岸蚓	0	43	0	29	72	3.63	++

注：+++表示优势物种（>10%）；++表示常见物种（1%～10%）；+表示稀有种（<1%）。

　　4 种不同土地利用方式下土壤中蚯蚓类群亦存在显著差异（图 2-7）。从图 2-7 中可以看出，园地及耕地均发现特有种，其中耕地发现 9 种，是 4 种土地利用方式中含有特有种最多的类型，分别为毛利远盲蚓菜园亚种、雌生远盲蚓、元江远盲蚓指名亚种、皮

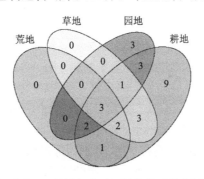

图 2-7　4 种不同土地利用方式下蚯蚓物种重叠分析（Venn 图）

质远盲蚓、乡下远盲蚓、云龙远盲蚓、红丛林蚓、赤子爱胜蚓及玉龙远盲蚓。园地中发现 3 种特有种，分别为连突远盲蚓、勐腊腔蚓及完整远盲蚓。而荒地及草地中均没有发现特有种。4 种土地利用方式下发现 3 种共有蚯蚓物种，分别为参状远盲蚓、梯形流蚓及朝鲜杜拉蚓。

进一步了解土地利用方式下的蚯蚓群落组成结构，从蚯蚓组成的科、属及种三个方面进行分析，结果分别如图 2-8～图 2-10 所示。

由图 2-8 可知，4 种土地利用方式下蚯蚓群落在科水平上的分布存在显著差异。蚯蚓分为巨蚓科、链胃蚓科、舌文蚓科及正蚓科 4 科，其中在荒地发现 3 科，正蚓科占了 91.84%，为主要优势蚓科，巨蚓科和链胃蚓科分别为 7.14% 和 1.02%。在耕地发现 4 科，正蚓科、巨蚓科、链胃蚓科及舌文蚓科分别占 52.14%、26.77%、15.26% 及 5.84%，正蚓科为优势蚓科。在草地发现正蚓科、巨蚓科及链胃蚓科，分别占 66.04%、33.04% 及 0.94%，正蚓科为优势蚓科。园地中发现巨蚓科、正蚓科、链胃蚓科、舌文蚓科，分别为 46.53%、33.84%、10.88% 及 8.76%，其中巨蚓科为优势蚓科。在 4 种土地利用方式下，每科所占比例均有较大差异，同时并不是每种蚯蚓（科）都有，舌文蚓科仅在耕地及园地中发现，而在另外两种土地利用方式中并未发现。

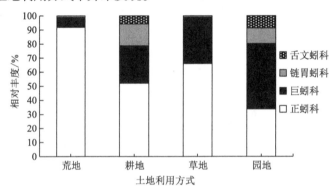

图 2-8　不同土地利用方式对科（蚯蚓）水平上群落结构的影响

由图 2-9 可知，4 种土地利用方式土壤蚯蚓为 11 个属，分别为远盲蚓属、腔蚓属、多囊蚓属、杜拉蚓属、岸蚓属、正蚓属、流蚓属、辛石蚓属、小爱蚓属、林蚓属、爱胜蚓属，且不同土地利用方式下蚯蚓属组成存在差异，优势蚓属也不同。其中荒地共含有 6 属，分别为远盲蚓属（6.46%）、多囊蚓属（0.68%）、杜拉蚓属（1.02%）、正蚓属（8.16%）、流蚓属（1.36%）、辛石蚓属（82.31%），其中辛石蚓属为主要的优势蚓属。耕地中含有 11 属，分别为远盲蚓属（7.59%）、腔蚓属（19.09%）、多囊蚓属（0.09%）、杜拉蚓属（15.26%）、岸蚓属（5.84%）、正蚓属（35.31%）、流蚓属（2.18%）、辛石蚓属（0.09%）、小爱蚓属（2.18%）、林蚓属（8.63%）及爱胜蚓属（3.75%），其中正蚓属为优势蚓属。草地中共含有 6 属，分别为远盲蚓属（5.66%）、腔蚓属（27.36%）、杜拉蚓属（0.94%）、流蚓属（2.83%）、辛石蚓属（24.53%）及小爱蚓属（38.68%），其中小爱蚓属为优势蚓属。园地中共有 7 属，分别为远盲蚓属（22.66%）、腔蚓属（15.41%）、多囊蚓属（8.46%）、杜拉蚓属（10.88%）、岸蚓属（8.76%）、正蚓属（7.25%）、流蚓属（26.59%），其中流蚓属为优势蚓属。

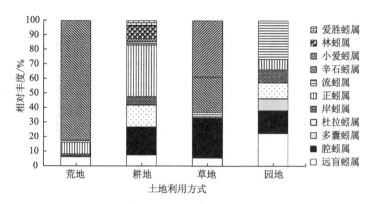

图 2-9　不同土地利用方式对属（蚯蚓）水平上群落结构的影响

　　由图 2-10 可知，4 种土地利用方式下蚯蚓种类组成存在差异。研究区域发现土壤蚯蚓 27 种，以正蚓科的正蚓属蚯蚓（22.83%）和神女辛石蚓（14.87%）为主。其中荒地含有 8 种（29.63%），以神女辛石蚓为主，个体数量占整个荒地种群数量的 82.31%。耕地中共有 27 个蚯蚓种，涵盖了 24 个蚯蚓种类，其中以正蚓属蚯蚓（35.31%）为主。草地中共计 9 种蚯蚓（33.33%），以方尾小爱蚓为主（38.68%）。园地中共有 12 种，以梯形流蚓为主，占总个体数的 26.59%。

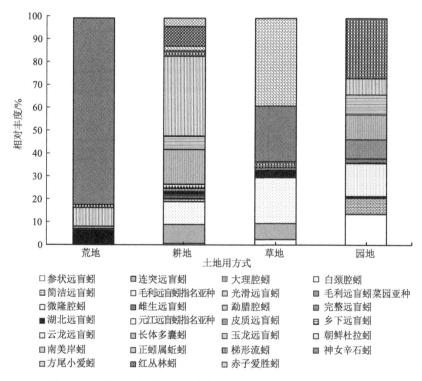

图 2-10　不同土地利用方式对种（蚯蚓）水平上群落结构的影响

2. 不同土地利用方式下蚯蚓生物多样性变化

对 4 种不同土地利用方式下蚯蚓的生物多样性进行分析（表 2-13、表 2-14），不同土地利用方式下蚯蚓的生物多样性存在显著差异。在 1984 个蚯蚓样本中，耕地共发现蚯蚓 24 种，1147 条（57.81%）；草地中最少，仅 9 种，212 条（10.69%）。H' 指数表征的是群落中的种间关系，当一个群落中某些种类的数量过大时，H' 值将会受其影响，呈现出较低状态，从表 2-13 可以看出，耕地的物种多样性指数（H'）最大（3.12），园地次之（3.00），荒地的最小（1.02）。在荒地中神女辛石蚓个体数为该种土地利用方式下蚯蚓总数的 82.31%，因此荒地的 H' 指数低些；物种均匀度（E）园地最大（1.21），荒地最小（0.49）；荒地的优势度（C）最高（0.69），园地最低（0.15）；物种丰富度（D）耕地最高（3.26），荒地最低（1.23）。

表 2-13　不同土地利用方式下的蚯蚓生物多样性指数分析

土地利用方式	数量	种类	H'	E	C	D
荒地	294	8	1.02	0.49	0.69	1.23
耕地	1147	24	3.12	0.98	0.18	3.26
草地	212	9	2.28	1.04	0.26	1.49
园地	331	12	3.00	1.21	0.15	1.90

注：H' 代表 Shannon-Weiner 多样性指数，E 代表 Pielou 均匀度指数，C 代表 Simpson 优势度指数，D 代表 Margalef 丰富度指数。

对 4 种不同土地利用方式中蚯蚓物种相似度进行分析发现，蚯蚓物种相似度差异显著。从表 2-14 可以看出，园地和草地为中等不相似，其余几种土地利用方式间的相似度均位于 0.50～0.75，为中等相似。表明草地和园地两种土地利用方式中共有的蚯蚓种类相较于另外两种低，而耕地与荒地的蚯蚓种类重叠度相对较高。

表 2-14　不同土地利用方式下物种相似度指数

土地利用方式	荒地	耕地	草地	园地
荒地	1.00	0.50	0.59	0.60
耕地		1.00	0.55	0.50
草地			1.00	0.38
园地				1.00

3. 不同土地利用方式下蚯蚓密度及生物量的变化

通过对不同土地利用方式下蚯蚓分布的方差分析发现，不同土地利用方式下的蚯蚓密度及生物量存在差异（图 2-11）。从图 2-11（a）可以看出，蚯蚓密度从大到小依次为：荒地（90.46 ind./m²）＞耕地（50.42 ind./m²）＞园地（49.04 ind./m²）＞草地（47.11 ind./m²），其中荒地的蚯蚓密度分别是耕地中的 1.79 倍、园地的 1.84 倍、草地的 1.92 倍，其蚯蚓密度与其他三种土地利用方式差异显著。从图 2-11（b）可以看出，蚯蚓生物量从大到小依次为：园地（24.80 g/m²）＞荒地（20.47 g/m²）＞耕地（18.68 g/m²）＞草地（17.13 g/m²），

4 种土地利用方式下的蚯蚓生物量虽然存在差异，但差异不显著。

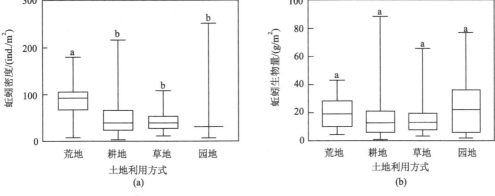

图 2-11　不同土地利用方式下蚯蚓密度（a）及生物量（b）的变化

2.4.4　不同土地利用方式下环境因素的差异

不同土地利用方式下环境指标的主成分分析结果如图 2-12 所示。耕地与草地、荒地及园地的分布差异比较显著，其他几种间差异并不显著。主成分轴 1、轴 2、轴 3 对整体方差的贡献率分别为 40.5%、20.0% 及 9.80%，其中海拔对轴 1 的贡献率为 0.81，全氮对轴 1 的贡献率为 0.59，有机质对轴 1 的贡献率为 0.75，总磷对轴 1 的贡献率为 0.88，碱解氮对轴 1 的贡献率为 0.75，速效磷对轴 1 的贡献率为 0.88；而对于主成分轴 2，土壤孔隙度的贡献率为 0.80，土壤含水量的贡献率为 0.68，有机质的贡献率为 0.43，pH 的贡献率为 −0.68；对于主成分轴 3 而言，土壤温度的贡献率为 0.55。根据主成分分析结果可得，土壤总磷、速效磷及有机质是影响 4 种土地利用方式下土壤理化指标存在差异的主要指标。

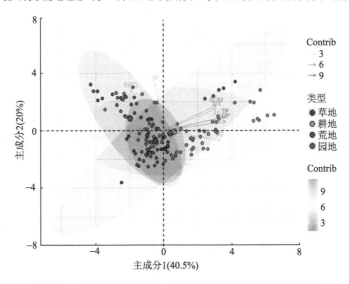

图 2-12　不同土地利用方式下土壤理化指标主成分分析

Contrib 表示变量对主成分的贡献（%）

4 种土地利用方式下土壤理化指标差异分析见表 2-15。4 种土地利用方式的土壤孔隙度为 55.80%～63.57%，土壤含水量为 15.10%～21.80%，其中草地和园地的差异显著（P<0.05）；研究区域 pH 范围 6.51～7.27，呈中性偏弱酸性；荒地中的土壤温度较高，与其余 3 种间差异显著（P<0.05）；耕地全氮含量较高，为 1.54g/kg，其余 3 种土地利用方式间差异不显著；荒地中具有较高的有机质含量，为 57.20g/kg，草地和园地有机质含量相对较低；园地全钾含量较高，碱解氮含量 4 种土地利用方式间并未存在明显差异；其中总磷、速效磷及速效钾之间的差异较显著（P<0.05）。

表 2-15   不同土地利用方式下土壤理化性质的特征

利用方式	SP/%	SWC/%	pH	ST	TN/ (g/kg)	SOM/ (g/kg)	TP/ (g/kg)	AN/ (mg/kg)	OP/ (mg/kg)	TK/ (g/kg)	AK/ (mg/kg)
荒地	59.15± 15.30ab	17.50± 8.24ab	7.27± 0.26a	12.38± 6.42a	0.99± 0.32b	57.20± 43.32a	0.15± 0.13a	155.51± 103.93a	41.34± 43.33ab	18.42± 4.04b	154.76± 113.23ab
耕地	58.53± 9.53ab	15.50± 7.31b	7.04± 0.75a	9.12± 4.18b	1.54± 0.50a	46.35± 22.31ab	0.14± 0.11ab	179.33± 90.28a	53.01± 57.85a	22.55± 11.66b	178.78± 85.89a
草地	55.80± 13.36b	15.10± 8.03b	7.19± 0.61a	7.10± 3.59b	1.21± 0.24b	36.57± 12.77b	0.08± 0.03bc	147.23± 57.16ab	21.13± 19.71bc	19.25± 7.26b	85.75± 26.73c
园地	63.57± 10.84a	21.80± 6.65a	6.51± 1.24b	8.73± 2.65b	0.95± 0.27b	33.18± 14.81b	0.05± 0.03c	100.54± 35.76b	8.81± 6.35c	40.24± 7.74a	126.59± 60.88bc

注：不同字母表示不同土地利用方式之间土壤理化性质在 0.05 水平上存在显著差异。

不同土地利用方式土壤重金属含量亦存在差异，土壤环境重金属背景值调查结果详见表 2-16。通过测定发现，重金属铅（Pb）、镉（Cr）、砷（As）、锌（Zn）、铜（Cu）、镍（Ni）及锰（Mn）的含量相对较高。根据《土壤环境质量　农用地土壤污染风险管控标准（试行）》（GB 15618—2018）中规定，研究区域土壤重金属含量就均值而言仅有 Zn 含量显著超出了土壤污染风险规定值（250mg/kg）。但以采样点超标率分析发现，荒地有 38% 的采样点中 Pb、As 及 15% 的 Cu 含量超过标准值，其余重金属均低于标准值；耕地有 22% 的采样点中 Pb、16% 的 As 及 31% 的 Cu 含量超过标准值；草地有 22% 的采样点中 Pb、44% 的 As、28% 的 Cu 及 11% 的 Ni 的含量超过标准；园地有 15% 的采样点中的 As 及 19% 的 Cu 超出了标准，其余重金属均低于标准值，导致这种结果出现的原因主要是由于人为干扰形成各采样点间的重金属含量空间异质性较大。

表 2-16   4 种土地利用方式下土壤重金属含量   （单位：mg/kg）

土地利用方式	pH	Pb	Cr	As	Zn	Cu	Ni	Mn
荒地	7.29	84.15	8.54	23.92	507.54	34.69	10	743.08
耕地	7.04	73.45	19.79	22.44	209.54	78.44	20.27	1045.27
草地	7.19	58.44	40.56	34.61	250.94	46.83	23.67	807.78
园地	6.51	34.41	19.26	8.81	110.78	62.85	20.15	563.07
风险筛选值[①]	—	120	200	30	250	100	100	—

① 《土壤环境质量　农用地土壤污染风险管控标准（试行）》（GB 15618—2018）基本项目的风险筛选值。

4 种土地利用方式下土壤重金属含量各有不同，园地土壤的重金属种类含量均低于其余 3 种。Pb 含量最高值在荒地，Cr、As 及 Ni 含量最高值均出现在草地，Zn 含量最高值在荒地，Cu 及 Mn 最高含量均在耕地。由于土壤重金属的含量变化较大，因此利用变异系数反映不同土地利用方式间重金属变化程度（表 2-17）。总体而言，土壤重金属含量变化较大，其中 Cr、As 及 Cu 的含量在 4 种土地利用方式间的变化程度较大。

表 2-17 不同土地利用方式下土壤重金属含量背景值（变异系数）（单位：%）

土地利用方式	Pb	Cr	As	Zn	Cu	Ni	Mn
荒地	0.94	2.52	1.18	1.14	1.30	1.47	0.95
耕地	1.21	1.82	1.74	0.60	1.09	1.09	0.61
草地	0.85	1.90	1.32	0.73	1.57	1.60	0.62
园地	0.56	1.48	1.69	0.53	1.46	0.83	0.64

注：变异系数 CV =（标准偏差 SD/平均值）×100%。

2.4.5 不同土地利用方式下蚯蚓分布与土壤理化指标的相关分析

对不同土地利用下土壤理化性质与蚯蚓分布（密度及生物量）进行相关性分析，结果如表 2-18 所示。结果表明：①荒地中，蚯蚓密度与土壤孔隙度、有机质、速效磷、全钾及速效钾呈显著正相关，与总磷及碱解氮呈极显著正相关。蚯蚓生物量与土壤 pH 显著正相关，与其他因子相关性不显著。②耕地中，蚯蚓密度与碱解氮和速效钾呈显著正相关，与全氮、有机质、总磷及速效磷呈极显著正相关。蚯蚓生物量与土壤孔隙度呈显著正相关，与土壤含水量呈极显著正相关。③草地中，蚯蚓密度与总磷和全钾呈显著正相关。蚯蚓生物量与有机质呈显著正相关，而与全钾呈显著负相关。④园地中，蚯蚓密度与土壤温度呈极显著负相关，与全钾呈显著负相关，与全氮及速效钾呈极显著正相关。蚯蚓生物量仅与有机质呈显著正相关，而与其他土壤理化指标的相关性不显著。4 种土地利用方式下蚯蚓密度或生物量均与土壤有机质显著正相关（$P<0.05$），说明土壤有机质对蚯蚓密度及生物量产生了重要的影响。因此 4 种土地利用方式蚯蚓分布（密度及生物量）与土壤理化指标间的相关性存在差异。

表 2-18 不同土地利用方式下土壤理化指标与蚯蚓密度及生物量的相关系数

土地利用方式	蚯蚓分布	ST/℃	SP/%	SWC/%	pH	TN/(g/kg)	SOM/(g/kg)	TP/(g/kg)	AN/(mg/kg)	OP/(mg/kg)	TK/(g/kg)	AK/(mg/kg)
荒地	密度	−0.503	0.649*	0.377	0.569	−0.380	0.659*	0.815**	0.691**	0.642*	0.720*	0.621*
	生物量	0.431	−0.321	−0.421	0.645*	0.484	−0.220	−0.026	−0.213	−0.255	−0.131	−0.312
耕地	密度	−0.104	0.146	−0.183	0.139	0.524**	0.374**	0.336**	0.217*	0.452**	−0.074	0.266*
	生物量	0.011	0.241*	0.286**	−0.193	0.058	−0.062	−0.153	−0.042	−0.138	0.170	−0.007

土地利用方式	蚯蚓分布	ST/℃	SP/%	SWC/%	pH	TN/(g/kg)	SOM/(g/kg)	TP/(g/kg)	AN/(mg/kg)	OP/(mg/kg)	TK/(g/kg)	AK/(mg/kg)
草地	密度	−0.438	−0.096	−0.396	−0.006	0.018	−0.379	0.531*	0.201	−0.037	0.490*	−0.144
	生物量	0.224	0.259	0.405	0.284	0.060	0.586*	−0.431	−0.124	−0.081	−0.543*	0.354
园地	密度	−0.505**	0.293	0.060	0.228	0.522**	0.037	−0.115	−0.030	0.249	−0.451*	0.690**
	生物量	0.151	0.031	−0.002	0.243	0.268	0.441*	0.023	0.307	−0.062	−0.256	0.120

*$P<0.05$ 水平上的显著性；**$P<0.01$ 水平上的极显著性。

2.4.6 不同气候类型中种植类型间的蚯蚓分布特征差异分析

研究发现不仅不同气候类型间蚯蚓分布存在差异，且同一个气候类型下不同种植类型间也存在差异，进而分别对 6 个气候类型进行不同种植类型间蚯蚓分布的分析，结果如下：

（1）高原气候带共采集 4 种具有代表性的种植类型，记录蚯蚓 5 种，601 个样本，占总样本量的 30.29%，分别为梯形流蚓、朝鲜杜拉蚓、神女辛石蚓、方尾小爱蚓及玉龙远盲蚓。然而并不是每种蚯蚓在这 4 种种植类型中都有，且 4 种种植类型下并没有共有种，其中神女辛石蚓相较于其他 4 种具有较广泛的分布，即除了草地中没有发现外，其余 3 种种植类型中均有分布，且密度相较于另外几种也较高。4 种种植类型下蚯蚓密度：荒地＞草地＞菜地＞土豆，且荒地中的蚯蚓密度与另外 3 种存在显著差异；蚯蚓生物量：荒地＞菜地＞土豆＞草地。分析发现，蚯蚓密度和生物量的变化趋势并不一致，即使在草地中有较高的蚯蚓密度，但是蚯蚓生物量却并不高，反而较低（图 2-13）。

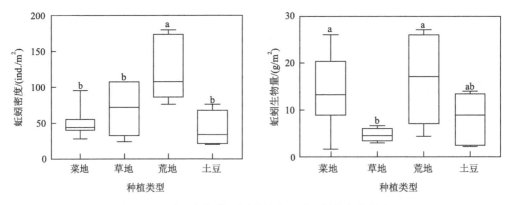

图 2-13　高原气候带不同种植类型对蚯蚓分布的影响

（2）温带共收集了 6 种种植类型下的 468 个蚯蚓样本，12 种蚯蚓，分别为梯形流蚓、白颈腔蚓、朝鲜杜拉蚓、神女辛石蚓、方尾小爱蚓、湖北远盲蚓、元江远盲蚓指名亚种、皮质远盲蚓、乡下远盲蚓、云龙远盲蚓、红丛林蚓及赤子爱胜蚓。其中共有的蚯蚓种是神女辛石蚓，个体数占了整个温带蚯蚓个体数的 70.73%。6 种种植类型下蚯蚓密度：荒地>菜地>土豆>胡豆>草地>玉米，其中荒地高于其他几种类型，但总体差异不大。蚯蚓生物量：荒地>草地>菜地>胡豆>玉米>土豆，其中荒地的蚯蚓生物量显著高于其他几种类型（图2-14）。

（3）北热带共采集了8种种植类型下的245个蚯蚓样本，隶属于11个种，分别为参状远盲蚓、正蚓属蚯蚓、大理腔蚓、白颈腔蚓、简洁远盲蚓、毛利远盲蚓菜园亚种、微隆腔蚓、南美岸蚓、雌生远盲蚓、勐腊腔蚓及长体多囊蚓。几种类型中未发现共有种，参状远盲蚓相对分布广泛，仅正蚓属蚯蚓的占比相对较大（29.39%）。蚯蚓密度：水稻>橡胶林>荒地>草地>龙眼林>菜地>芒果林>豆地，其中水稻的蚯蚓密度显著高于其他几种类型，而荒地、芒果林、橡胶林及草地中的密度差异不大。蚯蚓生物量：水稻>芒果林>橡胶林>草地>菜地>荒地>龙眼林>豆地，水稻中的生物量亦较大，豆地中较小。北热带中水稻的蚯蚓密度及生物量具有相同的变化趋势（图2-15）。

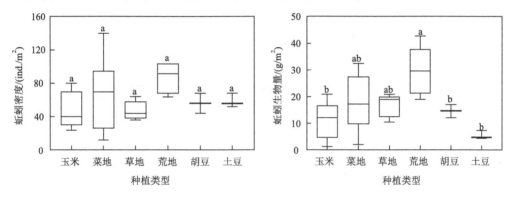

图2-14　温带不同种植类型下的蚯蚓密度及生物量

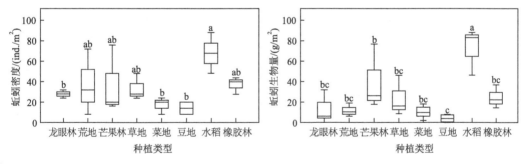

图2-15　北热带不同种植类型下的蚯蚓密度及生物量

（4）北亚热带中共采集了8种种植类型下的489个蚯蚓样本，归为9个蚯蚓种类，其中包括参状远盲蚓、正蚓属蚯蚓、梯形流蚓、连突远盲蚓、大理腔蚓、白颈腔蚓、朝鲜杜拉蚓、简洁远盲蚓及毛利远盲蚓（含两个亚种）。其中梯形流蚓是分布最广且占据优势地位的物种（40.08%）。蚯蚓密度为花卉>玉米>菜地>胡豆>水稻>草地>小麦>土豆，其中花卉园中的蚯蚓密度是其余种植类型的2～3倍。蚯蚓生物量为草地>花卉>小麦>胡豆>玉米>菜地>水稻>土豆，水稻田及土豆地中的相对较低，其余生物量间差异不大（图2-16）。

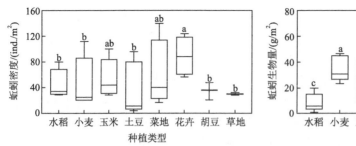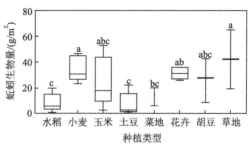

图 2-16 北亚热带不同种植类型下的蚯蚓密度及生物量

（5）中亚热带共采集了 4 种类型下 113 个样本，隶属于 6 个种，分别为大理腔蚓、白颈腔蚓、朝鲜杜拉蚓、毛利远盲蚓（含两个亚种）、光滑远盲蚓及毛利远盲蚓菜园亚种。4 种类型亦没有共有种，但白颈腔蚓仅在葡萄园中未发现，且个体数量占据整个样本的 61.06%。其中蚯蚓平均密度：菜地>葡萄园>草地>玉米，除玉米地中密度较低外，其余 3 种间的差异并不十分显著。蚯蚓生物量：菜地>葡萄园>草地>玉米，其变化趋势与蚯蚓密度一致，玉米地中的密度及生物量均较低（图 2-17）。

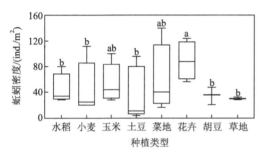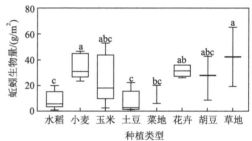

图 2-17 中亚热带不同种植类型下蚯蚓密度及生物量

（6）南亚热带共采集 4 种类型下的 68 个蚯蚓样本，发现白颈腔蚓、微隆腔蚓、南美岸蚓及完整远盲蚓共计 4 个蚯蚓种，4 种类型下共有的蚯蚓种为微隆腔蚓，且为优势类群，个体数量占据总体样本的 72.06%。蚯蚓密度：香蕉林>茶园>甘蔗林>玉米地，但总体差异不大。蚯蚓生物量则表现为茶园>香蕉林>玉米地>甘蔗林，蚯蚓密度和生物量变化除甘蔗林和香蕉林中出现了相反的趋势以外，其余几种变化一致，蚯蚓生物量在茶园中显著高于其余 3 种（图 2-18）。

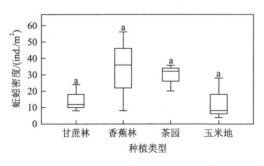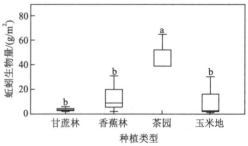

图 2-18 南亚热带不同种植类型下蚯蚓密度及生物量

2.4.7　蚯蚓分布影响因素分析

1. 蚯蚓密度和生物量与环境因子的关系

分析发现，不同气候类型下蚯蚓分布存在显著差异，导致气候类型间有显著差异的因素主要是海拔及温度，进而进行了线性相关性分析，结果如图 2-19。通过分析发现海拔与蚯蚓密度存在极显著的线性正相关关系（R^2=0.39，$P<0.0001$），即蚯蚓密度在一定范围内随着海拔的升高而增加，但与蚯蚓生物量之间相关性不显著。通过分析温度对蚯蚓分布的影响，发现蚯蚓生物量与温度之间存在显著线性正相关关系（R^2=0.11，P=0.029），即在一定范围内蚯蚓生物量随着温度的升高而增加，但与蚯蚓密度的线性相关性不显著，说明温度对蚯蚓密度的影响不显著（图 2-20）。

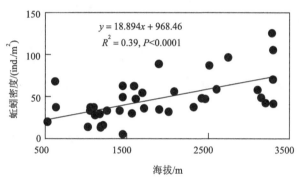

图 2-19　蚯蚓密度与海拔的线性关系

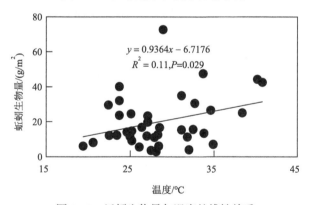

图 2-20　蚯蚓生物量与温度的线性关系

2. 蚯蚓密度和生物量与土壤理化性质的关系

分析发现，蚯蚓密度及生物量与土壤理化指标存在线性相关关系，且差异显著（图 2-21）。通过回归分析发现蚯蚓密度与土壤有机质（R^2=0.27，P=0.001）、全氮（R^2=0.12，P=0.033）、碱解氮（R^2=0.11，P=0.035）、总磷（R^2=0.22，P=0.002）、速效磷（R^2=0.26，P=0.001）、速效钾（R^2=0.23，P=0.002）均呈显著线性正相关，其中蚯蚓密度与土壤有机质、总磷、速效磷及速效钾含量呈极显著线性正相关关系（$P<0.01$），而蚯蚓生物量

与土壤理化性质间的差异并不十分显著。

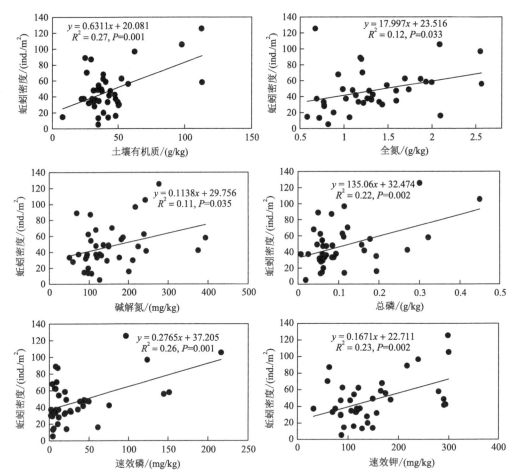

图 2-21　蚯蚓密度与土壤环境因子间的线性关系

3. 蚯蚓密度和生物量与土壤重金属的关系

调查研究发现，不同种类重金属含量对蚯蚓密度及生物量的影响存在差异。其中通过对蚯蚓密度与重金属含量间进行线性回归分析发现，蚯蚓密度与 Mn 呈显著线性负相关关系（R^2=0.044，P=0.01），与其他几种重金属含量相关性不显著；蚯蚓生物量则与重金属含量的线性相关性并不显著。

4. 环境因子对蚯蚓分布的贡献度

相关分析发现，土地利用方式是影响蚯蚓分布最重要的影响因素之一，作用途径主要是通过对土壤理化性质产生不同程度的影响。就蚯蚓生物量而言，土地利用方式对土壤物理及化学的影响存在差异，进而导致其对蚯蚓生物量的影响不同，其中土壤物理指标对蚯蚓生物量的影响大于土壤化学指标。土壤物理指标对蚯蚓生物量的贡献度为 0.213（P<0.05），起主要作用的是土壤孔隙度、土壤温度及土壤含水量；土壤化学指

标对蚯蚓生物量的贡献度为 0.163（P<0.05），土壤有机质、全氮及速效磷对其影响显著，其中土壤有机质和全氮对其影响为正向的（P<0.05），而速效磷的影响为反向的（P<0.01）（图 2-22）。

对于蚯蚓密度而言，土地利用方式对其影响和生物量存在差异。其中通过构建模型仅发现在土地利用方式的改变下仅通过影响土壤化学指标进而作用于蚯蚓生物量，且贡献度为 0.391（P<0.001），其中 pH、全钾及速效磷起主要作用，蚯蚓密度与 pH 和速效磷（P<0.001）呈正相关，与全钾呈负相关（图 2-23）。

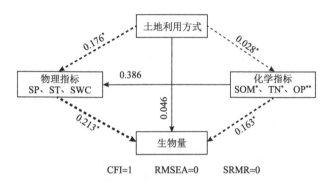

图 2-22　土地利用方式对蚯蚓生物量影响的整合分析

图中系数为标准路径系数，图中指标为经过模型筛选后显著相关的指标，其中蚯蚓生物量与 SOM、TN 呈正相关，与 OP 呈负相关。** P<0.01；* P<0.05

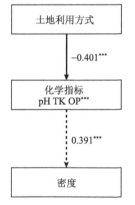

图 2-23　土地利用方式对蚯蚓密度影响的整合分析

图中系数为标准路径系数，实线路径为正系数，虚线路径为负系数。图中指标为经过模型筛选后显著相关的指标，其中蚯蚓密度与 pH、OP 呈正相关，与 TK 呈相关。*** P<0.001

2.5　云南典型区域蚯蚓分布特征的影响因素探讨

蚯蚓作为大型土壤动物，其生活及生存均会受到其生活环境的影响，研究分析云南典型区域蚯蚓分布特征及影响蚯蚓多样性的因素，进一步探究各种影响因素作用的途径及贡献度。

2.5.1 蚯蚓分布特征分析

云南省内已有记录的蚯蚓隶属于 5 科，分别为巨蚓科、正蚓科、链胃蚓科、荆蚓科及微毛蚓科。本次研究仅发现了云南有记录的巨蚓科、正蚓科及链胃蚓科 3 科，并未发现已有记录的荆蚓科及微毛蚓科，但在南亚热带西双版纳景洪与勐海发现了在云南未被记录的隶属于舌文蚓科岸蚓属的南美岸蚓。研究发现的巨蚓科、正蚓科及链胃蚓科在中国蚯蚓属于分布较为广泛的物种类别，之所以未发现其蚯蚓类别可能与其分布不广泛且多样性稀少等原因密切相关。研究中收集最多的是巨蚓科，占据总样本的 70.4%，是研究区的优势蚓种类群，这与云南蚯蚓分布前期研究结论一致（蒋际宝和邱江平，2018），早在 1956 年就有学者研究发现巨蚓科为我国优势蚓种（陈义，1956）。采集到最多的蚓属是远盲蚓属，该蚓属蚯蚓占据总蚯蚓种类的 52%，这与前期研究结果一致，且最早在 1996 年就发现了云南蚯蚓分布的这一趋势。本次研究中发现的神女辛石蚓、朝鲜杜拉蚓和方尾小爱蚓为 2016 年研究才发现的云南新物种（蒋际宝，2016），其中神女辛石蚓之所以能在短时间内成为优势物种，推测主要与其具有较强的扩散能力有关，进而使得基因交换的机会变大导致的；同时，作为新物种，土壤环境中含有其生命活动所需充足的物质资源，加上生态位较广，缺乏竞争者导致能很快地适应环境并加速繁殖。

6 个气候带从南到北依次为南亚热带、中亚热带、北亚热带、北热带、温带及高原气候带，采集蚯蚓样本数量（密度）从北到南大致呈现逐渐减少的趋势，但这种趋势在北热带地区出现了转折。这一现象可能与气候变量和土壤养分含量有关，其一，通过影响环境温度及降水等气候变量进而加大对蚯蚓分布的影响（Singh et al.，2019）；其二，凋落物可用性是蚯蚓多样性的重要调节因子，凋落物分解率较高的热带地区的土壤有机资源较少，当地蚯蚓多样性较低，以内生物种为主，主要是由于内生物种具有特定的消化系统，允许它们以低质量的土壤有机质为食（Helen et al.，2019）。研究中之所以会发现未被记录的南美岸蚓，推测原因有二：其一，可能是对于云南省蚯蚓分布调查与研究还不够系统完善，南美岸蚓已经入侵，但前期的研究未全面涉及，没能及时更新蚯蚓名录；其二，西双版纳位于我省的最南端，由于其属于入侵种，是物种扩散所导致的，因为在研究中仅在南亚热带发现其存在，这一现象能用前期研究推断加以解释，即云南是我国蚯蚓由南向北扩散的关键区域。

2.5.2 蚯蚓分布影响因素分析

1. 气候带类型对蚯蚓分布影响分析

本研究探索了蚯蚓群落的空间分布，进而初步探讨影响蚯蚓生物多样性的气候环境驱动因素。气候带类型不仅会对蚯蚓多样性与分布产生直接的影响，同时也会通过改变其他环境因素进而对蚯蚓的分布产生间接作用。早在 2019 年德国综合生物多样性研究中心相关研究课题组探究了蚯蚓多样性的全球分布，为预测蚯蚓多样性、丰度及生物量等提供了基础。研究发现，全球范围内蚯蚓群落受到持续性气候变化的影响。就塑造蚯蚓群落结构而言,相较于土壤理化性质和生境植被覆盖,气候因素发挥着更为关键的作用,即气候变化显著影响蚯蚓群落构建及功能发挥(Helen et al.,2019)。

早期研究发现,蚯蚓分布在宏观尺度上是受气候因素驱动的。南非东开普省(Eastern Cape)关于气候对蚯蚓密度及生物量的研究发现,所有气候带中的蚯蚓密度及生物量均存在显著差异(Mcinga et al.,2020)。通过将云南地区根据气候带特征划分为 6 个气候带类型,分析发现不同气候带类型土壤中蚯蚓分布亦存在差异。其中主要影响蚯蚓分布的是海拔和温度,海拔主要对蚯蚓密度产生显著的正向影响,即在一定范围内,蚯蚓密度是随着海拔的增加而不断增大,但对蚯蚓生物量的影响不显著。这与前人研究结论一致(Shylesh et al.,2012),主要原因可能是,随着海拔的升高,土壤有机质资源等营养元素被蚯蚓利用的可能性增加导致的。但另外关于海拔梯度对蚯蚓分布影响的研究发现,海拔从 1250m 增加到 2250m 时,蚯蚓的生物多样性明显降低,解释海拔并非唯一的影响因素,这可能是由特定的土壤环境影响所致,即海拔对蚯蚓分布具有间接影响。同时海拔的变化也表征着纬度的差异,研究表明沿南北梯度,蚯蚓的分布特征及种类组成存在较大差异,这也很好地解释了蚯蚓分布在不同海拔高度存在差异。也有研究认为,蚯蚓的丰度从低纬度到高纬度是逐渐降低的(Lavelle,1983),而本次研究发现出现了非线性纬度梯度的变化趋势,这说明气候的间接作用或许更能够解释蚯蚓群落的变化,当然也可能是本次研究的纬度跨度较小,未达到线性梯度的范围。

气候带类型间差异较为直接的影响是改变区域温度。同时,温度也是决定蚯蚓生长发育速度的关键因素,温度变化会通过影响蚯蚓生理参数(如生长、发育和繁殖速率等),进而改变蚯蚓生物量及密度等。前期相关研究发现,蚯蚓在不同生长发育阶段起决定性的因素不同,生长前期主要依赖水分,而到后期则更加依赖温度(Dominguez-Grespo et al.,2012)。研究发现温度对蚯蚓生物量的影响相对较为显著,且呈显著正相关关系,即在一定的温度范围内蚯蚓生物量随着温度的增加而增大,这一结论能用当时采样发现的结论很好地解释,在温度极低的采样点中发现蚯蚓的体型相对于一般环境中的要小很多,同时会出现死亡或者逃逸,说明温度对蚯蚓分布影响显著,较低或较高的温度均不适于生存,仅在适宜的温度下蚯蚓才能表现出较好的适应性,从而增强生长和繁衍的速度,推测可能和蚯蚓的生存策略有关。

2. 土地利用方式影响蚯蚓分布及群落构成

土地利用方式是决定一个区域土壤生物多样性的关键因素,同时对蚯蚓群落结构也产生巨大影响。土地利用方式对蚯蚓密度及生物量等相关指标具有显著影响,相关研究也发现,土地利用方式对于蚯蚓种类具有显著影响,其中影响机制主要包括改变土壤生态过程、土壤微环境及生物组成等,其改变会使得地表植被覆盖、养分及水热条件发生变化(Birkhofer et al.,2012)。本研究发现同一地区不同种植类型下的蚯蚓分布亦存在差异,这种差异的根源是因土地利用方式改变的需求导致的,而最终土地利用方式作用于蚯蚓分布的途径是通过土壤理化性质变化实现的。相关研究也发现,相比于其他因素,土壤理化性质变化能更好地解释蚯蚓群落特征的变化(Hoeffner et al.,2021)。

在一定尺度上,土地利用方式是影响蚯蚓群落结构和分布特征的关键因素,因此不同土地利用方式土壤中蚯蚓物种多样性及丰富度等存在显著差异。本次研究也发现，土地利用方式对蚯蚓分布的影响更为显著，不同土地利用方式下蚯蚓分布存在显著差异，作用方式分为直接影响和间接影响。

就蚯蚓生物量而言，土地利用方式直接影响路径系数仅为 0.046；通过影响土壤物理和化学性质的间接影响路径系数分别为 0.176 和 0.028，可见间接影响更大且更显著；土壤物理和化学性质对蚯蚓生物量直接影响的路径系数分别为 0.213 和 0.163，起主要作用的为孔隙度、土壤温度、土壤含水量、土壤有机质、全氮及速效磷。土壤孔隙度表征着土壤通气透水的能力，早在 2007 年关于牧场蚯蚓丰度的调查中已发现土壤孔隙度是影响蚯蚓生物量的重要因素（Chan and Barchia，2007），蚯蚓一般喜欢生活在较松散的土壤环境中，较低的土壤孔隙度使得土壤中氧气供应量减少，进而对蚯蚓生活及生存产生不利影响，会严重降低蚯蚓密度和生物量。其中关于土壤温度对蚯蚓活动能力影响研究发现，在一定温度范围内蚯蚓活动能力是随着土壤温度的增加而增强的，且蚯蚓群落与土壤温度呈正相关。

就蚯蚓密度而言，仅存在较为明显的间接影响，且土地利用方式对土壤化学性质的影响更为显著，其中间接影响路径系数为-0.401，其中起主要作用的是 pH、全钾及速效磷，其中与 pH（弱酸性）呈显著正相关，这与前人研究结论一致（卢明珠等，2015），pH 过低或过高均不利于蚯蚓的生存和迁移，即蚯蚓被认为更加偏爱 pH 为中性的土壤环境。研究也发现在不考虑土地利用方式的情况下，蚯蚓密度与土壤有机质及全氮含量等呈显著正相关关系（$P<0.05$），这与三江地区的研究结论一致（卢明珠等，2015）。但土地利用方式对蚯蚓生物量的影响没有对蚯蚓密度的影响显著。研究发现，蚯蚓密度及生物量均与速效磷表现出显著的相关性，但在前人研究中，即使在较为丰富的速效磷环境中，其与蚯蚓分布的相关性也并不显著（Xu et al.，2013），本结论推测可能与不同类型蚯蚓对速效磷含量需求差异有关，但目前并未有具体的研究做出确切的结论，或许这将是未来研究的重点挖掘方向。

具体看来，蚯蚓种类为耕地>园地>草地>荒地，导致这一现象的原因为耕地的植被覆盖较为频繁且密，而荒地中几乎没有植被覆盖，进而导致缺乏蚯蚓生活所需的适宜场所及养分条件，尤其是土壤含水量、土壤温度及有机质含量（王秀英等，1998）。蚯蚓本身属于喜阴喜湿的土壤变温动物，对于水热条件要求较高，环境温度不宜过高或过低，否则均会对其生活产生影响。

蚯蚓密度为荒地>耕地>园地>草地，差异显著；蚯蚓生物量为园地>荒地>耕地>草地，但差异并不显著。通过相关性分析发现在不同土地利用方式中，影响蚯蚓生物量的因素存在差异。其中发现蚯蚓密度和土壤温度、有机质及全氮显著相关，即不同土地利用方式下，土壤温度、有机质及全氮含量越高则蚯蚓密度越高，这一现象与前人研究结论一致（卢明珠等，2015；Zhou et al.，2021），主要通过影响食物的质量进而影响蚯蚓密度，说明蚯蚓可能偏向于土壤中营养物质及氮元素相对较高的环境，进而能够满足自身的生存需求，同时这也可能和蚯蚓的食性有关，进而导致对栖息地的偏好。

由此可见，土地利用方式对蚯蚓分布影响显著，主要归因于其对土壤理化性质的作用，即土壤理化性质对蚯蚓多样性起着决定性影响。同时在不同的种植类型间蚯蚓分布也存在差异，主要是因不同种植类型对土壤理化性质及生态过程产生差异，进而直接改变了蚯蚓生活方式及丰度。

3. 重金属对蚯蚓分布影响分析

蚯蚓作为指示土壤重金属污染的生物之一，成了备受关注的监测生物。近几十年来，众多研究将蚯蚓广泛应用到土壤污染物监测研究中，其中蚯蚓种类、数量及多样性等生物学参数均成了评价土壤环境污染的有效指标。蚯蚓在监测土壤环境污染状况的同时，污染物同样会对其生活及生存产生影响。研究发现，在重金属污染较严重的土壤中，因重金属含量较高且不难被降解，加上蚯蚓本身对重金属的蓄积作用，使得重金属 Pb、Zn、Cd 等在土壤中大量存在，当蚯蚓暴露在该环境下均会对其生理行为等产生不利影响，导致蚯蚓的种类和数量出现显著减少。研究发现仅蚯蚓密度与重金属含量间存在显著的线性负相关关系，与蚯蚓生物量间关系不显著，这种结果可能归因于重金属含量间的差异较大的原因。

研究表明重金属含量对于蚯蚓分布的影响除了 Mn 以外，其余种类的重金属影响不是很大，推测可能的原因是土壤中重金属含量还未达到抑制蚯蚓生存的阈值，因为一般食物链中的重金属生物积累可能不会对蚯蚓产生较大的影响，仅在较高营养水平会产生损害，例如 Pb 浓度要高于 2050mg/kg 才会对蚯蚓群落产生直接的影响（Leveque et al., 2015），且蚯蚓密度与 Pb 浓度呈显著负相关，而本研究中 Pb 最高含量仅为 84.16mg/kg，远未达到能产生影响的程度。同时重金属种类含量亦存在差异，进而产生的影响不显著。早前便有研究者发现在含有重金属 Cd、Zn、Pb 等的土壤环境中蚯蚓的生物量及存活数量出现了显著减少（Sivakumar, 2015），但本研究仅发现蚯蚓密度与 Mn 存在显著负相关关系，原因可能有二：①采样点的选取范围不够大及样本的采集范围有限；②云南虽然被誉为"有色金属王国"，但是重金属含量的最大值分布在矿山地区，而本次的采样均未涉及矿区或者重金属含量还未达到对蚯蚓产生显著影响的阈值，因此重金属对蚯蚓分布的影响需要深入的调查研究和进一步的探讨。

不同重金属种类污染对蚯蚓生态学特性影响存在差异，但在一定程度上蚯蚓的生物学特征（种类和数量）与土壤中重金属含量之间呈现显著负相关关系，即重金属污染程度越深，该环境中蚯蚓种类和数量越少。其中关于 Cd 和 Hg 对蚯蚓存活率和生物量的研究发现，Cd 污染土壤中蚯蚓生物量不受其影响，而在 Hg 污染土壤中蚯蚓生物量则出现明显减少的趋势；且随着 Cd、Hg 浓度增加，蚯蚓存率显著降低，Cd 相较于 Hg 的影响更大（Rosciszewska and Lapinski, 2008）。但是本研究未能体现出这一变化趋势，可能是各类重金属在土壤中的含量还未达到对蚯蚓生物学特性产生影响的程度。

2.5.3　云南典型区域蚯蚓分布情况

1. 结论

（1）研究区域共发现蚯蚓 4 科 11 属 27 种（亚种），其中 4 科为巨蚓科、正蚓科、链胃蚓科及舌文蚓科，27 种（亚种）分别为参状远盲蚓、连突远盲蚓、简洁远盲蚓、毛利远盲蚓指名亚种、毛利远盲蚓菜园亚种、光滑远盲蚓、雌生远盲蚓、完整远盲蚓、湖北远盲蚓、皮质远盲蚓、乡下远盲蚓、云龙远盲蚓、玉龙远盲蚓、元江远盲蚓指名亚种、大理腔蚓、白颈腔蚓、微隆腔蚓、勐腊腔蚓、长体多囊蚓、正蚓属蚯蚓、梯形流蚓、神女辛石蚓、方尾小爱蚓、红丛林蚓、赤子爱胜蚓、朝鲜杜拉蚓、南美岸蚓。

（2）土地利用方式对蚯蚓分布的影响主要是通过改变土壤理化性质进而起作用，其中土壤理化指标对蚯蚓分布的影响存在差异。土壤物理指标对蚯蚓生物量产生显著影响的因子包括土壤孔隙度、含水量及土壤温度。土壤化学指标主要通过土壤有机质、全氮及速效磷含量对蚯蚓生物量产生影响，其中与速效磷的含量呈显著负相关，且物理指标作用显著大于化学指标。土壤理化指标对蚯蚓密度的影响主要由化学指标发挥作用，其中 pH、全钾及速效磷对蚯蚓密度影响显著。

（3）气候带类型亦是影响蚯蚓分布的关键因素，研究区域蚯蚓密度从北到南以北热带为对称轴，出现了依次减少的趋势，而蚯蚓生物量则出现了从北到南依次增加-减少-增加的趋势。其中海拔及温度是影响蚯蚓分布的主要因素，蚯蚓密度与海拔呈极显著正相关关系，蚯蚓生物量则与温度呈显著正相关关系。

（4）不同土地利用方式下的重金属含量差异显著，与《土壤环境质量 农用地土壤污染风险管控标准（试行）》（GB 15618—2018）风险筛选值相比，研究区域仅有 Cr 及 Zn 含量显著超标，这说明研究区域土壤存在 Cr 及 Zn 污染的风险。重金属含量对蚯蚓分布的影响主要表现为对蚯蚓密度的影响，且含量越高密度越低。

本次研究分析了土地利用方式及气候带影响蚯蚓多样性与分布特征的相关因素，其中土地利用方式作用于蚯蚓分布的程度更大，且主要是通过影响土壤理化性质发挥作用。

2. 展望

研究展示了云南典型区域内蚯蚓的生物多样性，能发现其蕴含着极其丰富的蚯蚓物种多样性，同时分析了蚯蚓分布与环境因素间的相互关系，这为未来云南省蚯蚓多样性研究提供了一定的基础。但是由于云南范围广，区域差异大，加上采样区域的选择范围有限，并未能全面地挖掘分析，本研究还有值得深入挖掘的方向。

（1）值得重视的是本次研究发现了前期研究在云南蚯蚓名录中未被记录的新物种——南美岸蚓，后续相关研究应该重点考虑蚯蚓入侵或者栖息地选择。针对前期蚯蚓迁移趋势，深入追踪云南蚯蚓的具体迁移路线，为后续云南蚯蚓分布奠定坚实的基础。另外，本次研究区域主要考虑了不同土地利用方式下的蚯蚓样本采集，很大程度上无法很好地解释云南蚯蚓分布特征，未来寻求一种更加科学有效的方法对云南省蚯蚓分布特征进行研究，以弥补云南省蚯蚓多样性与分布的空缺。

（2）本研究重点在外界环境对蚯蚓分布特征的影响，其实蚯蚓的种内及种间关系或许是一个值得深入挖掘的方向。因自然生存法则的存在，所有生物均须遵守。蚯蚓作为大自然的一员，想要很好地生存且不被淘汰，同样会面临食物和生存空间等竞争，这势必引起蚯蚓种内及其与其他生物的种间竞争关系。

（3）关于土地利用方式对于蚯蚓多样性与分布的影响可以应用到土地管理方面，更好地为生态系统服务。然而通过研究发现蚯蚓分布的影响因素依旧复杂的，并不是单一因素的影响，因此对蚯蚓分布进行分析研究时应考虑多因素的综合影响。由于土壤环境是个复杂的生态环境，影响因素间的相互关系依然无法完全弄清楚，需进一步地研究。

第3章 土壤重金属污染对蚯蚓的毒害作用

土壤是地球生态系统重要的组成部分，土壤化学物质含量影响着地表生物的生长，尤其是各种化学物质超标不但影响植物正常生长，而且通过食物链等生物积累和生物放大作用进入人体和动物体，在其体内不断富集，危害机体健康。研究表明，蚯蚓对土壤环境因子的变化敏感，污染土壤对蚯蚓的生理、生长、生命活动甚至生存均产生显著的负面影响。

3.1 土壤重金属污染概况

由于人类活动的影响，全球环境正在发生着巨大的改变，环境污染越来越严重，污染发生速度更快、范围更广、强度更大，从而导致生态环境污染更加严重。其中，土壤重金属污染与其他污染相比，具有隐蔽性，已经成为一个世界性的十分严峻的环境问题。

3.1.1 全球土壤重金属污染状况

近年来，社会上食品安全问题严峻，各类重金属污染事件屡见不鲜，引起社会各界广泛关注。作为初级生产者，植物吸收、积累重金属后，重金属毒性通过食物链的放大效应在动物和人类中凸显出来。并且，重金属进入植物体内之后会影响植物营养元素的吸收和营养物质的合成，如造成蛋白质、有机酸、维生素等营养物质含量的变化，从而影响植物的营养品质和安全质量，最终对人体的健康产生一定影响。

随着工业水平的提高，矿产资源的开采不断加剧，矿产资源中丰富的重金属也通过尾矿水灌溉、大气沉降、化学试剂的使用、有机肥料的使用等各种途径进入生态系统。重金属由燃料燃烧、有色金属冶炼、钢铁生产、生物质燃烧、垃圾燃烧等排放到大气中，而大气沉降是土壤中重金属的主要来源。农田中重金属可以通过食物链在动物、植物甚至是人体内累积，对农业生态系统产生巨大危害。目前，世界各国土壤污染现状十分严重，全世界平均每年排放 Hg 约 1.5×10^4 t、Cu 约 340 t、Pb 约 500 t、Mn 约 1500 万 t、Ni 约 100 万 t，而欧洲、日本均有不同程度的污染。多个国家土壤镉含量超过国内土壤环境质量标准（0.3 mg/kg），如日本稻米主要受镉元素污染、泰国北部超过 50% 的家庭所产水稻高于临界值、英国英格兰和威尔士土壤中镉浓度超过 0.6 mg/kg，占总面积的 20%、美国 75% 的农田土壤镉浓度达到 0.34 mg/kg。全球土壤重金属污染形势严峻，工业化迅速发展是最主要的原因，其增加了人为活动（例如采矿、冶炼、金属处理、交通和垃圾场区域）中的重金属排放，加剧了重金属健康风险的问题。

3.1.2　中国重金属污染现状

二十世纪中叶至今，随着工农业的飞速发展及城市化进程深入等加剧了土壤中重金属的累积，造成土壤重金属污染，且污染面积逐年扩大。根据 2014 年《全国土壤污染状况调查公报》，从 20 世纪 70 年代开始，土壤环境被严重污染，其中工业发展迅速地区如长江三角洲、珠江三角洲和老工业基地的土壤重金属污染形势最为严峻，农田土壤样本中有 19.40%受污染，主要污染物为重金属。其中镉的点位超标率居于榜首，高达 7.0%。据调查，我国每年因重金属污染减产的粮食达 1000 多万 t，被重金属污染的粮食每年达到 1200 万 t，合计损失至少 200 亿元（高翔云等，2006）。

镉是我国重金属元素污染面积最广、危害性最大的元素之一，多省份均有分布，其污染率远远高于其他重金属元素，高达 25.20%（宋伟等，2013）；同时，镉污染土壤面积逐年扩大、污染程度日渐严峻。以甘肃省白银市为例，2000 年土壤中镉含量为 9.2 mg/kg，2009 年其含量升高至 9.57 mg/kg（Wang et al.，2015）。据统计分析，土壤中 Cd 含量为 0.003~9.57 mg/kg，其在土壤中含量在我国不同区域呈以下趋势：西北地区>西南地区>中南地区>东部地区>东北地区>北部地区，且城市土壤污染比农业土壤污染更为严重（Wang et al.，2015），导致这一现象主要与工业生产和交通运输密切相关。其中，吉林省、福建省、广东省、重庆市、贵州省和云南省土壤中镉的浓度超过《土壤环境质量　农用地土壤污染风险管控标准（试行）》（GB 15618—2018）风险筛选值，是农业土壤的极限（Wang et al.，2015）。京广铁路沿线的湖南省部分地区，如郴州、衡阳、株洲等，镉和铅排放量占全省总排放量的 76%。2013 年株洲市土壤镉污染最为严峻，大于 160 km^2 的土壤中镉含量超过国家标准 5 倍以上，镉重度污染土地面积达 34.41 km^2（张钊和张海清，2019）。贵州省土壤重金属背景值显著高于其他省份，其中土壤镉的背景值为 0.659 mg/kg（郑丽萍等，2015），在工业地区土壤镉污染指数已达 4.05，土壤中度和重度超标点位为 21.7%。同时土壤中重金属背景值高的区域如贵州省、云南省和湖南省等地形地貌、成土母质、自然地质过程也是关键因素；人类活动的空间分布不均匀是不同区域重金属差异显著的主要原因。

以秦岭-淮河线分界，北方稻米达标率（100%）远高于南方稻米达标率（83.9%）（庄昭城等，2018）；土壤中镉元素极易被蔬菜吸收，蔬菜中富集镉增加了镉的暴露概率，占人类总镉摄入量的 70%~80%（Sarwar et al.，2010）。同时，研究表明土壤中镉污染危害微生物活性，从而降低凋落物分解速度，对土壤性质产生显著的负面影响（Liu et al.，2020）。

3.1.3　云南省重金属污染概况

云南省成矿地质条件优越，矿产资源丰富，矿产种类齐全，以有色金属和磷化工为代表的矿业已成为云南省国民经济和社会发展的支柱产业。然而，在矿产资源的开发利用过程中，由于开采方式等问题，给矿区周边生态环境带来了严重危害。

1. 云南省重金属来源

土壤重金属来源包括自然来源与人为来源两方面，其中主要是人为来源，包括矿业开采、污水灌溉与施肥、动物粪便和生物固体应用、大气沉降等。

（1）矿业开采。云南省地处我国西南边陲，土壤中矿产资源丰富，素有"有色金属王国"之称。锌、锡、铜、铅、铝、磷、锰、锗、铟、银、铂族元素矿产储存量位居全国前列，有色金属矿产资源丰富、开发利用程度高，有尾矿库 921 座，遍及全省 16 个州市（郜雅静等，2018）。矿业发展促进了云南经济的增长，但由于管理制度尚未完善，缺乏防渗设施，未处理的废水进行农业灌溉和外排以及矿渣、废气的排放是导致云南省土壤重金属污染的最主要因素。红河哈尼族彝族自治州（简称红河州）金属矿场分布密集，主要包括铁矿、铅锌矿、铜矿、钛矿和锡矿，金属的冶炼和提取均对周围流域产生严重污染，红河部分流域铅、砷的含量超标；澜沧江部分区域铅和汞含量超标；珠江流域砷的含量超标；长江流域部分区域铅、镉接近标准值，且水质呈现恶化趋势（毕婷婷和钱琪所，2015）。个旧市锡储量占全球储量的 16.7%，开采过程伴生矿砷未被正确处理从而污染土壤，大量农田出现砷超标现象（Miao et al.，2015），除此之外部分地区 Zn、Pb、Cu，以及 Cd 的含量超过《土壤环境质量 农用地土壤污染风险管控标准（试行）》（GB 15618—2018）风险筛选值。云南会泽县铅锌储存量丰富，通过研究发现冶炼厂周围土壤重金属元素 Pb、Zn、Cd 平均含量是土壤背景值的 30.26、31.78、34.96 倍，污染等级为重度（杨牧青等，2017）；Cu、Mn、Ni 和 As 的平均含量均超过 GB 15618—2018 风险筛选值，且 Pb、Cd 对儿童均具有显著的健康风险。云南省土壤重金属含量偏高与自然界的重金属高背景值及丰富的矿产资源的分布密切相关，并且，矿产资源的开发利用也显著增加了土壤重金属含量。

（2）污水灌溉与施肥、动物粪便和生物固体应用。云南是农业大省，种植业结构复杂、种植作物种类较多，包括农作物、水果类、中药材、花卉及大量食用菌。为提高农业产量、提升经济效益，大量不合理落后的施肥和灌溉方式导致农业产业结构紊乱、肥料利用率降低并对土壤环境造成恶劣的影响。许多农药中含有 Cu、Zn、Hg 等成分，长期使用农药和杀虫剂，就会导致土壤重金属含量超标。此外，许多化肥都含有一定量的重金属元素，如蔬菜种植中所用的磷肥中含有大量的 Pb、Cd 等重金属。动物粪便是农作物的重要肥料之一，未经处理直接施于农田中，在适宜温度下经发酵后会产生氨、硫化氢、甲硫醚、二甲胺等有害气体；动物粪便在堆积过程中，铜、锌、有机砷等重金属元素被土壤吸收，通过循环系统在自然界流转，最终影响动物体和人体健康，产生严重的生态问题。部分农业灌溉水是富含 Cu、Zn、Pb、Cd 等重金属的生活污水和工业废水，导致大量重金属元素在土壤中富集。

（3）大气沉降。通过自然因素（如成土母质、火山爆发等）和人为因素（工业、交通、发电、农田、生活废气排放、火灾等）导致大气浮尘蓄积大量 Cr、Cu、Fe、Mn、Zn、Ni、Pb 等重金属元素（Nagajyoti et al.，2010）。大气中的重金属元素以离子或化合态存在于大气颗粒物中，经过降雨、降雪等沉降方式沉积在土壤中，引起土壤重金属污染。

2. 云南省土壤重金属污染现状

云南省矿产资源丰富，由于不合理的开发和落后的处理技术，将大量含有重金属的废气、废渣、废水排入土壤中，导致土壤重金属污染相当严重。云南省土壤重金属污染面积大、种类多、副作用明显，是重金属污染最突出的省份之一。

研究表明，Zn 在云南省富集最为严重，是背景值的 1.55 倍（张小敏等，2014）。云南省中甸县（现为香格里拉市）部分地区土壤中 As、Cr、Cu、Pb、Zn 平均含量远高于云南背景值，且变异系数大（李春华，2016）。玉溪大河河道底泥中 As、Hg、Cu、Pb、Cr、Cd 和 Zn 含量平均值分别为 75.2 mg/kg、1.528 mg/kg、84.4 mg/kg、107.1 mg/kg、65.6 mg/kg、9.00 mg/kg 和 7.38 mg/kg，均明显高于相应的背景值。在过去 200 年，云南省错恰湖中 Cr、Ni、Fe、Ti、Mn、Co、As 和 Cd 元素含量随时间推移整体呈上升趋势（柴轶凡等，2018）。也有数据表明，云南省矿业污染排放量占全省工业污染排放量的一半（Yang et al.，2018）。

通过克里金插值得出，土壤 Pb、Cu、Cr、Zn、Cd 在云南农田出现高值区，其中云南省土壤中 Pb 和 Zn 的富集最高，是超出背景值最高的省份，可能是由于农业活动过程中导致大量重金属进入农田土壤，加上云南省是我国重要的重金属矿区，Pb 和 Zn 背景值含量较高。

3.1.4　云南地区土壤重金属污染的危害

有色金属遍及云南省 16 个州市，伴随矿产资源开发，对当地的生态破坏和环境污染的问题随之而来，尤其是对土壤结构、物质循环、植物根系生长、土壤动物生存与微生物活性、土壤生态系统的影响较为明显。

1. 重金属污染对土壤理化性质的影响

1）重金属污染对土壤结构的影响

研究表明，重金属在土壤中富集会对土壤结构造成巨大影响；反之，土壤结构和养分有效性的改变同样会对土壤吸附重金属的能力产生影响。第一，重金属污染毒性与土壤结构是一个作用与反作用的动态循环过程。土壤内部平衡结构被打破、容重增加、团聚体含量增加，导致土壤板结、孔隙度降低，大量灌溉水直接汇入地下水无法保湿，土壤含水量和通透性均降低。第二，重金属形态影响土壤酸碱平衡，若以阳离子形态存在如 Pb^{2+}、Cr^{3+}、Sn^{2+}、Cr^{6+}、Hg^{2+} 等，与土壤中的阴离子络合形成沉淀物或盐；以阴离子形态存在如 $Cr_2O_7^{2-}$ 等，与土壤中的阳离子络合形成盐（陈穗玲等，2014）。反过来，导致土壤酸碱度发生改变、强烈而快速的反应，进一步打破了土壤内部的物质平衡，使土壤所需的营养元素如 C、N、P、K、Fe、Cu 等生物有效性及移动性受到影响而无法进入土壤，参与物质循环，导致有机质减少、土壤贫瘠。第三，重金属元素影响土壤氧化还原电位。土壤氧化还原电位取决于土壤中氧化态、还原态物质的相对浓度，重金属离子与土壤其他离子络合形成盐类物质（张晓绪等，2020），那么氧化态、还原态物质均会减少，因此土壤的氧化还原电位减小。

综上所述，重金属污染导致引起土壤质地和结构恶化，而土壤的有机质含量、pH、质地、含水量等均影响重金属的吸附和迁移、有效性，则导致更多重金属在土壤中富集，最终更大程度上对土壤造成危害。

2）重金属污染对物质转化的影响

土壤物质循环是指土壤中的物质在生物和非生物之间反复交换和运转的过程，是一种生物地球化学循环，主要包括无机物质的有机质化和有机物质的无机质化。土壤物质循环对土壤的结构组成、营养成分均有显著的影响，最主要的是碳循环、氮循环、磷循环。土壤受重金属污染后，质地、透气性、孔隙度、pH等均会发生变化，进一步对物质循环产生不利影响，从而物质循环会加重对土壤质量的恶化。因此，土壤-重金属-物质循环是一个正反馈系统。

（1）重金属污染对碳循环的影响。碳是地球上最为重要的生命元素，土壤碳循环指有机质进入土壤，在土壤生物（微生物、植物、动物）的参与下分解和转化形成的碳循环过程。因此，土壤既是碳源，也是碳汇。土壤中的碳循环不仅影响土壤质量与陆地生态系统的生产力，甚至影响整个地球系统的能量平衡和气候变化。研究表明土壤的温度、含水量、质地、透气性、pH，土壤中的动物、微生物及相关植物显著影响土壤碳循环。重金属污染会抑制种子萌发、降低植物生理活性，使CO_2的固定减少；重金属在一些低等土壤动物的体内富集，会对其产生毒害作用使生理功能丧失甚至死亡，土壤中低等动物通过呼吸作用产生的CO_2含量减少。研究表明，当As、Pb、Cu和Zn的浓度范围分别在8～292mg/L、31～1845 mg/L、27～162 mg/L、81～4218 mg/L时，碳矿化与重金属浓度呈极显著负相关（Usman et al., 2013）。微生物在碳循环中不仅参与CO_2的固定，也参与CO_2的再生，在整个循环过程发挥不可替代的作用（Usman et al., 2013），但微生物具有高度敏感性，重金属可导致其数量与种类减少、群落结构发生改变。重金属对微生物的不利影响导致土壤中碳的同化、异化、矿化等循环过程的平衡破坏。如土壤中CH_4的产生量与厌氧条件、碳源、产甲烷菌的数量相关，重金属污染使土壤通气性减弱导致氧气含量增多，土壤板结含水量降低，重金属对产甲烷菌的毒害导致产甲烷菌的数量减少，这一系列因素最终会引起有机质向CH_4转化的效率降低，碳循环受阻。除此之外，研究也发现，土壤呼吸作用和砷含量呈显著负相关，砷可抑制土壤呼吸，土壤中砷含量为100 mg/kg时，土壤呼吸作用下降一半（Cheng et al., 2018）。

（2）重金属污染对氮循环的影响。氮是农业生产中最重要的养分限制因子，是植物生长必需的营养元素，在土壤中以无机态氮和有机态氮存在。大气圈是植物的氮库，豆科作物的根瘤菌、非豆科植物的共生根瘤菌、土壤微生物可固定大气中的N_2进入土壤，大气放电将N_2氧化或人工固氮生产NH_3，均是土壤氮素的来源；进入土壤的NH_4^+和NO_3^-被微生物转化、高等植物固定、矿物固定成有机氮；土壤中原有的或进入土壤中的有机氮被微生物分解转化为氨，这一过程就是土壤的氮循环。土壤中氮的矿化、硝化、反硝化，以及固定都与土壤的温度、pH、含水量、通透性（O_2含量）、微生物和有机碳紧密相关。重金属污染使土壤中可供微生物利用的有机碳化物减少，从而导致微生物的死亡，其毒害同样会使微生物的数量和群落发生变化。但是在氮循环中微生物起推动作用，如固氮过程中的根瘤菌、硝化作用中亚硝化细菌将 NH_3 氧化为 NO_2^-、反硝化作用中的反硝化细菌，因此重金属污染会影响土壤氮的矿化、硝化、反硝化作用，以及固氮等多个化学过程。研究发现，氮的矿化作用与重金属的浓度呈负相关，土壤中 Zn、Cu、Cd 的累积会抑制土壤中氮的矿化作用（Hassen et al.，1998）。重金属含量超过 400mg/kg 时，所有的重金属都会抑制氮的转化，且抑制顺序为 Cd>Cu>Zn>Pb。氮的转化被抑制后有机氮不能被分解，则植物生长所需的 N 元素供应不足，植物无法正常生长发育（Hassen et al.，1998）；受重金属影响，氮的同化和重组作用要优于氮的矿化和氧化作用。土壤中有机态氮增多、无机氮缺乏或大量 N 以硝酸盐形式在土壤中富集，不仅会污染土壤和水体环境，而且不利植物生长，造成氮损失。

（3）重金属污染对磷循环的影响。磷素是作物必须的影响元素之一，自然土壤中的磷素取决于母质类型、风化程度和淋失状况，而农田土壤中的磷与有机质和施磷肥也相关。磷仅来源于地壳或人工施肥。在土壤中迁移包括一系列复杂的化学和生物化学反应，包括无机磷的生物固定、有机磷的矿化和难溶性磷的释放。磷循环是典型沉积型循环，岩石、土壤风化释放出的磷素、施入农田的磷肥、土壤中凋落物通过还原者分解为可溶性磷酸盐，被植物吸收。植物体中 80% 的磷储存于籽粒中，会被移出农田生态系统。红壤含有很高的 Fe^{3+} 和 Al^{3+}，重金属污染后土壤酸性增强或减弱（偏碱），磷在酸性条件下与 Fe^{3+}、Al^{3+} 常合成不溶态的 Fe（Al）-P 化合物；磷在碱性条件下与 Ca^{2+} 常合成溶解性很小的 Ca-P 化合物，不能被植物吸收，以致农田土壤磷循环不完全、磷的有效性降低，造成土壤磷素的亏损（宋阳等，2016）。通过培养实验发现，在 Cd 浓度为 30mg/kg，随着土壤磷含量的增加土壤对 Cd 的吸附量提高；研究发现，磷含量较低的土壤中，施用水溶性磷肥可降低土壤中 Pb 有效性（王明娣等，2010）。因此，磷可增加土壤对重金属的吸附能力，降低重金属的有效性。土壤重金属污染破坏了土壤的磷循环平衡，使土壤中磷素减少，植物生长营养不良；也导致了土壤对重金属的吸附减弱，重金属有效性增强，对土壤生物毒性作用增强并进一步破坏土壤中的物质循环。

2. 重金属污染对土壤生物的影响

土壤重金属污染是由于人类活动引起动态变化过程，随污染源的输入和植物吸收、流水等作用输出的变化而变化，对植物（农作物）、动物（人体）、微生物均会产生不良影响。

1）土壤重金属污染对植物（农作物）的危害

植物（农作物）是重金属污染的直接受害者。土壤中重金属浓度一旦超过某个临界值，就会向作物迁移，影响作物的生长发育，植物中的含量超过了本身的富集系数，植物就会发生毒害，甚至死亡。土壤和灌溉水源中的重金属通过质外体通道或共质体通道进入植物体，对植物生理、生化，以及品质均会产生危害。云南部分地区存在重金属污染隐患，粮食作物、蔬菜、经济作物、野生菌、中药材、茶叶等存在一定的重金属安全风险。云南水稻产量占全省粮食产量的 25.0% 左右，90% 的人口以其为主食，但在红河州、个旧市、蒙自市和开远市大米产区砷污染超标（严红梅等，2017）。对玉米、小麦、水稻、蚕豆籽粒中重金属元素含量进行测定发现，蚕豆中 Cu、Zn、Pb、Cd 的含量超标（胡斌等，1999）。通过对云南个旧市某地区蔬菜调查表明，铅含量超标率达 80%，除花椰菜、甘蓝、萝卜中铅含量未超过食品安全限量标准外，其余蔬菜均超标，且薄荷的铅含量最高（陶亮和张乃明，2017）；此外对 15 种蔬菜 Pb、Zn、Cu、Cd 含量进行测定，发现分别是食品安全限值的 12.10、3.55、2.27、16.16 倍，其中芋、菠菜、香菜、绿笋对重金属吸附能力较强，菠菜中镉超标最严重、茼蒿中铅超标最严重、绿笋中锌超标情况最严重（李江燕等，2013）。茶叶是云南省具有代表性的产物之一，研究者对普洱市茶叶进行测定，发现随着环境中重金属污染加剧、外源性的施肥和大气沉降引入的重金属及稀土元素，使茶叶中重金属、稀土等元素含量逐年增加，严重影响茶叶质量安全（瞿燕等，2015）。研究发现云南保山食用菌 Cd 含量严重超标，部分样品中 Pb、As含量超标；对玉溪市和红河州等地的 12 个山药样品中重金属含量进行测定，其中有7 个样品 Pb 含量超出限量标准 2.44 倍（普秋榕和王红漫，2018）。大量金属元素富集于植物根系中使细胞达饱和状态，不能正常吸收机体所需要营养元素，从而导致体内缺乏所需的营养元素和营养物质，使其生理过程混乱，植物体的激素水平、植物酶系统、叶绿素合成及核酸代谢水平发生改变。例如，铜元素缺少、CO_2 同化和 ATP合成速率降低导致植物生长缓慢，锰元素不足会降低光合作用速率（Burton and Guilarte，2009）。重金属会抑制营养物质的分解延迟或阻止种子萌发、影响植株正常生长。例如，镉元素会引起植物萎黄病，抑制损伤植物根尖，最终导致植物死亡，降低 ATP 酶活性；铅元素抑制种子萌发，抑制幼苗初期生长，延缓根茎延长和展叶（Xu et al.，2006）。植物体无法代谢或没有完全代谢的重金属不断在植物体富集，使作物及粮食品质降低，导致作物减产造成严重的经济下降，并且影响食用人体的健康。

2）对土壤动物和人体的毒害

动物和人体是土壤重金属最终受害者，也是最严重的受害者。影响途径包括直接和间接两种，直接途径是重金属通过动物和人体的皮肤、呼吸道、消化道等进入有机体内。重金属浮沉于空气中，人体和动物通过呼吸进入口腔和鼻腔，通过呼吸道到达肺，如汞单质和化合物均是剧毒物质，在动物肺中吸收率为 50%～100%、人体吸收率高达 75%～85%，达到一定浓度会造成对脑组织的损伤、肝炎或血尿等；工业活动中产生的硫化镍或氧化镍等物质，不溶于水，排放到大气中呈颗粒状，吸入体内易患鼻腔癌及肺癌；农药喷洒、开采矿物质等均会导致重金属直接与皮肤接触，以扩散的方式从表皮的角质层进入真皮，渗入肌肉组织中，在有机体中富集，造成病变；直接接触含有镉粉尘的空气，会造成镉在肝和肾内大量积累，产生呕吐、胸闷、咳嗽、肺功能异常等。此外，重金属也通过食物链的间接途径传递，动物和人体食用被重金属污染的植物、农作物通过食物链使重金属在体内不断富集。引起广泛关注的"铅中毒""骨痛病""水俣病"等均由重金属的食物链传递造成。民以食为天，作物籽粒是人类消费量最大的，也是人类终生都在消费的食物，比如"镉大米""毒小麦"的影响范围很广；重金属还富集在蔬菜和水果中，动物和人类食用后，轻则引起组织和器官的病变、物质循环和新陈代谢紊乱，重则引起生命危险、机体癌变。

3）土壤重金属污染对微生物的危害

土壤微生物是生活在土壤中的细菌、真菌、放线菌、藻类等微小生物的总和，在土壤中种类繁多、分布极广、数量大、繁殖迅速、个体小易变异。土壤微生物在土壤氧化、硝化、固氮、硫化、有机质的分解和养分转化中发挥至关重要的作用，可快速感知土壤环境变化，具有高度敏感性，因此被作为检测土壤质量和土壤重金属污染的生物指标。较低浓度的重金属含量可能会刺激微生物酶活性，而高含量的重金属则表现为抑制作用。研究发现，当重金属的浓度达到标准限定的土壤重金属环境容量的 2～3 倍，就会对微生物产生抑制作用，如当土壤中 Cu 和 Zn 浓度分别达到标准值的 2.5 倍时，会使微生物生物量下降 40%（Gao et al.，2010）。重金属离子可以改变土壤生态系统，进而改变微生物生长环境，抑制微生物的代谢，使蛋白质变性，抑制细胞分裂或使细胞膜破裂，破坏细胞功能，导致微生物死亡、数量减少、群落结构发生变化。

3. 重金属污染对生态系统功能的影响

土壤-蚯蚓-作物农田生态系统是指土壤中的生物和非生物通过能量转换和物质循环等相互作用构成的整体。土壤-蚯蚓-作物农田生态系统是陆地生态系统的亚系统，其结构组成比较复杂，包括生产者农作物和微生物、消费者土壤动物、分解者微生物和土壤低等动物。农田生态系统是一个开放的生态系统，不仅受气候、地质、土壤、植物等自然因素的影响，而且人类活动的干预和控制如灌溉、施肥、耕作，会对其生态功能有显著影响。污水灌溉、化肥农药使用、大气沉降、岩石风化均会导致土壤产生重金属污染，而这种污染对土壤-蚯蚓-作物农田生态系统的破坏具有毁灭性。

蚯蚓在土壤中分布广泛，对环境的适应能力较强（极端环境如高温、强酸、强碱等除外），是农田生态系统的"工程师"。蚯蚓通过挖掘、运动可改变土壤的孔隙度，增大透气性和含水量，使土质疏松，改善其物理结构；通过取食和排泄可促进有机物分解和土壤养分循环。这些均有利于促进植物生长及微生物和其他土壤动物的活动。但蚯蚓对环境因子的变化敏感，农田土壤受重金属污染，使土壤的理化性质发生变化，对蚯蚓的生理生化及生命活动均产生明显的不利影响。重金属污染导致蚯蚓体内自由基的含量显著提高，过多的氧自由基造成 DNA 片段损伤、染色体畸变，最终引起生物遗传物质的突变，干扰或抑制相关蛋白的合成，使生殖能力下降、子代变异数增加。土壤酸碱度改变后，重金属在体内富集，使蚯蚓产生皮肤发红、流出黄色脓液、环带肿大、身体断裂、生殖溃烂等不同的急性毒性；重金属浓度超过其生理耐受极限将导致蚯蚓个体死亡。重金属对蚯蚓身体、数量、种群的影响，间接导致蚯蚓挖掘、觅食、运动等能力减弱，对土壤改造能力降低。以蚯蚓为例的土壤小节肢动物在农田生态系统中，对能量转化及有机物质降解等发挥重要作用，直接影响着农田土壤健康。重金属的毒害作用，使土壤动物的数量特别是优势类群的数量呈明显减少趋势。据研究，铜污染程度的增加，导致土壤动物的种类数和个体密度急剧减少（李孝刚等，2014）；也有研究表明 Pb、As 和 Cd 污染均明显降低土壤小节肢动物的数量（庄海峰，2010）。重金属对农业生态系统的污染使消费者和分解者数量种类减少，土壤中有机体、动植物残体和生产者固定的能量大量积累，使生态系统的能量转化和物质循环速率降低。重金属对农作物和土壤微生物的毒害作用也较为显著，农作物作为生产者受重金属干扰后通过光合作用固定 CO_2 的能力降低，导致生态系统初级生产力降低，整个生态系统能量转用处于低水平。土壤-蚯蚓-作物农田生态系统受重金属污染后物质循环和能量转化降低的同时，生态系统的平衡被破坏，对环境变化的抵抗能力下降，稳定性降低（岳敏慧等，2019）。

3.2 重金属与蚯蚓相互作用的研究方法

已有研究表明，重金属与蚯蚓的相互作用研究方法主要包括三种：野外调查分析、实验研究与模拟研究。

3.2.1 野外调查分析

野外调查是许多学科研究中使用最早，也是最为普遍的方面。不同学科，其调查方法也多种多样。在土壤重金属胁迫蚯蚓的毒理研究中，一方面需要利用野外调查方法分析环境污染程度，以此评估受损环境对生物各个层次的影响，并采取合适的方法进行场地的修复；另一方面，通过野外调查分析生物对受损环境的响应及其适应特征，如通过种群的数量、出生率、死亡率、迁移、行为、生活史等种群参数的调查，评价生物在面对受损环境的响应及适应策略。同时，也可以通过野外调查方法分析生物系统在生物个体、种群和生态系统层次上的变化，进而指示外界受损环境的变化。

关于蚯蚓野外调查通常采用样方法进行。样方法主要用于移动能力较低，种群密度均匀的种群。在被调查种群的生存环境内随机选取若干个样方，通过计数每个样方内的个体数，求得每个样方的种群密度，以所有样方种群密度的平均值作为该种群的种群密度，在抽样时要使总体中每一个个体被抽选的机会均等，且每一个个体被选与其他个体间无任何牵连，那么，这种既满足随机性，又满足独立性的抽样，就叫作随机取样或简单随机取样。通常来说，蚯蚓调查选取 50cm×50cm×30cm（长×宽×深）的样方。

3.2.2 实验研究

实验研究是在人工控制条件下，进行可多次重复、具有较好稳定性的一种研究方法。该研究方法为了解受损环境的生物效应及生物修复机制提供了依据。实验研究方法包括实验室实验和野外试验。

一般而言，通过实验室的实验手段，可以进行环境污染的生物效应及其机理的研究。这种研究是在人工控制的条件下，具有较好的稳定性和可重复性。因此，可以从微观上探索环境污染与生物相互关系的因果关系。例如，在实验室内，通过控制介质为一定 pH 和温度，观察某种化合物在不同浓度下对生物体内的大分子、细胞、器官，以及生物个体、种群和生态系统的结构与功能的影响，就能够确定该化合物在一定环境条件下对生物的生长与繁殖的影响程度，为制定其环境排放标准提供科学依据。实验研究的优点是条件控制比较严格，实验过程可以多次重复，但其最大的弱点是实验室的条件与野外自然状态的区别，因此用实验室的结果去解释自然环境的情况必须十分小心。本文中重金属污染对蚯蚓的影响、镉胁迫下的蚯蚓行为对凋落物分解采用实验室内研究。

另外一种方法就是野外试验，即在自然条件下进行试验的研究方法。这种方法结合了野外研究和实验室研究的优点，如在划定的野外试验区内，形成一个相对封闭和稳定的试验系统，通过控制或改变一种或几种试验条件，进行受干扰环境对生物影响的规律的系统研究，其结果对特定环境的管理和环境质量的评价指导意义更大，这是一种很有成效的研究方法。本书中的蚯蚓介导下纳米零价铁修复镉污染土壤研究采用野外试验。

3.2.3 模拟研究

该研究方法在建立模型基础上，通过模拟研究，可以预测受损生态系统的发展趋势，同时也可采用最有效的应对对策，对受损生态系统的管理、区域规划、格局优化等具有重要作用。一般而言，模拟研究往往在全面了解生态系统结构及作用过程的基础上，利用计算机和近代数学的方法，在输入有关生物与环境相互关系规律的作用参数后，根据一些经验公式或模型，进行运算，得到抽象的结果，研究者根据具体的专业知识，对其发展趋势进行预测，以达到进一步优化和控制的目的。这种研究方法称为模拟研究。本书中镉胁迫对蚯蚓-土壤-细菌-植物生态系统的影响研究采用模拟研究。

污染生态学或环境生物学研究中常常应用数学模型来预测环境因素与生物相互作用规律或环境变化对生物作用的后果，尤其是在大尺度条件下研究污染物或外界干扰对生态系统的影响，因为在现实过程中不可能对湖泊、江河等大型生态系统进行模拟试验，故利用模型方法模拟研究，预测生态系统可能发生的响应，并根据响应特征采取相应措施，防止某些严重污染事故的发生，或者在发生事故后，也可以采取措施，将损失减小到最低限度。但必须说明的是，模拟研究的基础是野外调查和实验研究，因为参数的选择和数据的采用，只能来源于现场调查或实验研究的结果。将模型运行所得到的结果与现场调查和实验室结果进行拟合，并根据拟合程度，适当修改模型，再进行模拟试验，使模型逐步逼近现实和实验。用这种方法所获得的模型，对环境质量演变的规律研究具有很重要的价值。事实上，像所有科学研究一样，三类研究方法：观察、理论、实验是相互交叉、相互补充的，很多研究需要这些方法共同进行（图3-1）。

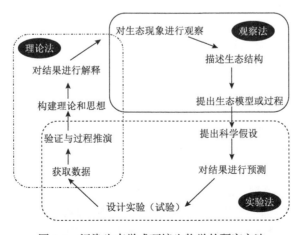

图3-1 污染生态学或环境生物学的研究方法

3.3 云南典型区域农田铅、镉分布特征调查方案

云南地质构造复杂，金属矿藏丰富，土壤母质重金属背景值含量高，因此矿区农产品（粮食作物、蔬菜作物、经济作物）、部分地区药材、优势产业（茶叶、烟草业、食用菌）等重金属含量存在超标情况。通过对云南滇西区域农田土壤铅镉分布特征进行调查，进一步评价土壤重金属生态风险和健康风险。

3.3.1 研究区与样点布设

云南省大部分地区的气候兼具低纬气候、山原气候、季风气候的特点，区域差异明显，垂直变化显著，年温差小，日温差大。红壤在云南省分布面积最广，占全省总面积的32.27%。云南矿产资源十分丰富，其中锌、铅、铜等矿产资源在全国位居前列，但矿产资源开发利用的方式及其周边环境的保护，防控措施的实施都存在严重的问题，这给周边的生态环境造成了不同程度的影响。

根据云南省 Pb、Cd 背景值图，在 ArcMap 上绘制出 Pb>56～300mg/kg、Cd>0.27mg/kg 高背景区域内云南省乡镇区域分布图，同样的方法利用云南省土壤类型分布图绘制出云南省红壤区域分布图，并根据《云南省农用地土壤污染状况详查成果报告》公布的云南省问题区域，结合矿区分布、周围农田分布情况，确定滇东北、滇南、滇东南、滇西南四条采样路线：滇东北地区研究区域有会泽县（矿山镇、锌矿、电锌分厂）、东川区汤丹镇（金沙冶炼厂、金沙尾矿）、陆良县（磷石膏堆场、发电厂）、马龙区（鹏泉锌二厂、马过河镇）；滇南地区研究区域有开远市（小龙潭镇煤矿、平头山尾矿、羊街乡）、个旧市（大通冶炼厂、成功冶炼厂、天黎冶炼厂、锡城镇、卡房尾矿库、大屯海）、蒙自市（玉屏村、矿冶锢锌冶炼厂、大浑塘）；滇东南研究区域为文山壮族苗族自治州丘北普者黑（曰者镇、八道哨、戈寨乡）；滇西南研究区域为澜沧拉祜族自治县（竹塘乡、南栅村、富邦乡、上栅村），共设 152 个采样点。

3.3.2 土壤样品采集与制备

采样点确定后，根据实际情况划定采样区域，选自然分割的一个田块作为一个采样区，按照《农田土壤环境质量监测技术规范》（NY/T 395—2012），一个位点根据作物种类数量采集 3～5 个作物样，土样采用对角线布点法 5 点采样。

采土壤样品时，遵循等量均匀混合原则，每个分样点的采集方法、取土深度和采样量相同，深度均为 0～20cm，几个采样点样品混合装入涤纶棉布采样袋，其中袋子上标注采样点、时间、农田类型、采样人等信息，放入低温采样箱。采用手持 GPS 定位仪进行定位并记录经纬度坐标、海拔，在地图上标注轨迹，拍摄采样点现场照片并填写现场记录表，记录采样点作物种类、种植方式、灌溉方式、周围污染源情况等相关信息。

采集回来的土壤样品，每个样品取部分用于测量含水率，其余晾于风干室风干研磨，直至所有的土壤样品全部过 2mm 筛，将全部样品置于无色聚乙烯膜上充分混合。取部分用于 pH、阳离子交换量、重金属有效态的测量。剩余样品用四分法选取，再进行过筛研磨，细磨的样品在全部通过 0.15mm 筛后，放入聚四氟乙烯袋中，标明编号，用于重金属全量和有机质的测量。

3.3.3　测定指标及方法

土壤 pH、有机质的测定方法详见第 2 章表 2-7，其他指标的测量方法如表 3-1 所示。

表 3-1　土壤指标的分析测试方法

测量指标	测量方法
阳离子交换量	《森林土壤阳离子交换量的测定》（LY/T 1243—1999）
Pb 全量	便携式 X 射线荧光光谱法
Cd 全量	《土壤质量 铅、镉的测定 石墨炉原子吸收分光光度法》（GB/T 17141—1997）
Pb、Cd 有效态	《土壤质量 有效态铅和镉的测定 原子吸收法》（GB/T 23739—2009）

土壤重金属 Pb 全量：称取 4.0g 制备好的土壤样品制作样品杯，后置于 PXRF 探头上检测，每个样品设置两个平行，重复测定 3 次，检测时间设置在 120s 以上。测样品之前先测量用国家标准物质 GSS-5、GSS-8、GSS-12、GSS-14、GSS-16 制成的样品杯，绘制标准曲线。

土壤重金属 Cd 全量：称取制备好的土壤样品 0.1~0.5g（精确到 0.0001g），放入 50mL 聚四氟乙烯坩埚中，用水湿润后加入 10mL 浓盐酸，于通风橱内电热板低温（140~160℃）加热，再加入 5mL 硝酸、5mL 氢氟酸、3mL 高氯酸，加热时开始会冒出大量白烟，至白烟散尽并使内容物呈黏稠状，取下稍冷，用蒸馏水冲洗坩埚，趁热溶解盐类物质，然后将溶液转移至 50mL 比色管中，加水定容，过 0.45μm 滤膜，用火焰原子吸收法测定。

土壤重金属有效态：称取制备好的土壤样品 2.5g（精确至 0.0001g）于 50mL 离心管中，加入 25mL DTPA 浸提液，盖好盖子，在 25±2℃下于振荡器上振荡 2h 后取出，在 4000 r/min 离心 10min，干过滤，清液用火焰原子吸收直接测定 Pb、Cd。

3.3.4　土壤重金属生态风险和健康风险评价

风险评价标准和评价方法的科学性和适用性是准确判断重金属污染的重要前提，近半个世纪以来，我国环境和土壤科研工作者为重金属污染评价体系的建立做了大量工作。目前，我国土壤重金属含量分析，主要采用《土壤环境质量 农用地土壤污染风险管控标准（试行）》（GB 15618—2018）中的农用地土壤污染风险筛选值（表 3-2），按照《土壤环境质量评价技术规范（二次征求意见稿）》重金属污染对生物和人体具有高毒性，通过地质累积指数法（I_{geo}）对土壤重金属总量进行评价，用这个指数结果表征土壤重金属的生态风险。

表 3-2　农用地土壤污染风险筛选值　　　　　　　（单位：mg/kg）

项目	自然背景值	风险筛选值			
		pH≤5.5	5.5<pH≤6.5	6.5<pH≤7.5	pH>7.5
Pb（其他）	35	70	90	120	170
Cd（其他）	0.2	0.3	0.3	0.3	0.6

1. 单因子污染指数法

单因子污染指数法是用某种污染物的测量值与标准值的比值作为污染指数，来评价土壤中某一污染物对环境的污染程度，计算公式为

$$P_i = \frac{C_i}{S_i} \tag{3-1}$$

式中，P_i 为土壤污染物 i 的污染指数；i 代表重金属 Pb 或 Cd；C_i 为污染物 i 的测量值；S_i 为污染物 i 的标准值。农业农村部环境保护科研监测所对作物和土壤重金属的质量状况的评价方法进行分级的方法见表 3-3。

表 3-3　重金属污染风险评价等级

等级划分	单因子污染指数		综合污染指数		潜在生态危害指数			
	单因子污染指数	污染程度	综合污染指数	污染程度	单项污染指数	潜在生态危害	潜在生态风险指数	潜在生态风险程度
1	$P_i \leq 1$	清洁	$P_i \leq 0.7$	安全	$E_r^i < 40$	轻微生态危害	RI<150	轻
2	$1 < P_i \leq 2$	轻污染	$0.7 < P_i \leq 1.0$	警戒线	$4 \leq E_r^i < 80$	中等生态危害	150≤RI<300	中
3	$2 < P_i \leq 3$	中污染	$1.0 < P_i \leq 2.0$	轻污染	$80 \leq E_r^i < 160$	强生态危害	300≤RI<600	强
4	$P_i > 3$	重污染	$2.0 < P_i \leq 3.0$	中污染	$160 \leq E_r^i < 320$	很强生态危害	RI≥600	很强
5	—	—	$P_i > 3.0$	重污染	$E_r^i \geq 320$	极强生态危害	—	—

2. 地质累积指数法

地质累积指数法计算方法如下：

$$I_{geo} = \log_2 \left[\frac{C_n}{K B_n} \right] \tag{3-2}$$

式中，C_n 为样品中元素 n 的浓度，mg/kg；B_n 为环境背景浓度值（取所采土壤背景值），

mg/kg；K 一般取值为 1.5。相应的污染程度级别划分标准如表 3-4 所示。

表 3-4　地质累积指数污染程度等级划分

地质累积指数法（I_{geo}）	分级	污染程度
$I_{geo} \leqslant 0$	0	无污染
$0 < I_{geo} \leqslant 1$	1	轻度-中等污染
$1 < I_{geo} \leqslant 2$	2	中等污染
$2 < I_{geo} \leqslant 3$	3	中等-强污染
$3 < I_{geo} \leqslant 4$	4	强污染
$4 < I_{geo} \leqslant 5$	5	强-极强污染
$5 < I_{geo} \leqslant 10$	6	极严重污染

3. 日常摄入量模型

在本研究中，重金属暴露量的研究对象分为两类：一类是居民日常暴露在灰尘重金属中，通过口鼻摄入和皮肤接触等方式进入人体；另一类是居民日常饮食摄入的食物，包括各种作物。根据人体摄入重金属途径的不同分为日常灰尘暴露和日常饮食暴露两种模型，分别进行健康风险评价。

（1）日常灰尘暴露模型。土壤中重金属主要通过口鼻摄入、人体皮肤直接接触两种途径进入体内。

经口鼻直接摄入土壤，不慎摄入土壤可按成人 100mg/d，儿童 200mg/d 计。因口鼻不慎摄入的土壤重金属 ADI[mg/（kg·d）]，可用式（3-3）来计算；通过皮肤直接接触途径而吸收而摄入土壤重金属 ADI[mg/（kg·d）]，可用式（3-4）计算。各暴露参数如表 3-5 所示。

$$
\begin{aligned}
\text{ADI(breath)} &= \frac{\text{CS} \times \text{IR} \times \text{CF} \times \text{EF} \times \text{ED}}{\text{BW} \times \text{AT}} \\
&= 1.43 \times 10^{-6} \times \text{CS（成人）} \\
&= 3.11 \times 10^{-6} \times \text{CS（儿童）}
\end{aligned}
\tag{3-3}
$$

$$
\begin{aligned}
\text{ADI(derma)} &= \frac{\text{CS} \times \text{CF} \times \text{SA} \times \text{AF} \times \text{ABS} \times \text{EF} \times \text{ED}}{\text{BW} \times \text{AT}} \\
&= 7.14 \times 10^{-8} \times \text{CS（成人）} \\
&= 7.78 \times 10^{-8} \times \text{CS（儿童）}
\end{aligned}
\tag{3-4}
$$

式中，CS 为土壤中重金属浓度，mg/kg；IR 为土壤摄入量，mg/d；CF 为转换系数，kg/mg；EF 为暴露频率，d/a；ED 为暴露年限，a；BW 为体重，kg；AT 为平均作用时间，d；SA 为可能接触土壤的皮肤面积，cm²/d；AF 为土壤对皮肤的吸附系数，mg/cm²；ABS 为皮肤吸附系数。

表 3-5 不同暴露途径的健康风险评价参数

口鼻摄入		皮肤接触	
IR/（mg/d）	100	AF/（mg/cm^2）	1
CF/（kg/mg）	10^{-6}	CF/（kg/mg）	10^{-6}
EF/（d/a）	350	EF/（d/a）	350
ED/a	30	ED/a	30
BW/kg	55.9	BW/kg	55.9
AT 非致癌作用/d	365×30	AT 非致癌作用/d	365×30
AT 致癌作用/d	365×70	AT 致癌作用/d	365×70
		SA/（cm^2/d）	5000
		ABS	0.001

（2）居民日常摄入饮食模型。居民通过饮食途径平均日摄入重金属的量参照美国国家环境保护局（U.S Enviromental Protection Agency，USEPA）MMSOILS 模型中的暴露评价方程公式[式（3-5）]，暴露参数如表 3-6 所示。

$$ADI(diet) = \frac{C_i \times IR \times ED \times EF}{BW \times AT}$$
$$= 1.8 \times 10^{-3} \times C_i(成人)$$
$$= 1.15 \times 10^{-2} \times C_i(儿童) \tag{3-5}$$

表 3-6 饮食途径的健康风险评估暴露参数值

参数		成人	儿童
	玉米	0.4919	0.2283
IR/（kg/a）	马铃薯	0.0496	0.0274
	蔬菜	0.368	0.1854
EF/（d/a）	—	350	350
AT/d	致癌（Cd）	70×350	70×350
	非致癌	30×350	30×350
ED/a	—	6	24
BW/kg	—	55.9	15.9

通常用危害商（hazard quotient，HQ）表示非致癌危害（USEPA，1989），公式如下：

$$HQ = \frac{ADI}{RFD} \tag{3-6}$$

式中，RFD 为参考暴露剂量，mg/（kg·d），依据 USEPA（1997，2000）标准，Pb 和 Cd 的 RFD 分别为 0.004 mg/（kg·d）、0.001 mg/（kg·d）。HQ>1 表明某重金属会引起人体的健康风险，表明该重金属危害人体健康风险可能性越大。为了评估多种重金属的综合健康风险，引入了危险指数（hazard index，HI），用来计算多种重金属对人体健康的综合影响，公式如下：

$$HI = \sum HQ_i = \sum \frac{ADI_i}{RFD} \qquad (3-7)$$

HI≤1 表明对人体没有明显的健康影响；HI>1 表明可能对人体健康产生影响；HI>10 表明存在慢性毒性。

3.3.5　质量控制

为了保证样品分析的准确性，采用标准样品对分析过程进行质量控制。在 PXRF 分析中，使用 GSS-5、GSS-8、GSS-12、GSS-14、GSS-16 标准样品校准样品分析时的浓度。在 AAS 仪器对 Pb、Cd 元素开展分析时，使用植物和土壤的标准样品对分析结果的可靠性进行控制。在消解重金属和用 PXRF 测量的过程中，添加标准样品组来控制样品质量，其回收率均在 80%～120%，数据可信。对样品消解的完整性进行判断，通过计算标准样品测量值的标准偏差是否在 ±10% 以内，对样品消解过程的可重复性进行判断（分析误差）。空白样品则是用于排除由分析仪器、分析用水等操作过程导致的外来干扰（系统误差）。整个实验过程中都采用超纯水，避免样品与金属的直接接触，实验所有的实验器材先在配置好的硝酸溶液中浸泡 12 h 以上，并用超纯水润洗后于烘箱中低温烘干。所有的实验都设置三个平行样测定，实验结果取平均值，以提高实验的精确度和减少随机误差。本研究分析结果中，$P<0.05$ 为显著性差异，$P<0.01$ 为极显著差异。数据的计算和统计分析主要通过 Excel 2003、SPSS22 和 ArcMap10.3 完成。

3.4　云南典型区域农田土壤重金属污染情况

滇东北、滇南、滇东南、滇西南各研究区域 pH 均值为 5.98，Pb、Cd 的风险筛选值分别为 90mg/kg、0.3mg/kg。滇东北会泽县、滇南个旧市土壤 Pb 平均含量均较高，滇东南和滇西南各地区 Pb 浓度相对较低，只有滇西南的竹塘乡 Pb 含量均值达到了 482.86mg/kg，其他地区均值都在 100mg/kg 以内。

3.4.1　土壤重金属 Pb、Cd 污染情况

研究区不同位点 Pb、Cd 含量详见表 3-7。会泽、个旧土壤 Pb 平均含量远远超过《土壤环境质量 农用地土壤污染风险管控标准（试行）》（GB15618—2018）的筛选值，且变异系数都较大，说明会泽和个旧地区 Pb 含量空间差异性较大。滇东南和滇西南各地区 Pb 含量相对较低，只有滇西南的竹塘乡 Pb 含量均值达到了 482.86mg/kg，其他地区均值都在 100mg/kg 以内。研究区土壤 Cd 平均含量和背景值均超过《土壤环境质量 农用土壤污染风险管控标准（试行）》（GB 15618—2018）的筛选值，且变异系数都较大。

表 3-7 研究区域土壤 Pb、Cd 含量

位点		样本数	Pb		Cd	
			平均值/（mg/kg）	变异系数/%	平均值/（mg/kg）	变异系数/%
滇东北	汤丹	8	283.50	193.31	2.11	57.04
	会泽	13	1027.12	141.12	30.72	166.04
	陆良	9	79.41	52.89	3.37	68.25
	马龙	5	141.78	69.12	8.13	59.89
	背景值		75.58±0.81		5.43±0.65	
滇南	开远	13	85.82	45.44	6.06	57.76
	个旧	36	1125.53	114.61	27.81	129.44
	蒙自	6	162.21	123.30	6.70	162.54
	背景值		286.34±0.93		3.17±0.72	
滇东南	曰者镇	4	70.53	33.58	2.51	67.85
	八道哨	6	66.03	27.84	3.44	29.94
	戈寨乡	10	81.19	23.50	2.16	61.57
	背景值		45.18±0.11		0.5±0.08	
滇西南	上栅村	3	28.22	19.17	2.98	14.43
	竹塘乡	5	482.86	51.45	8.09	32.51
	南栅村	3	22.30	27.89	4.23	11.82
	富邦乡	9	85.20	113.10	6.71	87.61
	背景值		95.42±0.21		3.44±0.10	

1. 滇东北土壤重金属 Pb、Cd 污染情况

滇东北各个地区 Pb、Cd 分布通过 ArcGIS 表明，滇东北主要采样点有汤丹、会泽、陆良、马龙地区，采集犀牛镇、矿山镇、马过河镇等地 53 个采样点。滇东北 Pb 的含量在 39～2506 mg/kg 范围内，会泽最高，Pb 含量均值达到了 1027.12 mg/kg，其中，会泽县者海镇的部分采样点 Pb 含量在 2500～5000 mg/kg 范围内，矿山镇部分采样点 Pb 含量在 1000～2500 mg/kg 范围内；汤丹地区 Pb 含量空间差异性较大，犀牛镇的大部分采样点 Pb 含量较低，汤丹金沙的采样点 Pb 含量较高，最大值达到了 1638.22 mg/kg；马龙区和陆良县的 Pb 含量较低，都未超过 250 mg/kg。

滇东北 Cd 的含量在 0.18～185 mg/kg 范围内，同样的，大部分地区 Cd 含量都较高。其中，会泽地区尤为严重，者海镇最大值达到了 185.81 mg/kg，矿山镇 Cd 含量最大值达到了 27 mg/kg。马龙区和陆良县的 Cd 含量相对较低，平均值分别为 8.13 mg/kg 和 3.37 mg/kg。

2. 滇南土壤重金属 Pb、Cd 污染情况

为了表明 Pb、Cd 在不同地区不同位点含量分布的空间差异性，滇南各个地区 Pb、

Cd 分布通过 ArcGIS 表明。滇南地区主要采样点有开远、个旧、蒙自地区，采集天黎冶炼厂、大通冶炼厂、成功冶炼厂、铟锌冶炼厂、锡城镇等 68 个采样点。滇南个旧地区 Pb 含量较高，其次是蒙自地区，开远地区 Pb 含量较低，采样点 Pb 含量都在 250 mg/kg 以内。个旧的 Pb 含量平均值达到了 1125.53 mg/kg，个旧各个采样点 Pb 含量由高到低依次为锡城镇>鸡街镇>大屯镇>沙甸镇>卡房镇。其中锡城镇的所有采样点含量都在 1000 mg/kg 以上，最大值达到了 4876 mg/kg。这与锡城镇有色金属资源丰富，土壤 Pb 高背景值有关；鸡街镇最大值达到了 4449.42 mg/kg，这与其周边冶炼厂分布较多有关。蒙自各个采样点 Pb 含量相对较低，只有芷村镇采样点 Pb 含量在 300 mg/kg 以上。

滇南 Cd 的含量在 0.03～110 mg/kg 范围内，与 Pb 含量分布相似，个旧地区 Cd 含量同样比较高，平均值达到了 27.81 mg/kg，主要集中在沙甸镇和鸡街镇，平均值分别达到了 42.33 mg/kg、37.63 mg/kg。

3. 滇东南和滇西南土壤重金属 Pb、Cd 污染情况

滇东南、滇西南各个地区 Pb、Cd 分布箱式图且通过 ArcGIS 表明，滇东南主要采样点为文山州丘北普者黑的大麦冲、老旧沟、落水洞、八道哨等 20 个采样点；滇西南主要采样点为澜沧县的竹塘乡、富邦乡等 20 个采样点，这两个区域重金属污染情况相对轻一些。滇东南所采集的采样点 Pb 含量均为 150mg/kg；滇西南竹塘乡的大部分采样点 Pb 超过限量标准，平均值达到了 482.86mg/kg。滇东南和滇西南的大部分采样点 Cd 含量超标，其中，滇西南的超标情况尤为严重。

综上所述，各地区重金属含量分布情况：滇南>滇东北>滇西南>滇东南，重金属中 Cd 的污染情况在各地区具有普遍性，Pb 的污染最为严重，可能存在生态风险。

3.4.2　土壤重金属生物有效性

重金属的有效态是指土壤中能够真正被植物所吸收的重金属。重金属的生物活性系数（bioactivity factor，BF）为有效态与总量之间的比值，表示土壤中重金属迁移能力的大小，进入生物体内并在其体内积累进而对环境构成潜在危害的能力。比值越小，表明重金属在土壤样品稳定性越高；比值越大，表明该重金属生物活性更高，在土壤-作物系统中迁移能力更高，能够在生物体内累积的概率更大，能够更准确地反映该重金属的富集能力，更全面地判断土壤重金属的污染程度。生物有效态可以用活性系数（mobility factor，MF）来描述：

$$MF = \frac{F_i}{T_i} \tag{3-8}$$

式中，F_i 为土壤重金属有效态，mg/kg；T_i 为土壤重金属全量，mg/kg。

Pb、Cd 的活性系数结果如图 3-2 所示，Pb、Cd 的活性系数大小是：Cd>Pb，说明 Cd 在土壤中具有不稳定性，更容易被作物吸收，从而通过食物链进入人体，产生危害。

其中，滇南地区的重金属 Pb、Cd 生物活性系数都较高，这可能与滇南地区的采样环境有关，滇南地区有部分样点周围分布有冶炼厂、尾矿库等，尾砂的淋滤液中会含有遗留的酸性物质。本研究中，滇南地区土壤 pH 均值为 5.98，属于酸性，使重金属更容易在土壤-作物系统中迁移，增加了被植物吸收的重金属含量。

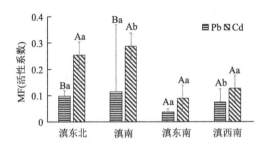

图 3-2　Pb、Cd 在不同采样点的活性系数（n=149）

不同大写字母表示不同重金属在相同研究区域的活性系数有显著差异；不同小写字母表示相同重金属在不同研究区域的重金属活性系数有显著差异（P<0.05），下同

3.4.3　土壤重金属 Pb、Cd 含量分布及有效态变化影响因素分析

为了探究土壤重金属含量和有效态的影响因素，对土壤重金属含量、有效态和理化性质之间进行了相关性分析，结果如表 3-8 所示，Pb、La、Zn、Cd 之间存在极显著正相关关系（P<0.01），这反映出了这些重金属可能有相同的来源。

有机质含量和 pH 通常被认为与重金属总量与有效态含量有关，本研究中的相关性结果可以看出，Pb、Zn、Cd 含量与土壤有机质含量呈极显著的正相关性（P<0.01）。

重金属有效态含量与土壤重金属全量的相关性显示，Pb、Cd 的重金属全量与其有效态都呈极显著正相关（P<0.01），其中，Pb 的相关性更强，相关系数为 0.870。土壤重金属全量与其有效态存在极显著的线性相关关系，由此不难看出，土壤重金属总量是影响有效态含量的重要因素，土壤重金属含量越高，其生物有效性就越高。另外，Pb 有效态与 Cd、La、Ba、Zn 全量呈极显著正相关（P<0.01），Cd 有效态与 Pb、La、Zn、Ba 全量呈极显著正相关（P<0.01），说明土壤重金属之间及与其他元素之间的复合污染可以影响其生物有效性。

重金属有效态含量与 pH 的相关性显示，Pb 和 Cd 有效态都与 pH 有负相关关系，但是相关性不明显。由重金属有效态含量和有机质的相关性结果可以看出，Pb 有效态、Cd 有效态与有机质都没有明显的相关关系，其中 Cd 的相关性最低，相关系数仅为 0.24。

重金属有效态含量与阳离子交换量（CEC）的相关性显示，Pb 有效态与 CEC 呈极显著负相关（P<0.01），Cd 有效态与 CEC 呈显著负相关（P<0.05）。CEC 的大小主要取决于土壤有机质和黏土矿物的类型与数量，由表 3-8 也可以看出，CEC 与有机质呈极显著正相关（P<0.01）。

表 3-8 农田土壤重金属元素与理化性质的相关性分析结果（n=149）

指标	有机质	含水率	pH	CEC	La	Pb	Ba	Zn	Cd	Pb 有效态	Cd 有效态
有机质	1										
含水率	0.014	1									
pH	−0.009	−0.138	1								
CEC	0.181*	0.217*	−0.024	1							
La	0.095	0.283**	0.04	0.057	1						
Pb	0.230**	0.202*	−0.051	−0.146	0.567**	1					
Ba	0.018	0.037	−0.194*	−0.178*	0.147	0.219*	1				
Zn	0.193*	0.221*	0.017	−0.239**	0.510**	0.846**	0.399**	1			
Cd	0.220*	0.093	−0.242**	−0.125	0.289**	0.383**	0.207*	0.361**	1		
Pb 有效态	0.440	0.263	−0.520	−0.293**	0.490**	0.870**	0.278**	0.802**	0.418**	1	
Cd 有效态	0.540	0.185	−0.340	−0.245**	0.451**	0.746**	0.361**	0.738**	0.585**	0.810**	1

*表示显著性水平为 0.05，**表示显著性水平为 0.01。

3.4.4 重金属全量和理化性质的主成分分析

由相关性分析结果可以看出，各因子之间具有较强的相关性，尤其是土壤重金属全量和有效态之间相关性极为显著，为了深入探索土壤重金属的影响因素，将土壤重金属 Pb、Cd 全量、有效态和土壤理化性质进行主成分分析，结果如表 3-9 所示。

表 3-9 土壤基本性质和重金属的主成分分析

	主成分 1	主成分 2	主成分 3
有机质	0.236	**0.686**	0.168
含水率	0.145	**0.716**	0.017
pH	−0.25	−0.016	**0.680**
CEC	−0.183	**0.689**	−0.162
Pb	**0.826**	0.159	0.156
Cd	**0.872**	−0.193	−0.182
Pb 有效态	**0.856**	0.073	0.154
Cd 有效态	**0.777**	−0.221	−0.071
La	**0.609**	0.223	0.349
Ba	0.008	−0.323	0.696
Zn	**0.607**	−0.151	−0.218
特征值	3.579	1.553	1.140
贡献率/%	37.539	18.114	14.362
累积贡献率/%	37.539	55.653	70.015

主成分 2 主要与土壤有机质、含水率和 CEC 有关，说明它主要反映了土壤自然因素的影响；主成分 3 上 pH 的载荷最大，说明它反映了土壤酸碱性。而 Pb 有效态、Cd 有效态与 Pb、Cd、La、Zn 共同受主成分 1 决定，该主成分与土壤理化性质是无关的，但可以与周围的工业活动联系起来，包括冶炼厂、电镀厂等，说明了研究区域土壤重金属含量的变异主要与研究区域周围的工业活动有关。

通过相关性和主成分分析可以看出，CEC、土壤有机质（SOM）和土壤 Pb、Cd 全量与 Pb 有效态、Cd 有效态有相关关系，因此，选用这三个因素对土壤重金属有效态进行估算，通过多元线性回归的方法可以得到土壤重金属 Pb 有效态、Cd 有效态与 SOM、CEC、Pb、Cd 全量的定量回归关系：

Pb 有效态=27.408– 0.069 SOM–0.778 CEC+0.033 Pb+0.530 Cd（R=0.665，P<0.01）

Cd 有效态=1.941– 0.031 SOM–0.065 CEC– 0.001 Pb+0.224 Cd（R=0.732，P<0.01）

土壤 Pb 有效态、Cd 有效态的计算值与实测值的相关关系详见图 3-3。从图 3-3 可以看出，Pb 有效态、Cd 有效态计算值与实测值有着极显著线性相关关系，其相关系数分别为 0.665、0.732。由此可以看出，土壤重金属的生物有效态很大程度受到了土壤重金属全量和有机质、阳离子交换量等土壤理化性质影响，因此，可以利用土壤重金属全量、有机质、阳离子交换量对土壤重金属有效态的含量进行预测。

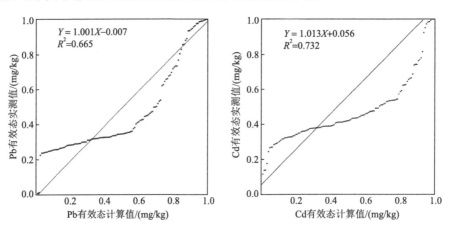

图 3-3　土壤 Pb 有效态、Cd 有效态的实测值与计算值的相关关系（n=149）

3.4.5　土壤重金属生态风险评价

本研究通过污染超标率、地质累积指数法对滇东北、滇南、滇西南、滇南四个地区 Pb、Cd 污染进行生态风险评价，并对四个地区的土壤和作物的健康风险进行评价。

1. 土壤污染超标率

土壤重金属全量与《土壤环境质量　农用地土壤污染风险管控标准（试行）》（GB 15618—2018）筛选值的比值得出滇东北、滇南、滇东南、滇西南四个地区 Pb、Cd 污染超标率。如图 3-4 所示，整个地区 Pb 污染超标率达 31.50%，Cd 污染超标率达 94.29%。其中，滇南 Pb 污染超标率最高，为 45.45%，滇西南和滇东北次之，分别为 20.00% 和 17.14%，滇东南相对较低，为 11.76%。Cd 污染情况在各个地区都较瞩目，四个地区的超标率都在 90% 以上，其中，滇东北超标率最高，达到 97.14%。

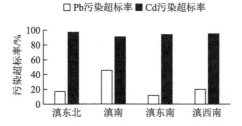

图 3-4　滇东北、滇南、滇东南、滇西南 Pb、Cd 污染超标率（n=149）

2. 地质累积指数法

地质累积指数能够较好地表征土壤各项元素的污染水平。由式（3-2）计算得到四个地区 Pb、Cd 地质累积指数（I_{geo}），结果如图 3-5 所示，Pb 和 Cd 的 I_{geo} 指数整体样品中的平均值为 Cd（0.24）>Pb（–0.04）；Cd 的 I_{geo} 指数在四个地区中位数从高到低依次为滇东南（1.38）>滇南（0.7）>滇西南（0.04）>滇东北（–0.92）；Pb 的 I_{geo} 指数在四个地区的平均值从高到低依次为滇东北（0.76）>滇东南（0.11）>滇南（–0.39）>滇西南（–0.96）。

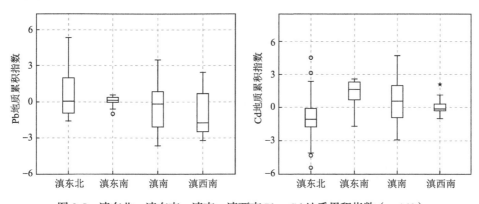

图 3-5　滇东北、滇东南、滇南、滇西南 Pb、Cd 地质累积指数（n=149）

根据 I_{geo} 分级标准进行四个地区土壤重金属 Pb、Cd 污染水平分级（图 3-6、图 3-7），结果显示，滇东北地区 Pb 污染状况最为普遍，采样点中 Pb 污染达到中等污染、中等-强污染、强污染、强-极强污染程度的比例分别占 11.43%、5.71%、11.43%、8.57%，甚至有 2.86% 的采样点达到极严重污染，主要位于滇东北会泽县矿山镇。其次为滇南地区，该地区采样点中 Pb 污染 5.45% 达到中等-强污染，7.27% 达到强污染。滇东南地区有 70.59% 的采样点 Pb 污染程度达到轻度-中等污染，其余均为无污染。滇西南地区有 70% 的采样点为无污染，轻度-中等污染、中等、中等-强污染分别占 10%。

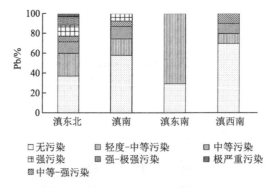

图 3-6　云南四个地区重金属 Pb 的 I_{geo} 值分级结果（$n=149$）

Cd 元素中，滇南污染状况最为普遍，该地区采样点 Cd 污染在轻度以上水平的比重达 60%，其中达到中等污染、中等-强污染、强污染、强-极强污染程度的比例分别占 12.73%、9.09%、9.09%、7.27%。滇东北、滇西南分别有 77.14%、70% 的采样点都为无污染，但滇东北采样点中 Cd 污染程度达到中等污染、中等-强污染、强污染、强-极强污染程度的比例分别占了 2.86%、5.71%、2.86%、2.86%；而滇西南有 20% 的采样点为轻度-中等污染，中等污染、中等-强污染程度各占 5%。滇东南采样点中 Cd 污染在轻度以上水平的比重达 88.24%，其中 29.41% 达到中等污染，41.18% 达到中等-强污染。

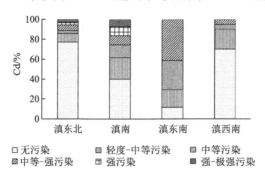

图 3-7　云南四个地区重金属 Cd 的 I_{geo} 值分级结果（$n=149$）

3.4.6　土壤健康风险评价

1. 基于土壤重金属总量的健康风险评价

由式（3-3）、式（3-4）计算得到采样区居民通过口鼻和皮肤接触等摄入灰尘重金属的日平均暴露量，结果如表 3-10 所示，从表中可以看出，滇南地区居民通过日常摄入灰尘重金属的日暴露量明显高于其他地区，存在较高的暴露风险。Pb 和 Cd 的暴露风险进行比较发现，不论是成人还是儿童，Pb 的暴露风险都远高于 Cd。

通过口鼻和皮肤接触摄入灰尘重金属的暴露量也有很大不同，通过口鼻直接摄入途径的暴露量相对较高，而且同一暴露途径下儿童所承受的重金属暴露量较成人高出很多。这是由于儿童日常用嘴接触手的频率更高，且儿童免疫力较低，胃肠道黏膜对重金属 Pb

的吸收率更高，因此通过口鼻摄入灰尘重金属更多，较成人有着更高的健康风险。

表 3-10 居民日常灰尘摄入重金属日暴露量 [单位：mg/（kg·d）]

途径	采样区	Pb		Cd	
		成人	儿童	成人	儿童
口鼻摄入	滇东北	6.96×10^{-4}	1.52×10^{-3}	1.99×10^{-5}	4.33×10^{-5}
	滇东南	1.09×10^{-4}	2.36×10^{-4}	3.53×10^{-6}	4.30×10^{-6}
	滇南	1.11×10^{-3}	2.41×10^{-3}	2.91×10^{-5}	9.67×10^{-5}
	滇西南	2.38×10^{-4}	5.18×10^{-4}	8.75×10^{-6}	1.37×10^{-5}
皮肤接触	滇东北	3.48×10^{-5}	3.79×10^{-5}	9.95×10^{-7}	1.08×10^{-6}
	滇东南	5.43×10^{-6}	5.91×10^{-6}	9.86×10^{-8}	1.07×10^{-7}
	滇南	5.53×10^{-6}	6.02×10^{-6}	2.22×10^{-6}	2.42×10^{-6}
	滇西南	1.19×10^{-5}	1.30×10^{-5}	3.14×10^{-7}	3.41×10^{-7}

由式（3-6）计算得到各个研究区域内 Pb、Cd 不同途径非致癌总风险指数，如表 3-11 所示。滇东南、滇西南大部分地区的健康风险状况较好，其健康风险均不到 0.2。Cd 元素风险值最小值为 0.0004，最大值为 1.8150，平均值为 0.1358；其最大值出现在滇东北，滇东北和滇南的风险大于滇东南和滇西南。Pb 元素风险值最小值为 0.0121，最大值为 3.8500，平均值为 0.4001。四个研究区域进行比较时，Pb 的健康风险指数大小为滇南>滇东北>滇西南>滇东南；Cd 的健康风险指数大小为：滇南>滇东北>滇西南>滇东南。

表 3-11 居民日常摄入灰尘重金属 Pb、Cd 总风险指数

地点	样本数/个	Pb			Cd		
		平均值	最小值	最大值	平均值	最小值	最大值
研究区域	127	0.4001	0.0121	3.8500	0.1358	0.0004	1.8150
滇东北	35	0.3850	0.0313	3.7800	0.1355	0.0018	1.8150
滇东南	17	0.0601	0.0266	0.0809	0.0240	0.0023	0.0441
滇南	55	0.6125	0.0266	3.8500	0.1982	0.0004	0.7100
滇西南	20	0.1317	0.0121	0.6310	0.0596	0.0248	0.2165

为了对比四个地区不同位点土壤健康风险值，在 ArcMap 上进行 Kriging 插值分析，对污染的热点区域及污染的空间分布趋势和规律进行可视化描述。Kriging 插值法是通过所建的半变异函数模型来表征空间中采样点属性值随距离的变化关系，最后在已知有限区域内对整个区域化变量的取值进行最优估计。

滇东北土壤 Pb、Cd 健康风险指数空间分布表明，滇东北的 Pb 健康风险值均值为 0.39，虽然没有大于 1，但最大值都达到了 3.78。滇东北的会泽县、汤丹镇的健康风险高

于马龙区、陆良县，其中滇东北的会泽县矿山镇区域，风险值明显高于其他地区，均值达到了 1.68，说明矿山镇土壤摄入途径中 Pb 存在较高健康风险，应加强治理；陆良县向北至马龙区的通泉镇 Pb 健康风险值逐渐增高，但两个地区的 Pb 健康风险值都远小于 1，说明土壤摄入途径中 Pb 不会对马龙区和陆良县的居民身体健康造成威胁。

滇东北会泽县的华泥村、矿山镇，马龙区的通泉镇 Cd 健康风险相对周边地区较高，但都小于 1，说明土壤摄入途径中 Cd 不会对滇东北采样点的居民身体健康造成威胁。

滇东南土壤 Pb、Cd 健康风险指数空间分布表明，从空间上看，Pb 健康风险值从曰者镇到戈寨乡由西至东逐渐增高，Cd 健康风险值八道哨乡高于其他地区，Pb、Cd 健康风险值均值都小于 0.1，说明土壤摄入途径中 Pb、Cd 不会对滇东南采样点的居民身体健康造成威胁。

滇南土壤 Pb、Cd 健康风险指数空间分布表明，从空间上看，滇南土壤 Pb 健康风险从东到南逐渐增高，个旧市鸡街镇和锡城镇形成了高风险值区域，均值都大于 1，说明土壤摄入途径中 Pb 会对个旧市鸡街镇和锡城镇采样点的居民身体健康造成威胁；滇南土壤 Cd 健康风险指数分布与 Pb 相似，沙甸镇和鸡街镇相对于周边地区较高，不过风险值都未超过 1，说明土壤摄入途径中 Cd 不会对滇南采样点的居民身体健康造成威胁。

滇西南土壤 Pb、Cd 健康风险指数空间分布发现，从空间上看，竹塘乡的 Pb、Cd 健康风险指数都明显高于其他地区，但均值都未超过 1，说明土壤摄入途径中 Pb、Cd 不会对滇西南采样点的居民身体健康造成威胁。

为了分析 Pb、Cd 两种重金属的综合健康危害，土壤 Pb、Cd 总健康风险值空间分布表明，滇南地区土壤总健康风险向西逐渐增高，个旧市鸡街镇、锡城镇、雨过铺镇风险值较高，尤其是鸡街镇的天黎、成功冶炼厂周边，均值都大于 1；滇东北地区总健康风险向北逐渐增高，会泽县地区风险值较高，尤其是矿山镇和者海镇，均值都大于 1，其中，矿山镇总健康风险指数均值达到了 2.01。说明滇南个旧市鸡街镇、锡城镇、雨过铺镇，会泽县的矿山镇、者海镇内的居民通过土壤摄入重金属，对其健康存在极大的健康风险。滇东南和滇西南土壤总健康风险均小于 1，说明滇东南和滇西南内的居民通过土壤摄入重金属对其健康未造成健康风险。

2. 基于重金属生物有效态的健康风险评价

由研究结果可以看出，各个研究区域不同采样点土壤性质和污染情况差异较大，不同位点土壤重金属的生物可利用率变化也较大，因此为了保守估计各个研究区域健康风险，一般选取该区域重金属有效态最大值进行计算。将重金属生物有效态带入进行基于生物有效态的健康风险评估，对基于土壤重金属总量的健康风险评价结果进行调整，调整前后的结果如表 3-12 所示。从表 3-12 可以看出，与基于重金属总含量的健康风险评估相比，利用重金属生物有效态进行土壤健康风险评估均较低，滇东北总健康风险与总危害商分别降低 88.21%和 81.21%，滇东南土壤的总健康风险和总危害商分别降低 72.58%和 86.69%，滇西南土壤的总健康风险和总危害商分别降低 84.37%和 60.32%，滇南土壤的总健康风险和总危害商分别降低 87.54%和 88.09%，能更真实地反映场地的健康风险。另外，调整后只有滇东北地区总危害商大于 1。因此，若仅以土壤中重金属总量作为人体健康风险评价的依据，而忽略其生物有效态，会使健康风险评价结果过高，导致土壤修复过度。另外，用生物有效态进行调整后的 HI 依然超过风险阈值的采样点，需要引起高度重视。

表 3-12 健康风险评价结果对比

地点		基于重金属全量计算	基于重金属有效态计算
滇东北	总健康风险	$1.17×10^{-2}$	$1.38×10^{-3}$
	总危害商	5.59	1.05
滇东南	总健康风险	$2.40×10^{-4}$	$6.58×10^{-5}$
	总危害商	$1.12×10^{-1}$	$1.49×10^{-2}$
滇南	总健康风险	$1.14×10^{-2}$	$1.42×10^{-3}$
	总危害商	3.89	$4.63×10^{-1}$
滇西南	总健康风险	$1.90×10^{-3}$	$2.97×10^{-4}$
	总危害商	$7.41×10^{-1}$	$2.94×10^{-1}$

3. 居民日常摄入食物重金属健康风险评价

由式（3-5）计算得到滇东北、滇东南、滇南、滇西南四个地区居民日常饮食（蔬菜和粮食）摄入重金属的日平均暴露量，将研究人群分为成人和儿童两类人群。由式（3-6）计算得到的 Pb、Cd 的 HQ，如表 3-13 所示。从表 3-13 可以看出儿童相对成人的健康风险要高；Cd 的污染程度大于 Pb。四个地区中，儿童 Cd 健康风险值均大于 2，这说明滇东北、滇东南、滇南、滇西南四个地区儿童通过饮食摄入重金属 Cd 对其健康存在巨大的潜在风险，其中滇南地区最高，达到 3.76；虽然四个地区成人 Cd 健康风险值都未大于 1，但滇南地区健康风险值大于 0.9，特别是滇南的个旧市，成人 Cd 健康风险值最大达到 3.17，均值达到 2.11。滇南地区尤其是个旧市，Cd 健康风险令人担忧，必须引起足够重视。滇东北、滇南、滇西南各地儿童 Pb 健康风险值均大于 1，儿童通过饮食摄入重金属 Pb 对其健康存在潜在风险。四个地区中，成人 Pb 健康风险值均小于 1，不会对成人健康产生危害，但 Pb 在土壤中的含量并不低，这表明 Pb 可能难以为作物吸收利用。

表 3-13 研究区居民日常饮食摄入 Pb、Cd 健康风险值

地点	Pb		Cd	
	HQ（成人）	HQ（儿童）	HQ（成人）	HQ（儿童）
滇东北	0.68±0.2	1.6±0.9	0.78±0.38	3.44±1.1
滇东南	0.49±0.09	0.95±0.6	0.56±0.15	2.42±0.5
滇南	0.67±0.13	1.45±0.7	0.92±0.5	3.76±2.4
滇西南	0.65±0.13	1.45±0.8	0.64±0.25	2.88±1.6

3.4.7 云南典型区域农田重金属污染情况

各研究区域土壤重金属污染情况：滇南>滇东北>滇西南>滇东南，Cd 的污染情况在各地区具有普遍性，Pb 的污染最为严重，Pb 在滇东北的会泽县矿山镇、滇南个旧市锡城镇浓度较高，滇东北和滇南大部分地区的 Cd 含量均超过土壤限量标准，其中，会泽县者海镇、矿山镇和个旧市的沙甸镇、鸡街镇尤为严重。

地质累积指数法结果显示，滇东北地区 Pb 污染状况最为普遍，有 2.86%的采样点达到极严重污染。Cd 元素中，滇南污染状况最为普遍，达到强-极强污染程度的比例占 7.27%。

土壤健康风险评价中，滇东北的会泽矿山镇区域，风险值明显高于其他地区。滇南的锡城镇和天黎冶炼厂为中心，形成了两个高风险区域。说明滇东北的会泽县的矿山镇和个旧市受到较强的 Pb 污染，应加强治理。Pb 和 Cd 的暴露风险进行比较发现，不论是成人还是儿童，Pb 的暴露风险都远高于 Cd。

用生物有效态结果调整后土壤重金属对人群的健康风险大幅降低，评估结果能更真实地反映研究区域健康风险，防止土壤修复过度。但用生物有效态进行调整后仍有部分采样点（滇东北会泽地区）的 HI 超过风险阈值，需要引起特别关注。

3.5 云南农田土壤重金属污染防治措施

云南省是一个农业大省，农业的发展与云南经济发展息息相关。土壤的重金属污染不仅降低经济收入，同时对人类健康产生极大的威胁。因此，重金属污染的防治迫在眉睫，必须从源头控制、因地种植、科学修复三个方面深入考虑，全面治理。

3.5.1 源头控制

源头控制必须从施肥措施和灌溉方式两方面实施。

（1）施肥措施。为增加作物产量，化肥和农药的使用是较为有效的途径之一。选用国家允许的优质农药和化肥，要求高效、低毒、低重金属含量和低残留。严格按照施用要求，对施用时间、次数、数量进行规范化控制，确保农药安全使用，使效果达到最佳；科学地施用有机肥，对有机肥进行堆肥处理，高温杀死有害微生物，施于农田，增产减污；推广施用绿肥，连年翻压绿肥可疏松土壤，增强土壤团聚结构的稳定性，使土壤环境更适合土壤动物和微生物生活。土壤动物和微生物的数量、种类增多，提高土壤中脲酶、过氧化氢酶（catalase，CAT）和酸性磷酸酶活性；农田中施用石灰石等土壤调理剂，云南以红壤为主，偏酸性，含有大量的 Al^{3+} 和 Fe^{3+}，重金属污染后酸性增强，不利于许多生物生长发育。施用石灰石，石灰石是强碱弱酸盐，呈碱性，可以降低土壤酸度，有效缓解 Al 和其他重金属毒害，补充 Ca、Mg 营养元素，改善土壤结构，提高土壤的生物活性和养分循环能力，提高作物产量和品质。

（2）灌溉方式。云南省大多农田、大棚等采用传统"大肥、大水"串灌、漫灌模式，且使用的灌溉水为工业污水、城镇生活污水、养殖污水，导致污染物在土壤中大量积累。采用地下水、处理达标水，改装先进的灌溉设备如滴灌、喷灌，节水且切断污染物流入农田。

3.5.2　因地种植

根据《土壤环境监测技术规范》（HJ/T 166—2004），对云南省各地区土壤重金属污染状况进行监测和统计，把不同程度的重金属污染的土壤进行区域划分。根据不同重金属在不同植物体富集程度的差异和不同重金属在同一植物体不同部位富集的差异对重金属污染土壤因地制宜，筛选出受其迫害最小的作物种植。对重金属污染严重的土壤，禁止农作物的种植，种植超量积累植物，如小蜡叶片对 Pb 和 Cr 的富集能力极强、蜈蚣草可富集大量 Sn 等。植物富集减少土壤中重金属的含量，并对植物冶金，可实现重金属的回收利用。对重金属污染较为严重的土壤，种植经济作物和能源作物，避免重金属通过食物对人体健康造成危害，且增加经济收入，如种植棉花、空麻等能源作物和观赏性花卉。或者选择对土壤重金属吸附能力弱的作物进行种植，如 Cd 污染严重地区，选择种植低 Cd 积累作物如油菜、花生和甘蔗等。轻度污染地区，根据重金属的污染类型，筛选最佳的种植作物，尽量避免重金属在食用部位的积累，如 Cd 在小白菜中含量是根>地上部分、Cr 在作物中的含量大小是根>茎叶>籽粒 、Pb 在水稻根部集中 90%～98%含量。同时，采取相应措施，使重金属在作物中的富集降至最低。例如，淹水处理可降低稻米 Cd 含量，与常规水分处理相比，淹水条件下稻米 Cd 含量下降 3.6%～26.3%。对于健康土壤，科学施肥、合理规划，高效种植食用作物如小麦、水稻、蔬菜等。

3.5.3　科学修复

重金属对土壤污染面积大、周期长，对土壤的修复应该科学、有效，严禁带入新的污染源进入土壤。因此，对重金属严重超标土壤采用客土或翻土降低土壤中的重金属浓度，修复模式以生物修复和生态修复为主。生物修复是利用动物、植物和微生物来吸收分解重金属，从而慢慢降低在土壤中的含量。种植超累积植物，使重金属从土壤中迁移；土壤动物（如蛆类、蚯蚓等）、土壤微生物吸收、降解和转移重金属，减少土壤中的重金属含量。生态修复是通过科学手段，减少重金属在土壤的含量，降低对生物的危害，增加农田生态系统的抵抗力和稳定性。土壤中加土壤改良剂，降低重金属元素在土壤中的活性和生物有效性，从而阻断重金属元素在生物链系统的传递和危害；土壤中加入生物炭，其具较大表面积和表面官能团等可固定重金属，减少重金属在生物体的富集、改良土壤性质、提高土壤肥力。有的土壤含有易挥发的 Hg、As 等重金属物质，经高温处理后，使其变为气态挥发，降低土壤中有害重金属物质的比重。

第4章 重金属污染对蚯蚓行为的影响及其生态毒理作用

有关蚯蚓对于重金属的响应及富集的研究已经很多，但在重金属作用下蚯蚓行为及其行为对土壤生态系统产生影响的研究少见报道。以镉为污染物，研究镉污染下蚯蚓的行为变化及生理响应，探究蚯蚓生理响应对土壤微生物的群落结构及多样性的影响，进而影响或制约物质分解与转化，为土壤生态系统的重金属污染修复提供理论依据。

4.1 重金属胁迫下蚯蚓对凋落物分解的研究进展

重金属污染下蚯蚓行为、生理与生长等均受到不同程度的影响，土壤微生物的群落结构也会随着重金属污染的增加而受到显著抑制，如镉污染下真菌群落释放的外源酶含量降低。研究表明，重金属污染可直接或间接对凋落物分解速率产生影响。重金属污染加重时，凋落物分解速率降低，营养物质无法快速进入土壤，生态系统的物质循环受到抑制，污染过重时，可能会导致土壤生态系统失衡甚至退化。

4.1.1 林地凋落物分解研究

凋落物分解是森林生态系统中物质循环和能量流动的重要组成部分。凋落物分解过程可将净初级生产量半数的氮归还土壤，落叶中的氮、磷、水溶性有机质、营养物质等均随分解过程进入土壤中，改善土壤营养状况。地表凋落物是重要的碳汇，占森林生态系统碳通量的70%。凋落物分解的速率制约着全球碳平衡，并在调节气候方面有重要意义。基于此，凋落物分解相关研究被越来越多的学者所关注。

凋落物分解的研究可追溯到20世纪30年代，凋落物可分解性与凋落物物化性质相关机理的研究最早被提出，并证实土壤中氮含量会随落叶的分解出现绝对累积。通过对北美不同树种凋落物调查发现凋落物分解速率与 C/N 存在显著的相关性（Melin and Elias，1930），后来 C/N 逐渐成为评价凋落物可分解性的关键指标。后续的研究大都集中在不同环境因素下凋落物种类分解速率；土壤营养元素与凋落物分解的相互关系；土壤中大型动物及微生物在凋落物分解中的重要作用（Pablo et al.，2013），土壤动物及微生物在凋落物分解中的具体机制的探索少见报道。

1990 年，随着"全球变暖""温室气体""温室效应"等词汇进入人们视野，加之

凋落物分解在释放 CO_2 上的作用被人们所熟知，凋落物的分解进程引起相关学者的强烈关注。凋落物分解的进程更加具体，研究认为，植物凋落物的分解可分为至少两个阶段（Berg and Mcclaugherty，2013）：分解的早期阶段质量损失约为 0%～40%，其特征为可溶性化合物的浸出（氮、磷、有机质等）与非木质化纤维素半纤维素的分解；晚期阶段质量损失约为 40%～100%，具体表现为木质素的降解。此外，凋落物分解的功能也进一步被揭示，通过检测陆地生态系统的凋落物中微生物群落和土壤理化性质可评估该生态系统在气候变化中的脆弱性；凋落物分解可影响大气中温室气体含量并进一步影响气候，而控制分解的变量——温度、湿度、土壤动物、微生物等又受气候条件的制约；随着对凋落物分解的进一步研究，在全球范围内对凋落物的分解速率与气候因素、生物因素、地理因素等相关关系进行量化及标准化成为当前研究的主要方向。

随着科学技术飞速发展引领着城市现代化与工业生产的迅猛发展，大量的矿产被开发与冶炼以满足人们的生活需要，大量的污染如重金属等也随之进入环境，林地生态系统不可避免地受到重金属的影响。重金属污染下，林地生态系统中土壤动物及微生物等的生理及行为都产生了影响，凋落物分解速率也随之改变。但重金属污染等极端环境下，凋落物分解的相关研究较少。

4.1.2　蚯蚓在凋落物分解中的作用

凋落物分解过程中的主要参与者包括土壤动物、土壤微生物与土壤酶类，其中土壤大型动物在凋落物分解中的作用不可忽视。其运动和掘穴行为能改善土壤环境，增加土壤通透性；排泄和分泌行为能促进微生物繁殖及活性；取食行为能促使凋落物破碎化，进而增加微生物与凋落物的接触面积。有关土壤动物在凋落物分解中作用的研究始于1960 年，凋落物分解过程中土壤动物的作用及机理最先被人们所重视。土壤动物在凋落物分解的作用得到量化，对热带凋落物分解的贡献率高达 66%，腐熟与半腐熟凋落物中土壤动物的贡献率分别为 50% 与 6%（Wachendorf et al.，1997）。大型土壤动物可将热带森林草原凋落物分解率提高 16.9%，对针叶林释氮效率提升 33.2%。

1. 蚯蚓对凋落物分解进程影响研究

作为土壤生物群落中的主要分解者，蚯蚓在数量与生物量方面均远远领先其他节肢动物。有学者分析了微生物分解过程中蚯蚓与节肢动物的相互作用后发现，蚯蚓可促使节肢动物丰度及数量显著增加（Araujo et al.，2004）。蚯蚓是凋落物分解及营养输移过程中的主要决定因素，也是热带地区土壤肥力判断的主要因子。蚯蚓在凋落物分解中的作用一直被相关学者所重视。最早的相关研究主要集中在蚯蚓对不同凋落物的分解速率的影响上。蚯蚓可通过掘穴行为将非消化类型的凋落物拖至洞中，并在土壤中形成适合微生物生长的环境，提升微生物对凋落物的分解速率。通过观察内栖类蚯蚓 *Aporrectodea turgida* 对三种植被凋落物（落叶、芦苇、大豆茎秆）分解过程，发现蚯蚓使土壤中硝态氮、可矿化氮、微生物量氮显著升高（Maria et al.，2014）。在热带及亚热带红壤地区，土壤固有肥力较低，蚯蚓在环境管理中应用潜力较大（Hu and He，2000）。林地凋落物堆积一方面可引发城市固体废弃物的大量堆积，集中燃烧则会导致有机物及营养物质的大量流失，甚至会造成二次污染；另一方面，山地凋落物堆积是引发森林大火的主要因素，对森林生态系统产生不可逆转的危害。因此为解决凋落物的大量堆积，蚯蚓在凋落物分解中的重要作用被专家们所重视，蚯蚓堆肥技术也应运而生。蚯蚓通过粉碎有机物来扩大有机颗粒与微生物的接触面积，间接促进微生物繁殖（Aira et al.，2007）；有机质经蚯蚓吞食后，排出粪便中富含利于微生物生存的活性物质，进一步加快有机质降解速率（Edwards，1998）。

2. 蚯蚓在不同土壤介质中行为研究

蚯蚓在凋落物分解进程中的作用不容忽视，随着研究的深入，蚯蚓分泌、取食、掘穴、排泄等行为及其引发的生态效应越来越引起相关学者的重视。蚯蚓作为土壤工程师，由掘穴行为产生的洞穴结构是土壤结构改善的重要因素。蚯蚓可通过增加孔隙度（Van Schaik et al.，2014）与体积密度来影响土壤结构，从而进一步影响土壤功能和生态系统功能，如养分循环、初级生产量、可利用土壤有机质含量、水分渗透及饱水能力等（Crittenden et al.，2014）。为了理解土壤结构与蚯蚓之间的关系，由生物扰动所产生的洞穴结构一直被大家所关注，但是忽略了蚯蚓洞穴形成原因（Le Couteulx et al.，2015）。自然界中蚯蚓洞穴的形成往往受各种参数制约，如凋落物的位置、种类、水分、温度。凋落物作为蚯蚓的食物来源直接影响蚯蚓的觅食行为，从而对洞穴结构产生影响。蚯蚓在洞穴中的行为会促使表层凋落物向土壤深层累积，并加速其与土壤混匀，形成大颗粒团聚体，促进了有机质的存储与矿化；蚯蚓洞穴中大量的微生物又可促进有机质的分解与碳排放。

蚯蚓的掘穴、取食与运动等行为对凋落物分解产生的影响一直难以被量化。主要存在以下问题：蚯蚓洞穴结构及其洞穴中的行为难以统计。尽管蚯蚓掘穴行为的研究已经有很多，但蚯蚓的生物扰动特性尚待探究。以往对于蚯蚓洞穴网络的评估往往因为洞穴的不透明而面临挑战（Bastardie et al.，2005）。一些学者采用 X 射线断层扫描来探究洞穴结构（Jégou et al.，1997），但不能阐述洞穴的形成过程；为了弥补以上不足，采用圆柱体横截面上洞穴结构数据来分析和预测洞穴结构，但预测模型中参数的获取较为复杂，剖面中洞穴结构、洞穴面积百分比、有机质含量及位置、洞穴深度等都要求十分准确，数据难以获取，且在操作过程中受人为因素干扰较重。为了解决上述问题，2D 玻璃装置被应用于土壤蚯蚓行为的研究，虽然 2D 装置抑制了蚯蚓的横向运动，但该装置可快速便捷地观察蚯蚓的掘穴过程、洞穴结构，以及洞穴内的运动状况（Felten and Emmerling，2009）。因此，2D 装置在蚯蚓行为观察上的便利性被学者们所重视，通过设计 2D 玻璃装置对蚯蚓在吡虫啉污染土壤中的行为进行观测与分析，探究不同浓度吡虫啉对蚯蚓掘穴行为及运动的影响。通过对两种不同生活习性蚯蚓在吡虫啉土壤中的掘穴行为进行分析，蚯蚓的掘穴行为近乎停止，受抑制较为明显（Capowiez et al.，2009）。用 2D 装置对蚯蚓的掘穴行为进行分析，并指出行为是在进行蚯蚓相关研究中有潜力的生物指标。借助 2D 装置分析不同浓度 Hg^{2+} 土壤下赤子爱胜蚓掘穴总长度与最大掘穴深度发现蚯蚓的行为受到显著的抑制（Tang et al.，2016）。

4.1.3　微生物在凋落物分解中的作用

凋落物分解是生态系统物质循环及能量传递中的重要一环，其速率受无脊椎动物和微生物活动的影响。植物凋落物经生物分解后向土壤中释放养分的过程在全球碳循环及养分循环中都起着重要的作用（Talbot and Treseder，2011）。真菌和细菌可以将叶片中有机质碳转化为微生物物质，使无脊椎动物适口性增加，进食量增大。微生物的分布与活动同时受到空间和时间的影响，凋落物种类、质量、温度、湿度、pH 等都会对凋落物分解产生影响。营养丰富的地域，土壤动物及微生物活性较高，凋落物的分解速率往往更快。快速分解的凋落物往往伴随着快速增殖与高新陈代谢的微生物群落，在该地区营养物质往往较高（Fontaine et al.，2003）。根据"生长速率假说"，快速增殖的微生物群落中往往具备较高的磷元素，高频率的细胞分裂往往需要大量的富含磷元素的 RNA，因此，N、P 也是限制凋落物分解的因素之一。

许多研究表明，真菌能够分泌催化大分子物质如纤维素、半纤维素、木质素转化的酶，在凋落物分解过程中发挥十分重要的作用（Kuramae et al.，2013）。真菌率先在某一地区提前聚集并繁衍的现象被称为优先效应，它能影响后来定居菌群的成功率以及落叶层的分解速率（Cline and Zak，2015）。对橡树叶凋落物分解过程中真菌多样性分析发现，真菌群落变化与凋落物质量损失密切相关。真菌多样性在分解初期最低，4～8 个月达到峰值，后趋于稳定（Voriskova et al.，2013）。

细菌在凋落物分解中的作用争论较为激烈，一些学者认为细菌可以通过提供必需微量元素及电子来促进真菌降解，对凋落物分解过程必不可少（Frey-Klett et al.，2010）。另一些学者认为，细菌的繁衍只是受益于真菌释放外源酶降解凋落物所形成的易吸收物质，并未参与凋落物分解过程（Anna et al.，2006）。随着分子技术的成熟，主流学者发现凋落物分解进程中细菌和真菌的存在相互作用，能产生外源酶分解木质素与纤维素的真菌可能是真菌与细菌共生网络中的重要组成部分（Hoppe et al.，2016）。然而，真菌与细菌在凋落物分解中发生了何种相互作用，尚未见报道。

4.1.4　镉污染对凋落物分解过程的影响

镉污染是毒性最强的金属之一，且具备迁移能力强，毒性强，污染面积大等特征。镉元素应用于电镀、化工、电子、核工业等各个领域，通过废水、废气、固体废物，以及污水的排放、含镉农药化肥的使用等各个途径进入生态系统，大面积土地被污染。在土壤中镉污染容易被植物吸收并通过食物链在生态系统中累积，甚至威胁人的身体健康。目前镉污染是一个全球性的问题，西欧地区 140 万个监测点发现镉污染；美国 60 万 hm^2 的土地遭受污染；新西兰牧场土壤镉含量超过了背景值（Reiser et al.，2014）。中国环境保护委员会发布数据显示镉污染超标率达 7%，为所有无机污染物之首。因此，镉污染土壤的修复已经成为全球学者研究的焦点。

随着工业水平的提高，矿产资源的开采不断加剧，矿产资源中丰富的镉元素也通过燃料燃烧、有色金属冶炼、钢铁生产、生物质燃烧、垃圾燃烧等各种途径进入矿区周边的森林生态系统中。随着城市化进程的不断加速，城市林地生态系统也经过汽车尾气、工业废气、城市污水等各种渠道接触重金属。重金属污染会通过影响土壤动物与微生物种群来影响林地生态系统中凋落物分解。

1. 镉污染胁迫下蚯蚓在凋落物分解中的作用

作为土壤中最大的无脊椎动物，蚯蚓不可避免地受到了镉污染的影响，有关蚯蚓在重金属土壤中的研究比较多，包括适应、趋避、修复、监测等诸多方面。蚯蚓对重金属有一定的耐污染能力且富集重金属，其对重金属的富集主要是通过被动扩散作用和摄食作用两种途径，有些蚯蚓种类能存活于重金属污染土壤（包括一些金属矿区），并能在体内富集一定量的重金属而不受伤害或伤害较轻。镉污染还可以影响土壤中无脊椎动物的群落结构与行为。一些无脊椎动物（如蚯蚓）对土壤中镉污染高度敏感，这种污染往往导致土壤中群落多样性降低，并由少数耐受种主导（Hogsden and Harding，2013）。镉污染不但可以降低植物的初级生产力，而且会污染凋落物，增加土壤动物的死亡率，影响蚯蚓对凋落物的消耗（Campos et al.，2014）。在森林生态系统中，镉污染对于土壤无脊椎动物、真菌、细菌的影响及后者对于重金属的适应往往同时发生，蚯蚓等无脊椎动物对凋落物分解的影响往往难以量化。尽管如此，在重金属污染的生态系统中，凋落物分解所受抑制的主要因素是食腐动物活性的降低，而非微生物群落的变化。

2. 镉污染胁迫下微生物在凋落物分解中的作用

微生物是林地生态系统物质分解的关键，土壤中重金属可使微生物的种类和数量显著下降。通过控制试验模拟研究了不同 Cd 浓度下土壤微生物的生物量，发现微生物生物量在 Cd 浓度超过 30μg/g 时显著下降。同时重金属削弱了微生物介导的生态过程-凋落物分解。凋落物分解速率的降低可能会导致土壤营养元素循环减慢、土壤肥力降低、生态系统初级生产力下降，甚至会造成林地生态系统的退化。细菌长时间暴露于重金属，其繁殖和生长等生命活动会受到显著抑制。部分微生物（如水生丝孢菌）可产生重金属结合蛋白，并耐受一定程度的重金属污染。重金属可影响污染环境中微生物的群落结构，不同的真菌群落具有不同的降解能力（Danger and Chauvet，2013），因此镉污染引起的群落结构减少，可导致该生态系统中凋落物分解速率降低。

4.2　镉胁迫蚯蚓介导凋落物分解的研究设计

遴选 CdCl$_2$、赤子爱胜蚓、杨树叶等，探究镉污染对蚯蚓急性毒性、行为、生理的影响，设计蚯蚓的急性毒性研究、镉污染下蚯蚓行为及其生理响应、镉污染下蚯蚓行为对凋落物分解及土壤营养元素输移的影响三个研究方案，进一步探讨林地生态系统中基于蚯蚓行为介导的凋落物分解速率与营养物质循环过程。

4.2.1　研究材料

重金属：$CdCl_2$（天津市风船化学试剂科技有限公司；含量：99.0%）。

蚯蚓：赤子爱胜蚓属于寡毛纲后孔寡毛目正蚓科爱胜蚓属。对外源污染物具有广泛敏感反应。实验前选择大小一致、性成熟的蚯蚓置于供试土壤驯化一周，购于云南圣比科技有限公司。

凋落物：杨树叶。

2D 装置：由两个 30cm×42cm（$l×h$）间隔 3mm，周围密封上端开口，详见图 4-1。

3D 装置：圆柱状 PVC 管（d=19.2cm，h=17cm），上端开口，详见图 4-2。

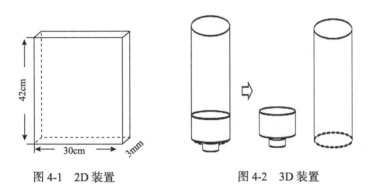

图 4-1　2D 装置　　　　　图 4-2　3D 装置

土壤：在云南大学呈贡校区选取无人为干扰及污染的地块，采集土壤，风干后过 2mm 筛。测定土壤全氮、总磷、有机质含量分别为 155.40mg/kg、317.50mg/kg、8.77g/kg。摊成薄层与重金属混匀后，调节绝对含水率到 50%。

4.2.2　样品的处理

1. 土壤样品的处理

同一处理 6 个装置中随机选取 3 个装置打环刀测量土壤孔隙度、容重。剩余 3 个装置将 0～5cm 土层内土壤混匀后取样，−20℃低温保存，测定微生物多样性；每个装置分成 0～5cm、5～10cm、10～15cm 三层取样，取出部分鲜土保存于−20℃冰箱内；其他土样自然风干后分别过 2mm、1mm、0.25mm 筛，分装在自封袋内并编号。鲜土用于土壤铵态氮与硝态氮的测定，2mm 的土样用于测定 pH、速效磷；1mm 的土样用于测定碱解氮；0.25mm 的土样用于测定土壤总磷、全氮、有机质。

2. 凋落物的处理

采集的凋落物均来自杨树林中半腐化的落叶，落叶接近土壤表层且腐烂发臭、富含土壤动物和微生物。采集回的落叶置于烘箱内 60℃烘 24h，以排除凋落物中节肢动物、无脊椎动物与微生物的干扰。烘干后，切成 $2cm^2$ 的小块，置于装置表层。

取样时，用毛刷清扫落叶于玻璃盒中，60℃烘干至恒重，与土壤分离后测定凋落物重量；并取凋落物于磷酸缓冲液中，磨成匀浆，离心，取上清液，测定木质素含量。

3. 蚯蚓的处理

选择 0.3～0.5g 健康且具环带的蚯蚓，洗净后，置于培养箱内清肠 12h 后，置于试验装置中进行实验。

进行 3D 装置实验取样时，打开底盖由下而上进行破坏性取样，将土壤分层取出后摊成薄层，手检法统计每层蚯蚓数量。

4.2.3　实验方法

1. 蚯蚓的急性毒性研究

将直径为 9cm 的培养皿洗净烘干，放入同样直径的滤纸一张，备用。取 0.3～0.5g 的蚯蚓若干，置于人工气候箱中（温度 17±1℃、湿度 75%）清肠 3h，洗净后用吸水纸擦干，每个培养皿放入 1 条蚯蚓。将 $CdCl_2$ 溶液加入培养皿中使滤纸刚好湿润（浓度分别为 Cd^{2+}: 0 $\mu g/cm^2$、1.57 $\mu g/cm^2$、3.14 $\mu g/cm^2$、4.71 $\mu g/cm^2$、6.29 $\mu g/cm^2$、7.86 $\mu g/cm^2$、9.43$\mu g/cm^2$），每个处理 15 个重复。每隔 12h 统计蚯蚓存活数，根据《化学品 蚯蚓急性毒性试验》（GB/T 21809—2008）规定，以蚯蚓前尾部对轻微机械刺激没有反应为死亡判断标准。上层敷保鲜膜（若干小孔，通气）以免蚯蚓逃脱，得出 Cd^{2+} 浓度与暴露时间和存活数之间的相关性，建立回归方程，并计算出半致死浓度（LC_{50}）、亚致死浓度（LC_{10}）。

2. 镉污染下蚯蚓行为及其生理响应

将土壤摊开成均匀薄层，喷施 $CdCl_2$ 溶液，以确保土壤中 Cd^{2+} 的均质性。使土壤中镉浓度：0 mg/kg、15 mg/kg、30 mg/kg、45mg/kg。将配置好的土壤（5%腐殖土）倒入有机 2D 玻璃装置中，调节土壤水分为 50%，使得装置中土壤密度恰好为 1.25g/cm³。选择健康且具环带的蚯蚓置于该装置中，每个装置 1 条蚯蚓，每个处理设 6 个重复。将装置置于黑暗且温度为 17±1℃的培养箱（湿度 75%）中。每隔 12h 用透明纸描绘洞穴结构，持续 8d。观察并计算：蚯蚓洞穴结构、总长度、日增加长度与每日最低深度。

土壤配置过程和重金属浓度与上述方法一致，将配置好的土壤置入 500mL 烧杯中（每装置 625g 土壤，土壤密度 1.25g/cm³），每个装置 10 条蚯蚓（健康且具环带），每个处理 6 个重复。将该玻璃装置置于黑暗且温度为 17±1℃的培养箱（湿度 75%）中。分别在第 7d、14d 测量蚯蚓 SOD、NADH 脱氢酶、乳酸脱氢酶（LDH）。

3. 镉污染下蚯蚓行为对凋落物分解及土壤营养元素输移的影响

将调节好水分（绝对含水率 50%）的土壤（无腐殖土，$CdCl_2$ 浓度与上述过程一致）置于 3D 装置中，每个装置放 5kg 土壤，选择健康且具环带的蚯蚓（0.3～0.5g），设置蚯蚓密度为 10 条/桶与 20 条/桶。在土壤表层覆盖 8g 杨树叶（2cm² 的小块）。室温放置，定期加水以保持土壤水分。装置上端用纱网封口，防止蚯蚓逃逸及外来动物干扰。处理 60d 后测定表层凋落物剩余重量、木质素含量；土壤总磷、全氮、有机质、碱解氮、铵态氮、硝态氮、速效磷；蚯蚓分层情况。

4. 测定指标与方法

1）蚯蚓洞穴结构的测定

用 CorelDraw 将图片转化为矢量图，后用 CAD 计算总长度。

2）蚯蚓酶类的测定

蚯蚓粗酶液制取：用自来水冲洗干净蚯蚓体表，再用蒸馏水冲洗 3 次，用吸水纸吸净蚯蚓体表水分，称重，放置于预冷研钵中，按质量：体积为 1∶9 的加入生理盐水，并加入少量石英砂冰浴充分研磨匀浆，4℃，11000r/min 离心 10min，提取上清液置于 4℃ 冷藏备用。

超氧化物歧化酶（SOD）、乳酸脱氢酶（LDH）、NADH 脱氢酶：采用生物试剂盒的方法，具体方法参考试剂盒说明书。

3）凋落物的测定

凋落物重量损失：重量法（手检法收集后，烘干至恒重后测定）。

凋落物分解速率=损失量/（初始量×时间）[g/（g·a）]。

木质素：试剂盒法，详情参考试剂盒说明书。

4）土壤理化性质及元素含量的测定方法

土壤 pH、孔隙度、碱解氮、有机质、速效磷、TP、TN 的测定方法同第 2 章表 2-7，土壤电导率、容重、铵态氮分别采用《土壤 电导率的测定 电极法》（HJ 802—2016）、环刀法和靛酚蓝比色法测定。

4.2.4　数据的处理

研究数据以 Excel、SPSS 进行分析，所有数据均满足正态分布和齐次性要求。其中，平均值以 Mean ± SD 表示，采用皮尔逊相关性分析并进行双尾检验、单双因素方差（ANOVA）分析和 Duncan 检验法进行统计分析。

4.3　镉胁迫蚯蚓介导凋落物分解研究

以土壤大型动物蚯蚓的行为为切入点，阐述 0mg/kg、15mg/kg、30mg/kg、45 mg/kg 四种浓度对凋落物分解的影响，以期为正确认识土壤重金属污染的生态后果提供证据。结果表明：

（1）急性毒性试验表明，Cd^{2+} 对蚯蚓有致毒致死效应，蚯蚓的半致死浓度（24h-LC_{50}）值为 207.71 mg/L，亚致死浓度（24h-LC_{10}）为 107.58 mg/L，48h-LC_{50} 为 181.32 mg/L，

48h-LC$_{10}$为 64.97 mg/L。Cd^{2+}对蚯蚓有较强的毒害作用，根据《毒性物质的毒性等级和危险等级》，表现为中毒毒性，且毒性随暴露时间的延长而加大。

（2）蚯蚓行为及生理响应试验表明，镉污染对蚯蚓运动模式有显著影响，从蚯蚓洞穴结构发现，随着 Cd^{2+}浓度的增加，蚯蚓洞穴最大深度和总长度显著下降，与对照相比，最大浓度处分别下降了 65.27%和 49.36%；且进一步研究发现蚯蚓对 Cd^{2+}污染的生理响应也比较显著，蚯蚓 NADH 脱氢酶在暴露 14d 后随着 Cd^{2+}浓度的增加不断增加，而蚯蚓 SOD 活性表现出低浓度促进高浓度抑制的趋势，这些不利的响应最终导致蚯蚓生物量（鲜重）在该条件下不断下降。

（3）凋落物分解试验探讨了 CdCl$_2$浓度（0 mg/kg、15 mg/kg、30 mg/kg、45 mg/kg）和蚯蚓密度（10 条/桶和高：20 条/桶）对土壤理化性质、土壤微生物群落结构及凋落物分解的影响。结果表明：处理第 60d，无 CdCl$_2$处理中凋落物在低蚯蚓密度和高蚯蚓密度环境下，重量分别损失了 41.75%、50.88%，在有 CdCl$_2$处理中，随着处理浓度的增加凋落物分解的速度不断下降，与对照相比，45mg/kg CdCl$_2$浓度处理的凋落物分解速率在低蚯蚓密度和高蚯蚓密度处理中分别下降了 36.59%和 49.38%；同时凋落物中木质素含量随 Cd^{2+}浓度的增加而升高，低密度与高密度蚯蚓作用下，最高处理浓度比空白对照（无蚯蚓处理）分别高 34.27%和 51.65%。此外，蚯蚓密度对凋落物分解过程也有显著影响，随着蚯蚓密度的增加，凋落物分解速率增加，木质素含量逐渐降低。木质素变化与真菌群落多样性间关系更为密切，但凋落物重量损失主要受蚯蚓影响，而非微生物群落。蚯蚓存在时土壤中真菌香农-维纳多样性指数较空白对照增加 47.42%，镉污染作用下显著降低 31.70%。真菌多样性指数变化与凋落物分解速率变化规律一致。木质素的降解可能与子囊菌门（Ascomycota）真菌数量增加有关。

（4）蚯蚓行为的变化及凋落物分解速率的变化进一步导致土壤理化性质的变化，对土壤容重和土壤孔隙度来说，空白对照土壤容重最大，而有 CdCl$_2$的处理中，土壤容重相对较低。相反，土壤孔隙度则在有 CdCl$_2$处理中相较空白对照低，并且在最高浓度达到显著水平。就土壤理化性质而言，由于杨树叶片和蚯蚓主要分布在土壤表层，故土壤理化性质的改变以表层最为明显，基本上，随着 CdCl$_2$浓度的增加，土壤 pH、全氮、碱解氮、总磷、速效磷与有机质含量不断下降，而氨氮含量则相反，随着 CdCl$_2$处理浓度的增加而增加。

4.3.1 镉污染下蚯蚓的急性毒性研究

蚯蚓刚接触镉溶液时活性较高，四处窜动。当镉浓度为 200～300mg/L 时，蚯蚓渗出黄色黏液，环带明显肿大，对刺激较为敏感。随着暴露时间延长少数蚯蚓出现死亡，死亡个体环带破裂，渗出黄色黏液，体表呈现颗粒状凸起；且腥臭味较浓，存在蚯蚓断裂现象。存活蚯蚓通过身体蜷曲、减少运动来减少与重金属之间的接触并维持生命。

1. 镉污染下蚯蚓存活数

研究得出镉污染下蚯蚓存活情况详见表 4-1。

表 4-1 镉污染下蚯蚓存活数量情况 （单位：条）

浓度/（mg/L）	时间				
	0h	12h	24h	36h	48h
0	15	15	15	15	15
50	15	15	15	15	15
100	15	15	15	15	14
150	15	14	11	10	8
200	15	12	8	6	5
250	15	11	6	4	4
300	15	5	0	0	0

由表 4-1 可知，镉污染下蚯蚓存活数量随暴露时间的延长而降低，随镉浓度的升高而降低。第 12h，0～100 mg/L 处理组中均未出现个体死亡，150 mg/L、200 mg/L 时死亡数逐渐增高，当镉浓度为 300 mg/L 时，66.67% 的蚯蚓死亡。第 24h 时，死亡数进一步增加，镉浓度为 300 mg/L 时蚯蚓全部死亡。第 36～48h，蚯蚓死亡规律与前两者相似。

对所得数据进行皮尔逊相关性检验后发现（表 4-2），蚯蚓存活状况与镉浓度、暴露时间均存在极显著相关性（$P<0.01$）。镉浓度及暴露时间均是造成蚯蚓死亡的直接原因。由双因素方差分析发现，暴露时间、镉浓度对蚯蚓存活的影响均为极显著，且暴露时间与镉浓度存在一定的交互作用。

表 4-2 镉污染下蚯蚓死亡率各影响因素分析

F 值	皮尔逊相关性（双尾）		双因素方差分析		
	暴露时间	镉浓度	暴露时间	镉浓度	暴露时间×镉浓度
存活率	−0.179**	−0.673**	11.72**	74.42**	1.721*

*表示在 0.05 水平上显著，**表示在 0.01 水平上显著。

2. 镉污染下蚯蚓致死浓度

处理 24h 不同浓度镉污染下蚯蚓存活率详见图 4-3。

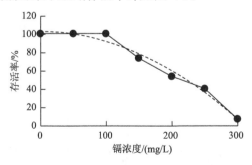

图 4-3 第 24h 不同浓度镉污染下蚯蚓存活率

由图 4-3 可知，第 24h 时蚯蚓存活率随镉浓度的增加而降低，并在 300mg/kg 时全部死亡。由蚯蚓存活个体随镉浓度增高的关系可得以下方程。

$$y = -0.0002x^2 + 0.0043x + 15.238 \qquad (4\text{-}1)$$

由式（4-1）可以得出 24h 镉对蚯蚓的半致死浓度（LC_{50}）为 207.71mg/L，亚致死浓度（LC_{10}）为 107.58mg/L。

由图 4-4 可知，第 48h 蚯蚓死亡率与第 24h 相似，但死亡率较 24h 大。

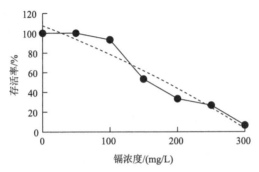

图 4-4　第 48h 不同浓度镉污染下蚯蚓存活率

镉浓度与蚯蚓存活率的方程如下。

$$y = -7 \times 10^{-5}x^2 - 0.0343x + 16.024 \qquad (4\text{-}2)$$

由式（4-2）可得，蚯蚓暴露于镉污染下 48h 镉对蚯蚓的半致死浓度（LC_{50}）为 181.32 mg/L，亚致死浓度（LC_{10}）为 64.97 mg/L。

在进行后续土壤生态过程的相关实验时，为了观察镉污染对蚯蚓的显著影响，重金浓度应较高，但不影响蚯蚓正常存活。土壤中污染物毒性均略低于滤纸染毒，所以根据本研究所得亚致死浓度（LC_{10}）及本团队野外实地调查（矿区周围土壤样品）结果，最终确定 Cd^{2+} 浓度为 0mg/kg、15mg/kg、30mg/kg、45mg/kg。

4.3.2　镉污染下蚯蚓的掘穴行为研究

1. 镉污染对蚯蚓洞穴结构的影响研究

蚯蚓洞穴总长度随重金属浓度及暴露时间的变化关系如图 4-5 所示。

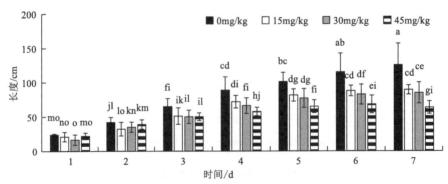

图 4-5　不同浓度镉污染下蚯蚓洞穴总长度

小写字母代表各处理随暴露时间和 Cd^{2+} 浓度两因素变化的差异性，下同

由图 4-5 可知，蚯蚓的洞穴总长度受 Cd^{2+}浓度及暴露时间双重因素的影响。第 0～2d，蚯蚓洞穴总长度随暴露时间的延长而增加，对照组洞穴总长度略高于污染组，各处理间差异性不显著。第 3d，虽然各处理下洞穴总长度均有所增加，但对照组洞穴总长度增加更为明显，对照组比 15mg/kg、30mg/kg、45mg/kg 处理组高 23.26%、31.25%、43.08%，且这种差异随着处理时间的延长而进一步增强。研究结束时，对照组洞穴总长度比 3 个处理组分别高 40.63%、48.04%、84.30%，且数据分析发现，镉污染对蚯蚓掘穴行为的影响十分显著（$P<0.01$）。镉污染处理间呈现随浓度升高而长度降低，但差异性不显著。45mg/kg处理下洞穴总长度受抑制最显著，第 4d 时洞穴总长度不再增加，掘穴行为近乎停止。

经皮尔逊相关性分析发现，洞穴总长度与暴露时间、Cd^{2+}浓度均存在极显著的相关性（$P<0.01$）；经单、双因素方差分析发现，Cd^{2+}浓度和时间对洞穴总长度影响均为极显著（$P<0.01$），Cd^{2+}浓度与暴露时间两因素存在显著的交互作用（$P<0.01$）（表 4-3）。

蚯蚓洞穴在土壤中的最大深度如图 4-6 所示。

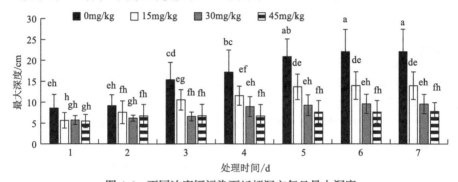

图 4-6　不同浓度镉污染下蚯蚓洞穴每日最大深度

蚯蚓洞穴的最大深度受镉污染的影响与洞穴总长度相似。洞穴最大深度随着暴露时间的增加而增加，随着镉浓度的升高而降低。第 0～2d 时，蚯蚓大都在 0～10cm 土层内活动，各处理间差异性较小。第 4d 时，镉污染下洞穴最大深度变化较小，对照处理下大幅增加，两者间差异性较为显著。随着暴露时间的延长该差异进一步扩大。对照处理下蚯蚓在第7d 达到最大深度，镉污染处理下蚯蚓更早达到最大深度（4～5d）。对照处理下蚯蚓的活动范围更广，0～25cm 内均有分布，而暴露于镉污染下的蚯蚓大多都在 0～10cm 范围内活动，且活性较差。镉污染土壤对蚯蚓掘穴最大深度的影响较为显著（$P<0.01$）。

2. 镉污染对蚯蚓重量损失的影响研究

研究了暴露 7d 后，蚯蚓的生物量的重量损失情况，具体如图 4-7 所示。

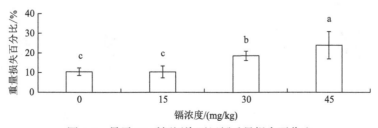

图 4-7　暴露 7d 后镉污染下蚯蚓重量损失百分比

从图 4-7 可以看出，第 7d 时，各处理下蚯蚓重量均有所降低，其中对照组降低 10.42%，Cd²⁺浓度为 15mg/kg、30mg/kg、45 mg/kg 时分别降低 10.31%、18.52%、23.89%。蚯蚓重量损失随 Cd²⁺浓度的升高而升高。相关分析表明（表 4-3），蚯蚓重量损失与 Cd²⁺浓度的相关性显著（$P<0.01$），镉污染土壤能使蚯蚓的生物量快速降低。

表 4-3　镉污染下蚯蚓掘穴行为各影响因素分析

显著性	皮尔逊相关性（双尾）		双因素方差分析		
	暴露时间	Cd²⁺浓度	暴露时间	Cd²⁺浓度	暴露时间×Cd²⁺浓度
洞穴长度	0.805**	−0.322**	92.70**	31.85**	2.81**
洞穴每日最大深度	0.441**	−0.632**	17.87**	79.46**	3.26**
重量损失		0.755**		11.02**	

*表示在 0.05 水平显著，**表示在 0.01 水平显著。下同。

3. 镉污染下蚯蚓的生理响应研究

镉污染下蚯蚓 NADH 脱氢酶含量的变化情况如图 4-8 所示，第 7d 时蚯蚓 NADH 脱氢酶含量与 Cd²⁺浓度呈现出低浓度抑制、高浓度促进的关系，15mg/kg、30mg/kg 处理组分别比对照组降低了 30.28%、24.37%，45mg/kg 处理组增加了 22.40%；第 14d 时 NADH 脱氢酶含量随 Cd²⁺浓度的升高而升高，15mg/kg、30mg/kg、45mg/kg 处理组分别比对照组高 45.65%、92.25%、85.22%。镉处理浓度土壤对蚯蚓 NADH 脱氢酶含量的影响较为显著（$P<0.01$）。对照处理下蚯蚓 NADH 脱氢酶含量随着暴露时间的延长显著降低（第 14d 蚯蚓 NADH 脱氢酶含量比第 7d 低 47.17%）；15mg/kg、30mg/kg 处理组 NADH 脱氢酶含量随着暴露时间的延长略有增加（分别增加 10.37%、34.30%）；45mg/kg 处理下 NADH 脱氢酶含量略有降低（20.05%）。

NADH 脱氢酶是呼吸链传递电子给辅酶 Q 的关键酶，是蚯蚓呼吸作用的关键酶。随着镉浓度的增加，NADH 脱氢酶含量显著升高，这代表着蚯蚓为适应重金属环境需要更多的氧气与能量消耗。

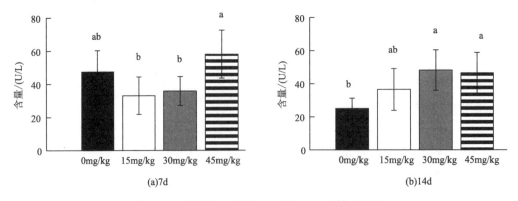

图 4-8　不同浓度镉污染下蚯蚓 NADH 脱氢酶含量

U 代表每升液体中含有酶活力的单位，下同

蚯蚓 SOD 活性与土壤 Cd^{2+} 浓度呈现出低浓度促进、高浓度抑制的关系，具体情况如图 4-9 所示。蚯蚓在第 7d、14d 均表现出相似的规律，15mg/kg 是蚯蚓 SOD 活性显著对照组，且随 Cd^{2+} 浓度的增加而进一步降低，当 Cd^{2+} 浓度达到 45mg/kg 处理下 SOD 活性显著低于对照组。各处理下蚯蚓 SOD 活性均随暴露时间的延长略有增长。

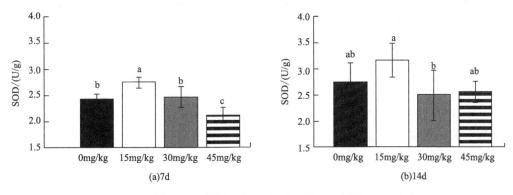

(a)7d　　　　　　　　　　　　　(b)14d

图 4-9　不同浓度镉污染下蚯蚓 SOD 活性

SOD 为蚯蚓抗氧化酶体系中的关键酶，Cd^{2+} 胁迫下蚯蚓机体发生氧化损伤而产生的自由基，SOD 对该自由基有较强的清除作用。SOD 活性随着 Cd^{2+} 浓度的升高表现出先增高后降低的规律，低浓度镉污染胁迫可使蚯蚓体内产生大量自由基，SOD 活性随之升高，保护蚯蚓免于氧化损伤。但随 Cd^{2+} 浓度的持续提升，SOD 活性受抑制，机体内或出现氧化损伤。

相关分析数据表明（表 4-4），蚯蚓 NADH 脱氢酶含量与 Cd^{2+} 浓度表现出极显著的正相关关系，但与暴露时间不存在相关性。Cd^{2+} 浓度对蚯蚓 NADH 脱氢酶含量影响较为显著（$P<0.05$），暴露时间影响较低，暴露时间与 Cd^{2+} 浓度在决定 NADH 脱氢酶含量上存在较为明显的交互作用。蚯蚓 SOD 含量与暴露时间存在极显著的正相关关系，随着暴露时间的延长，SOD 含量增加，Cd^{2+} 浓度与 SOD 含量不存在相关性。蚯蚓 SOD 含量同时受暴露时间、Cd^{2+} 浓度两因素的制约（$P<0.01$），且交互作用显著（$P<0.039$）。

表 4-4　镉污染下蚯蚓生理指标各影响因素分析

显著性	皮尔逊相关性（双尾）		双因素方差分析		
	暴露时间	Cd^{2+} 浓度	暴露时间	Cd^{2+} 浓度	暴露时间×Cd^{2+} 浓度
NADH 脱氢酶	−0.153	0.430**	1.46	4.41*	4.26*
SOD	0.495**	−0.256	21.84**	8.68**	3.13*

4.3.3　镉污染下不同密度蚯蚓对凋落物分解进程的影响研究

1. 镉污染下不同密度蚯蚓对凋落物分解的影响研究

由凋落物重量损失情况可求得凋落物分解速率，如图 4-10 所示，凋落物的分解速率随着 Cd^{2+} 浓度的增加呈现出降低的趋势。

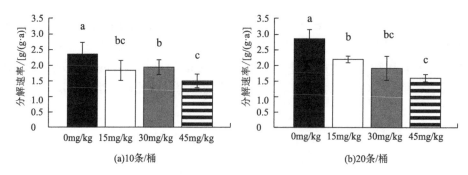

图 4-10　不同浓度镉污染下凋落物分解速率

从图 4-10 可以看出，蚯蚓密度为 10 条/桶时凋落物分解速率平均为 2.35g/（g·a），较空白对照（无蚯蚓处理，下同）高 135.49%。15mg/kg、30mg/kg、45mg/kg 处理组凋落物分解速率为 1.83g/（g·a）、1.93g/（g·a）、1.49g/（g·a），分别比 0mg/kg 处理组下降 22.19%、17.87%、36.59%，但仍高于空白对照。所以，随着土壤中镉浓度的升高蚯蚓在凋落物分解中的作用显著受抑制（$P<0.01$），分解效果仍高于自然分解。当蚯蚓密度为 20 条/桶时，凋落物分解速率的规律与前者相似，凋落物的分解速率进一步增加。镉浓度为 0mg/kg、15mg/kg、30mg/kg、45mg/kg 时凋落物分解速率分别为 2.86g/（g·a）、2.19g/（g·a）、1.90g/（g·a）、1.59g/（g·a）。其中，0mg/kg 处理组内凋落物分解速率较 10 条/桶时大幅增长（21.82%）；15mg/kg 时凋落物分解速率增长（19.99%）；30mg/kg、45mg/kg 处理下增长较少，甚至出现负增长（–1.38%；6.86%）。

凋落物分解速率与 Cd^{2+} 浓度呈现显著的负相关关系（$P<0.01$），且与蚯蚓密度升高呈现增加的趋势，但相关性不显著（$P>0.05$）。镉污染虽然可以降低蚯蚓在凋落物分解过程中的作用，但分解速率仍高于无蚯蚓体系。凋落物的分解速率随着蚯蚓数量的增加而增加，但是这一过程随着重金属浓度的升高而受抑制。

杨树叶片中木质素随 Cd^{2+} 浓度的变化详见图 4-11。

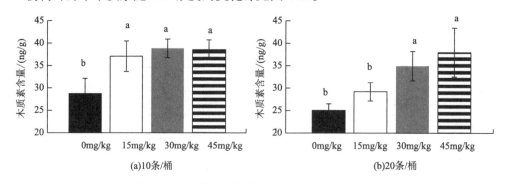

图 4-11　不同浓度镉污染下凋落物中木质素含量

从图 4-11 可以看出，镉污染下凋落物中木质素含量明显大于对照组。蚯蚓密度为 10 条/桶时，15mg/kg、30mg/kg、45mg/kg 处理下木质素含量比 0mg/kg 时高 29.24%、35.34%、34.29%。蚯蚓密度为 20 条/桶时，各处理下木质素含量随 Cd^{2+} 浓度的升高而升高。当 Cd^{2+} 浓度为 45mg/kg 时，木质素含量接近空白对照水平（37.03 ng/g）。蚯蚓密度为 20 条/桶时，各处理下木质素含量均低于 10 条/桶，四种处理下分别降低 12.74%、21.25%、10.01%、1.45%。Cd^{2+} 浓度对凋落物木质素的分解有显著的抑制作用，Cd^{2+} 浓度越大抑制作用越强。随着蚯蚓密度的增加木质素分解速率提高，但当 Cd^{2+} 浓度为 45mg/kg 时分解速率提高不显著。

相关分析（表 4-5）发现，凋落物分解过程中分解速率与 Cd^{2+} 浓度呈现负相关性，但与蚯蚓密度无相关性。对蚯蚓密度、Cd^{2+} 浓度两因素进行双因素方差分析发现，Cd^{2+} 浓度是凋落物分解速率的主要影响因素。木质素的分解与蚯蚓密度、Cd^{2+} 浓度呈现出显著和极显著相关性（$P<0.05$；$P<0.01$），但凋落物分解受土壤中 Cd^{2+} 浓度的制约更为明显。蚯蚓密度与 Cd^{2+} 浓度两因素不存在交互作用。

表 4-5　镉污染下凋落物分解指标各影响因素分析

显著性	皮尔逊相关性（双尾）		双因素方差分析		
	蚯蚓密度	Cd^{2+} 浓度	蚯蚓密度	Cd^{2+} 浓度	蚯蚓密度×Cd^{2+} 浓度
分解速率	0.247	−0.762**	7.419*	25.37**	1.96
木质素	−0.355*	0.754**	14.86*	24.16**	2.10

2. 镉污染下蚯蚓的分布状况

镉污染不可避免地影响了蚯蚓在土壤中的分布规律，研究中蚯蚓分布状况如图 4-12 所示。

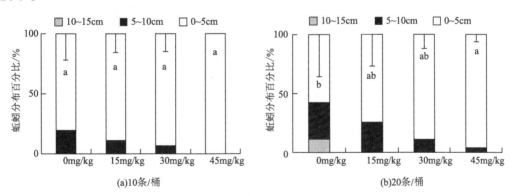

图 4-12　不同浓度镉污染下蚯蚓分布状况

取样时，大多数蚯蚓集中在 0～5cm 土层内，少数存在于 5～10cm 土层内，有且只有蚯蚓密度达到 20 条/桶且不存在重金属污染的情况下，在 10～15cm 发现蚯蚓。从图 4-12 可以看出，当蚯蚓密度为 10 条/桶时，蚯蚓在表层分布的百分比随着 Cd^{2+} 浓度的增加而增加，当土壤中镉浓度为 45mg/kg 时所有蚯蚓均在表层分布，各处理间在表层分布的差异性不显著。当蚯蚓密度为 20 条/桶时，0～5cm 土层内蚯蚓分布百分比随着 Cd^{2+} 浓度的增加而增加，15mg/kg、30mg/kg、45mg/kg 处理下蚯蚓分别比对照组高 29.35%、54.59%、66.66%；Cd^{2+} 浓度为 45mg/kg 时，4.03% 蚯蚓分布于 5～10cm 土层内。蚯蚓数量的增多可使得部分蚯蚓向下层移动，但高浓度的镉可以抑制这一过程。

作为表栖类蚯蚓，赤子爱胜蚓在土壤表层活动较为频繁，蚯蚓密度为 20 条/桶时仍有 42.5%的蚯蚓分布在 5～15cm 土层内。这种深层分布的现象随着 Cd^{2+} 浓度的升高而显著降低，蚯蚓密度为 10 条/桶时也存在降低的趋势。可见，土壤中镉污染亦是影响蚯蚓分布的主要因素。

3. 镉污染下不同密度蚯蚓对土壤物理性质的影响研究

1）镉污染下蚯蚓密度与土壤容重的关系研究

在该体系中，土壤容重随着蚯蚓的活动而发生变化，具体情况详见图 4-13。

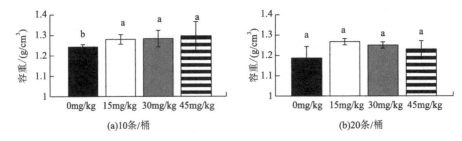

图 4-13　不同浓度镉污染下土壤容重（0～5cm）

由图 4-13 可知，当蚯蚓密度为 10 条/桶时，土壤容重随着镉浓度的增加而增加。镉污染处理下土壤容重显著高于对照组（0mg/kg）。各处理下土壤容重分别比空白对照（无蚯蚓处理 1.33g/cm³）低 6.75%、4%、3.75%、2.75%。这表明蚯蚓可使土壤容重显著降低，但是 Cd^{2+} 的存在抑制了该进程。蚯蚓密度为 20 条/桶时，土壤容重均低于前者（10条/桶）。各处理间无显著性。这可能是由于蚯蚓密度增大，蚯蚓对土壤改善能力进一步增强。

2）镉污染下蚯蚓活动对土壤孔隙度的影响

蚯蚓在运动过程中不可避免地造成了土壤孔隙度的改变，在空白对照（无蚯蚓处理）中土壤孔隙度为 48.24%，从图 4-14 可以看出，各处理下土壤孔隙度均比空白对照有所增加。蚯蚓对于土壤孔隙度的改善能力十分显著。但镉会显著抑制这一进程，当 Cd^{2+} 浓度为 45mg/kg 时，土壤孔隙度较 0mg/kg 时降低了 9.83%。蚯蚓密度为 20 条/桶时，土壤孔隙度随着 Cd^{2+} 浓度的增加呈现出降低的趋势，且土壤孔隙度均高于低密度处理（10条/桶），蚯蚓密度可对土壤孔隙度产生影响（$P<0.01$）。

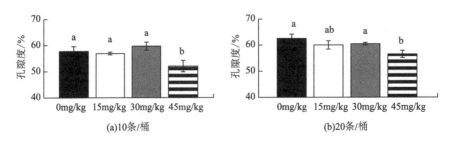

图 4-14　不同浓度镉污染下土壤孔隙度变化（0～5cm）

从表 4-6 可以看出，表层土壤（0～5cm）中土壤孔隙度与容重均与蚯蚓密度呈现出显著的相关关系（$P<0.01$），这表明随着蚯蚓数量的增加，蚯蚓的行为对土壤物理性质的改善是直接而有效的。Cd^{2+} 浓度对于容重的影响有限（$P>0.05$），但与孔隙度存在显著相关性（$P<0.05$）。镉污染通过影响蚯蚓行为，降低了其对于土壤的改善能力。通过双因素方差分析发现，蚯蚓密度是容重与孔隙度的主要影响因素，且蚯蚓密度与 Cd^{2+} 浓度不存在交互作用。

表 4-6　镉污染下表层土壤容重孔隙度影响因素分析

显著性	皮尔逊相关性（双尾）		双因素方差分析		
	Cd^{2+} 浓度	蚯蚓密度	Cd^{2+} 浓度	蚯蚓密度	Cd^{2+} 浓度×蚯蚓密度
容重	0.345	−0.474**	3.124	7.91**	0.627
孔隙度	−0.502*	0.558**	16.39**	33.38**	2.834

3）镉污染下蚯蚓活动对土壤 pH 的影响

蚯蚓取食、分泌、排泄等行为不但影响了土壤环境与微生物群落，同时也造成了土壤中 pH 的变化。土壤中 pH 与土壤深度、Cd^{2+} 浓度、蚯蚓密度的变化情况如图 4-15、图 4-16 所示。当蚯蚓密度为 10 条/桶时，0～5cm 土层内土壤 pH 随着 Cd^{2+} 浓度的升高而降低，镉污染加剧了土壤酸化；5～10cm 土层内变化规律与之相似，但 10～15cm 土层内 Cd^{2+} 浓度为 30mg/kg 时 pH 最高，整体分布不规律。

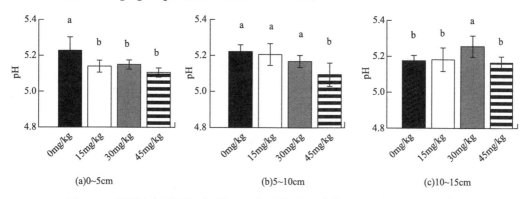

图 4-15　不同浓度镉污染下土壤 pH 随土壤深度的变化（蚯蚓密度：10 条/桶）

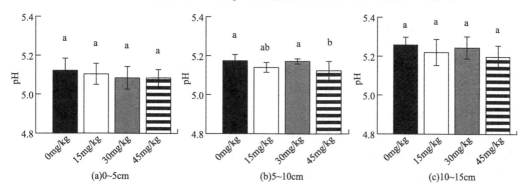

图 4-16　不同浓度镉污染下土壤 pH 随土壤深度的变化（蚯蚓密度：20 条/桶）

当蚯蚓密度为 20 条/桶时，所有处理下 0～10cm 土壤 pH 均显著低于前者（10 条/桶）。随着蚯蚓密度的增加土壤 pH 降低，这表明蚯蚓的活动可以加速土壤的酸化。10～15cm 土层内蚯蚓活动较少，其 pH 显著大于 0～10cm 土层，这种结果可以佐证以上结论。但是各处理下土壤 pH 与 Cd^{2+} 浓度不存在相关性，0～5cm 土层内 pH 随着 Cd^{2+} 浓度的增加虽然有降低的趋势，但无显著性。初步估计，随着蚯蚓密度的增加，镉污染对于土壤酸碱度的影响逐渐降低。

4）镉污染下蚯蚓活动对土壤电导率的影响

土壤中电导率随蚯蚓密度、土层深度、Cd^{2+} 浓度等因素发生了改变，具体规律如图4-17、图 4-18 所示。

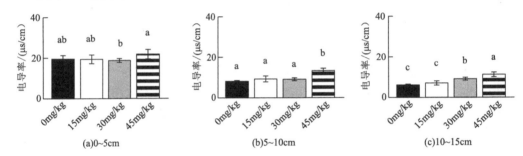

图 4-17　不同浓度镉污染下土壤电导率随土壤深度的变化（蚯蚓密度：10 条/桶）

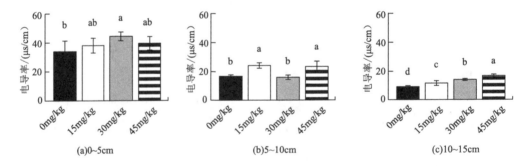

图 4-18　不同浓度镉污染下土壤电导率随土壤深度的变化（蚯蚓密度：20 条/桶）

蚯蚓密度为 10 条/桶时，0～5cm 土层内土壤电导率与 Cd^{2+} 浓度的规律性较弱，0mg/kg、15mg/kg、30mg/kg 处理间差异性不显著，45mg/kg 时土壤电导率显著升高。5～10cm 土层内，电导率变化规律与 0～5cm 表层相似，但整体显著降低，该土层内蚯蚓活动匮乏是该现象的主要原因。10～15cm 土层内，土壤电导率与 Cd^{2+} 浓度规律性较强，随着 Cd^{2+} 浓度的增加电导率逐步增加。该土层内几乎无蚯蚓活动，$CdCl_2$ 的添加是造成该土层电导率上升的唯一影响因素，可能是由于 $CdCl_2$ 的存在使得土壤中可溶性总盐含量增加，电导率随之增加。

在装置密度为 20 条/桶时，电导率变化与前者（10 条/桶）相似。但随着蚯蚓密度的增加 0～5cm 土层电导率显著升高；而 10～15cm 电导率未增加，蚯蚓活动较少。随着土层加深，蚯蚓活动减少，电导率也随之减少。可见，蚯蚓活动可以显著提高土壤中溶性总盐含量。

4. 镉污染下不同密度蚯蚓对土壤营养元素输移的影响研究

土壤中各元素含量随着蚯蚓的取食、分泌、排泄等行为，促进凋落物的分解，导致土壤微生物的生存、繁殖等发生变化。本研究中营养元素与蚯蚓密度、Cd^{2+}浓度、土壤深度等发生改变的具体状况如图 4-19～图 4-30 所示，空白对照（无蚯蚓处理）下土壤元素变化状况如表 4-7 所示。

1）镉污染下不同密度蚯蚓对土壤磷元素的影响研究

土壤总磷的具体变化规律如图 4-19、图 4-20 所示。蚯蚓密度为 10 条/桶时，土壤总磷随着土壤深度的增加而降低。蚯蚓在表层土壤活跃程度较高，土壤总磷随着蚯蚓活性的增加而增加。0～5cm 土层内，土壤总磷含量随着 Cd^{2+}浓度的增加而降低。当 Cd^{2+}浓度分别为 15mg/kg、30mg/kg、45mg/kg 时土壤总磷分别比 0mg/kg 降低了 22.34%、37.57%、37.89%。Cd^{2+}浓度的增加对土壤中总磷含量的抑制效果较为显著。5～15cm 土层内，土壤中总磷含量受镉污染影响不显著。初步认为，镉污染并不直接影响土壤总磷含量，而是通过介导蚯蚓的行为来影响土壤总磷。

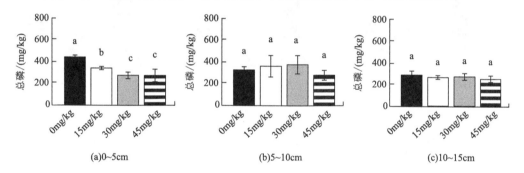

图 4-19　不同浓度镉污染下土壤总磷含量变化（蚯蚓密度：10 条/桶）

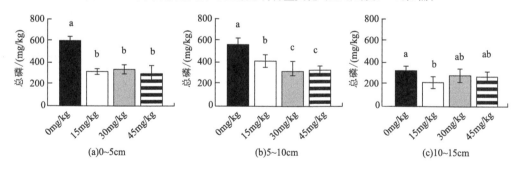

图 4-20　不同浓度镉污染下土壤总磷含量变化（蚯蚓密度：20 条/桶）

蚯蚓密度为 20 条/桶时，0mg/kg 处理下土壤总磷含量较前者（10 条/桶）均有所升高，这是由于蚯蚓密度增加而引起的凋落物分解速率增加所致。0～5cm 土层内，镉污染处理组间差异性不显著，但显著低于 0mg/kg 处理；随着蚯蚓密度的增加，蚯蚓在 5～10cm 范围内活动频率增高，所以 5～10cm 土层内土壤总磷变化规律与表层一致；10～15cm 土层内规律性较弱，各处理间变化不显著。

凋落物分解过程中，土壤速效磷也因受到相关因素的影响而发生变化。图 4-21、

图 4-22 分别代表蚯蚓密度为 10 条/桶、20 条/桶时的变化规律。

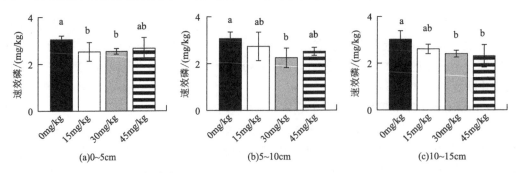

(a)0~5cm   (b)5~10cm   (c)10~15cm

图 4-21　不同浓度镉污染下土壤速效磷含量变化（蚯蚓密度：10 条/桶）

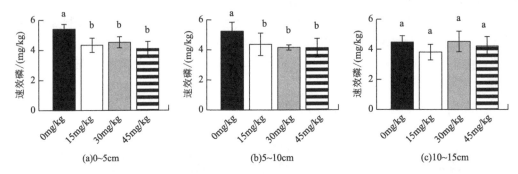

(a)0~5cm   (b)5~10cm   (c)10~15cm

图 4-22　不同浓度镉污染下土壤速效磷含量变化（蚯蚓密度：20 条/桶）

　　土壤速效磷是土壤中易于被植物吸收的部分，是土壤肥力的重要表征。低蚯蚓密度（10 条/桶）处理下速效磷含量与土壤深度的规律性不显著。0~5cm 土层中，速效磷含量随 Cd^{2+} 浓度的升高呈现出降低的趋势，5~15cm 土层内速效磷变化规律与 0~5cm 层接近。高蚯蚓密度（20 条/桶）下速效磷含量整体升高，且 0mg/kg 处理下速效磷含量随着土壤深度的增加而降低，Cd^{2+} 浓度为 15~45mg/kg 时速效磷含量与土壤深度变化规律不显著。镉污染可以降低土壤速效磷含量，蚯蚓活动及数量的增加可以增加速效磷含量，但镉污染与蚯蚓密度交互作用规律性不显著。

　　2）镉污染下不同密度蚯蚓对土壤氮元素的影响研究

　　土壤中全氮的变化如图 4-23、图 4-24 所示。

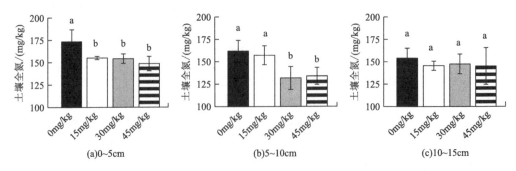

(a)0~5cm   (b)5~10cm   (c)10~15cm

图 4-23　不同浓度镉污染下土壤全氮含量变化（蚯蚓密度：10 条/桶）

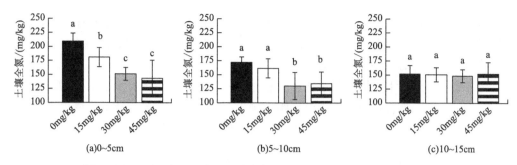

图 4-24　不同浓度镉污染下土壤全氮含量变化（蚯蚓密度：20 条/桶）

从图 4-23 可以看出，当蚯蚓密度为 10 条/桶时，土壤全氮随土壤深度的增加呈现出下降的趋势。0~5cm 土层中土壤全氮与 Cd^{2+} 浓度表现出一定的规律性，随着 Cd^{2+} 浓度的增加土壤全氮降低；5~10cm 土层中呈现相似的规律，但各处理间差异性降低；10~15cm 土层各处理下全氮含量无差异。

从图 4-24 可以看出，蚯蚓密度增加时，各处理下土壤全氮含量整体呈现增加的趋势，但 Cd^{2+} 浓度为 45mg/kg 处理下与 10~15cm 土层内全氮含量变化不显著，甚至降低。这可能是随着蚯蚓密度的增加，凋落物分解速率增加，土壤全氮含量也随之增加。10~15cm 土层土壤全氮含量受蚯蚓活动范围的限制，改变较小。Cd^{2+} 浓度较高时，蚯蚓行为受到抑制，进而影响凋落物分解速率及对土壤元素的转运能力。

蚯蚓在土壤中的运动和排泄行为改变了土壤的理化性质，是碱解氮形成的温床；且蚯蚓促进土壤中凋落物的分解增加了氮源，提高了碱解氮的含量，可见蚯蚓活动对土壤碱解氮的影响十分显著，具体如图 4-25 和图 4-26 所示。蚯蚓密度为 10 条/桶时，碱解氮

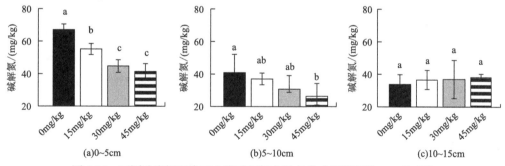

图 4-25　不同浓度镉污染下土壤碱解氮含量变化（蚯蚓密度：10 条/桶）

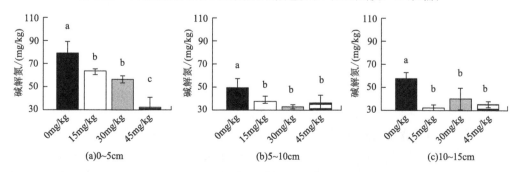

图 4-26　不同浓度镉污染下土壤碱解氮含量变化（蚯蚓密度：20 条/桶）

含量随着土壤深度的增加表现出降低的趋势。0～5cm 土层内碱解氮含量随着 Cd^{2+} 浓度的升高而显著降低；5～10cm 土层与 0～5cm 土层规律性相似，但差异性减小；10～15cm 土层碱解氮含量与 Cd^{2+} 浓度不存在相关性。

高密度蚯蚓作用下土壤中碱解氮含量总体进一步升高，且随着土壤深度的增加而减少。0mg/kg、15mg/kg、30mg/kg 镉处理组土壤表层碱解氮含量分别比低密度处理增高了36.12%、30.46%、40.63%，而 45mg/kg 镉处理表层碱解氮含量下降了 20.61%。由此可知，随着 Cd^{2+} 浓度的增加，因蚯蚓密度而引起的碱解氮含量增加的现象受到抑制。各土层碱解氮含量随 Cd^{2+} 浓度改变的规律与低蚯蚓密度处理下一致，可见，蚯蚓通过自身活动可以显著增加土壤中碱解氮的含量，改善土壤质量，但 Cd^{2+} 浓度为 30～45mg/kg 时这种改善土壤的能力受到抑制。

土壤铵态氮的变化情况如图 4-27、图 4-28 所示。蚯蚓密度为 10 条/桶时，铵态氮含量随着土壤深度的增加而降低。深层土壤中铵态氮含量的降低是由于蚯蚓活动范围的限制。0～5cm 土层内铵态氮含量随着 Cd^{2+} 浓度的增加而增加，表现为正相关关系。可能是由于铵态氮是土壤中易于挥发的部分，$CdCl_2$ 的存在降低了铵态氮的挥发性。蚯蚓密度为 20 条/桶时，铵态氮随 Cd^{2+} 浓度、土壤深度的改变表现出相似的规律。

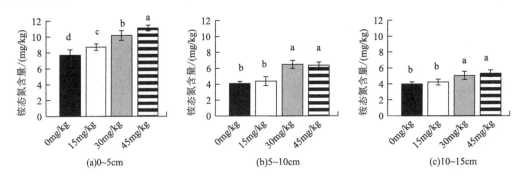

图 4-27 不同浓度镉污染下土壤铵态氮含量变化（蚯蚓密度：10 条/桶）

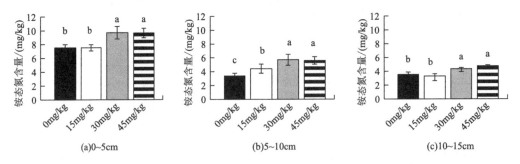

图 4-28 不同浓度镉污染下土壤铵态氮含量变化（蚯蚓密度：20 条/桶）

3）镉污染下不同密度蚯蚓对土壤有机质的影响研究

土壤中有机质含量变化如图 4-29、图 4-30 所示。蚯蚓密度较低时，0～5cm 土层土壤有机质含量为 43.39g/kg，分别比 Cd^{2+} 浓度为 15mg/kg、30mg/kg、45mg/kg 时高 12.46%、8.35%、16.58%。各处理间差异显著，5～10cm 和 10～15cm 土层表现出相似的规律，而

10～15cm 土壤 30.45mg/kg 处理有机质含量无差异性。0mg/kg 时，土壤有机质随着土壤深度的增加而降低，而其他处理间有机质浓度随土壤深度的改变无明显规律。

当蚯蚓密度为 20 条/桶时，0～10cm 土层内有机质含量均有所增加。但 10～15cm 土层内有机质含量无明显改变。随着蚯蚓密度的增加，蚯蚓在 5～10cm 土层内的活动频率增加，有机质含量随之改变。所以，土壤中有机质含量的高低受蚯蚓活动的制约，而 Cd^{2+} 又可以影响蚯蚓活动，故有机质的改变与 Cd^{2+} 浓度也呈现一定的规律性。

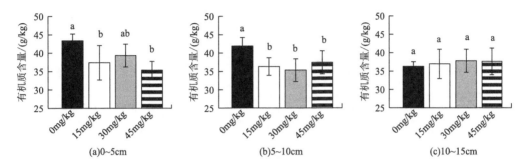

图 4-29　不同浓度镉污染下土壤有机质含量变化（蚯蚓密度：10 条/桶）

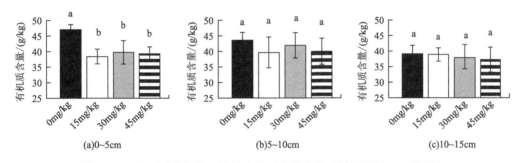

图 4-30　不同浓度镉污染下土壤有机质含量变化（蚯蚓密度：20 条/桶）

结合图 4-19 至图 4-30 和表 4-7 可以看出，空白对照（无蚯蚓处理）处理下土壤表层（0～5cm）总磷、速效磷、全氮、碱解氮、铵态氮、有机质分别比低密度蚯蚓存在（0mg/kg）时低 7.08%、11.92%、11.62%、61.92%、17.41%、23.24%，蚯蚓对土壤各元素有显著的促进作用。但 $CdCl_2$ 存在时营养元素变化规律有差异，土壤速效磷、总磷、全氮等变化较低或受到抑制，有机质、碱解氮、铵态氮等显著提高。5～15cm 土层内蚯蚓活动较少，土壤营养元素与空白对照相比改变较小。

表 4-7　空白对照（无蚯蚓处理）处理组土壤营养元素情况表

土层/cm	总磷/（mg/kg）	速效磷/（mg/kg）	全氮/（mg/kg）	碱解氮/（mg/kg）	铵态氮/（mg/kg）	有机质/（g/kg）
0～5	512.64±45.03	2.69±0.17	153.30±8.48	25.55±3.16	5.30±0.92	33.31±4.231
5～10	423.29±64.8	2.13±0.11	156.8±7.00	25.20±3.57	3.93±0.22	35.79±1.44
10～15	453.45±42.38	1.96±0.32	153.30±9.07	32.73±3.15	4.18±0.54	36.36±3.75

土壤营养元素变化与蚯蚓密度、Cd^{2+} 浓度的关系如表 4-8 所示，无镉胁迫作用时各

营养元素含量随蚯蚓密度的增加而增加，但镉污染下总磷、全氮、速效磷等含量改变较小甚至下降。可见，土壤营养元素含量随蚯蚓密度变化的显著性较弱。表层土壤营养元素含量均与 Cd^{2+} 浓度显著性相关，结合 Cd^{2+} 对于蚯蚓行为和生理的制约可以发现：镉胁迫抑制了蚯蚓在凋落物分解过程中所发挥的作用，从而影响了土壤营养元素的变化。土壤 5～15cm 土层各营养元素含量与蚯蚓密度、Cd^{2+} 浓度的相关关系均弱于土壤 0～5cm 土层，这是由于赤子爱胜蚓作为表栖类蚯蚓于土壤下层活动较少所致。同时也表明，土壤元素不直接受镉胁迫的制约（铵态氮除外），Cd^{2+} 是通过介导蚯蚓和微生物行为参与到凋落物分解进程中去的。

表 4-8　土壤中各营养元素变化影响因素分析

指标	深度/cm	皮尔逊相关系数（双尾）		双因素方差分析		
		蚯蚓密度	Cd^{2+} 浓度	蚯蚓密度	Cd^{2+} 浓度	Cd^{2+} 浓度×蚯蚓密度
pH	0～5	−0.571**	−0.279	23.46**	2.94	2.52
	5～10	−0.200	−0.548**	2.64	7.80**	2.72
	10～15	0.295	−0.117	4.31*	3.065*	1.30
电导率	0～5	0.701**	0.269	49.03**	2.72	3.55*
	5～10	0.551**	0.430**	67.87**	32.88*	8.44**
	10～15	0.930**	0.039	0.405	76.46**	0.473
总磷	0～5	0.085	−0.771*	1.82	65.38**	7.02**
	5～10	0.195	−0.540**	3.36	8.68**	9.14**
	10～15	−0.156	−0.236	1.22	3.94*	1.82
全氮	0～5	0.268	−0.679**	7.41*	16.81**	4.38*
	5～10	0.098	−0.695**	0.74	14.57**	0.24
	10～15	0.115	−0.121	0.46	0.33	0.25
速效磷	0～5	0.427**	−0.474**	14.75**	10.03**	1.29
	5～10	0.344*	−0.511**	7.43*	7.41**	0.42
	10～15	0.309	−0.322*	5.25*	3.34*	2.50
碱解氮	0～5	0.339*	−0.812*	34.99**	67.49**	11.46**
	5～10	0.382*	−0.564*	10.90**	9.18**	1.39
	10～15	0.356*	−0.296	13.83**	8.28**	12.85**
铵态氮	0～5	0.298	0.817**	17.69**	48.05**	1.93
	5～10	0.159	0.814**	4.25*	43.02**	1.06
	10～15	0.103	0.776**	1.24	26.34**	1.03
有机质	0～5	0.262	−0.572**	5.92*	15.25**	0.95
	5～10	0.430**	−0.307	10.56**	3.93*	0.96
	10～15	0.180	−0.031	1.14	0.04	0.54

4.3.4　镉污染对土壤微生物群落的影响研究

1. 镉污染对土壤微生物群落多样性的影响研究

对空白对照（无蚯蚓体系，ck）、0mg/kg、15mg/kg 镉处理土壤微生物取样进行高通量测序，真菌物种数结果如图 4-31 所示，可以看出，蚯蚓存在时土壤真菌调查物种数（Sobs）、抽样调查预估总样本数（Chao）和根据稀有物种数推测总样本数（Ace）比无蚯蚓体系，分别提高 11.89%、8.02% 和 10.35%；可见，蚯蚓活动对真菌群落物种数的影响十分显著（$P<0.05$）。但镉胁迫下土壤真菌 Sobs、Chao 和 Ace 显著低于其他处理组，可见，镉污染显著抑制了土壤真菌物种数。

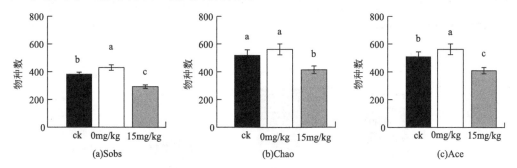

图 4-31　各处理下土壤真菌可检测物种数

Sobs 为调查物种数，Chao 为抽样调查预估总样本数，Ace 为根据稀有物种数推测总样本数

镉对真菌物种数的抑制效果十分显著。真菌所释放的外源酶是叶片中木质素分解的关键酶，真菌物种数的变化规律与木质素含量变化规律一致。通过计算可得香农-维纳多样性指数，计算公式如下：

$$H=-\sum(P_i)(\ln P_i) \tag{4-3}$$

式中，P_i 为物种数占总个体数的比例。

香农-维纳多样性指数为真菌群落异质性的主要表征，从图 4-32（a）可以看出，蚯蚓存在时较 ck 处理组高 47.42%；当 Cd^{2+} 浓度为 15mg/kg 时，该指数较对照组（0 mg/kg）明显下降 31.70%。可见，蚯蚓行为对真菌群落多样性的促进作用较为明显，且镉污染对该过程有较明显的抑制作用。

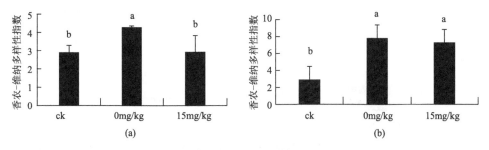

图 4-32　各处理下土壤真菌（a）与细菌（b）群落多样性（香农-维纳多样性指数）

细菌群落多样性指数与真菌表现出相似的规律性，从图 4-32（b）可以看出，蚯蚓存在时细菌多样性指数较 ck 处理组提升了 168.73%，而镉污染下该指数较 0 mg/kg 处理组降低 7.27%。可见，蚯蚓对于细菌群落的多样性与异质性促进效果十分显著，但镉污染对细菌群落影响较小。

2. 镉污染对土壤微生物群落结构的影响

镉污染对土壤真菌群落结构的影响如图 4-33 所示，子囊菌门在真菌群落中占主要地位，ck、0mg/kg、15mg/kg 处理下子囊菌门分别占总数的 71.15%、88.52%、50.12%。蚯蚓对该类真菌有显著的促进作用，且镉污染对其有较明显的抑制。此外，未分类真菌占据次要地位，蚯蚓存在使得该类真菌显著性降低，但镉却使其显著增高，具体机制尚不明确。壶菌门（Chytridiomycota）真菌群落当且仅当蚯蚓存在且无镉污染时存在。

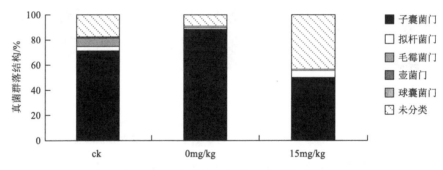

图 4-33 不同处理下土壤真菌群落结构

蚯蚓存在可显著改变真菌群落结构，促进了子囊菌门真菌数量。这可能与木质素分解有关，但具体规律需进一步挖掘。

土壤中细菌群落结构变化如图 4-34 所示，受蚯蚓活动影响变化十分显著，但镉污染对细菌群落结构的影响较小。蚯蚓存在时放线菌门（Actinomycetes）占细菌总数的比例显著降低，但蓝细菌门（Cyanobacteria）占比较对照组提升 211.34%，拟杆菌门（Bacteroidetes）提升 246.03%。Cd^{2+}浓度为 15mg/kg 时，细菌群落结构与 0mg/kg 处理下大致相同，可见，镉污染对细菌群落结构的影响较弱。

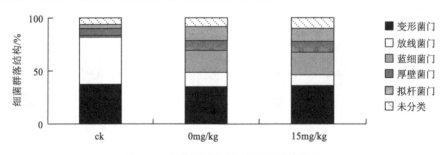

图 4-34 不同处理下土壤细菌群落结构

4.4　镉胁迫蚯蚓对凋落物分解的影响分析

土壤镉污染对杨树凋落物分解过程有显著影响。随着 Cd^{2+} 浓度增加，凋落物分解速率逐渐下降。通过蚯蚓急性毒性试验和行为学试验发现，凋落物分解过程与速率可能与蚯蚓生理和行为的改变有关，即随着 Cd^{2+} 浓度的增加，蚯蚓作出了生理响应，可能是需消耗更多的氧气与能量，单位时间内运动能力下降，导致取食杨树叶片的速度降低。此外，蚯蚓行为受到抑制进一步导致土壤孔隙度和土壤容重发生变化，也就是说，随着 Cd^{2+} 浓度的增加，土壤孔隙度因为蚯蚓行为抑制而降低，pH 降低，通气条件下降，这些变化抑制了凋落物的分解速率。而细菌与凋落物分解的相关性不显著，真菌只能专一性地分解木质素，这表明土壤动物或在凋落物分解中占主要作用。

4.4.1　镉污染下蚯蚓的急性毒性研究

镉对蚯蚓有较强的毒性，根据建立的剂量-效应关系，蚯蚓 24h 的 LC_{50} 与 LC_{10} 值分别为 207.71 mg/L、107.58 mg/L；48h 的 LC_{50} 与 LC_{10} 值分别为 181.32 mg/L、64.97 mg/L。这与之前学者得出的 24h 的 LC_{50} 值 244.3 mg/L、48 h 的 LC_{50} 值为 192.1 mg/L 稍有不同（陈志伟，2007）。这可能与蚯蚓种类、重金属、环境条件（温度、湿度等）、曲线回归方法等不同有关，本研究的拟合度（R^2=0.98）较高。

同一浓度作用下，蚯蚓死亡数随着暴露时间的延长而增加；同一时间下，死亡数随着 Cd^{2+} 浓度的增加而增加。Cd^{2+} 浓度与暴露时间呈现出强烈的交互作用（$P<0.05$）。

滤纸染毒的实验方法十分简单快捷，可以快速地探究重金属毒性并建立剂量-效应关系。但是滤纸染毒的操作方法只存在皮肤接触，未考虑蚯蚓新陈代谢与行为，不能反映客观的自然环境。滤纸染毒与人工土壤实验中所得的致死浓度差距较小，本研究中滤纸染毒方法为后续土壤镉浓度的确定提供参考。

4.4.2　镉污染下蚯蚓的掘穴行为研究

1. 镉污染下蚯蚓的洞穴结构

有关于蚯蚓行为的研究大多集中在两室趋避效应，即用两个连通的观察室，一个加入重金属，一个作为对照不加，监测动物在这两个连通室内的迁移规律，蚯蚓为了规避毒害作用往往表现出远离污染源的运动规律。研究人员通过对 Hg 污染下蚯蚓运动的最大深度、蚯蚓洞穴长度日增加值进行测定，研究表明汞污染土壤具有显著的抑制作用（Tang et al.，2016）。但是，土壤镉污染对蚯蚓运动规律的影响还不得而知。

为此，本研究采用室内控制实验，探讨了重金属作用下洞穴规模、洞穴总长度、洞穴最大深度、蚯蚓重量损失等，结果表明：赤子爱胜蚓在无镉污染土壤内的主要活动深度范围为 0~15cm，少数可达到 25cm，但镉污染下洞穴深度显著降低，主要在 0~10cm

范围内活动，且在 Cd^{2+} 浓度达到 45mg/kg 时洞穴深度进一步降低。所以在后续的土壤实验中可将 0~5cm、5~10cm、10~15cm 土层分别看作蚯蚓活动频繁土层、少数蚯蚓活动土层、无蚯蚓活动土层。

而洞穴总长度代表了蚯蚓探索土壤的能力，是蚯蚓对土壤物理性质改善的主要影响因素。洞穴长度增加，土壤透气性增强，好氧性微生物增加，土壤质量随之变好。无镉作用下，洞穴长度较长，蚯蚓活动较为频繁。但镉污染土壤中蚯蚓洞穴长度受到显著的抑制，在 Cd^{2+} 浓度为 45mg/kg 时较对照组下降了 45.76%。所以镉的存在大大降低了蚯蚓对于土壤的改善能力。

本研究中蚯蚓的重量损失也与 Cd^{2+} 浓度呈现极显著的相关关系（$P<0.01$），蚯蚓的重量损失是蚯蚓健康状态的重要表征，直接反映了重金属对于蚯蚓的毒害作用（Das et al.，2018）。

随着 Cd^{2+} 浓度的增加，蚯蚓的重量损失增加。本研究采用蚯蚓洞穴最大深度、洞穴总长度、日增加洞穴深度与洞穴长度等来表征蚯蚓掘穴能力与探索土壤的能力。从蚯蚓进入土壤开始，蚯蚓洞穴长度随着时间的延长而增加，洞穴深度也逐日递增。但镉的存在显著抑制了蚯蚓对土壤掘穴的这一过程。可见，重金属污染降低了蚯蚓单位时间内的运动能力（高超等，2015），从而可能降低蚯蚓对表层植物凋落物的直接取食能力，并降低蚯蚓对土壤理化性质的改良功能（刘嫦娥等，2021b），而这种变化必然对土壤微生物的群落结构和数量产生影响，从而也可能间接导致微生物对凋落物分解作用的发挥。

蚯蚓通过取食凋落物、分泌体液、排泄、掘穴、运动等行为在生态系统的物质循环中发挥作用。其中取食行为加速了凋落物的破碎化，增加了微生物与凋落物的接触面积；分泌与排泄行为促进了微生物的生长与繁衍；取食、掘穴与运动不仅加速了表层凋落物向深层沉降，而且促进了与土壤颗粒的混匀，促使团聚体形成。而以上过程均受蚯蚓洞穴总长度及最大深度的限制。重金属污染下蚯蚓蚓洞深度受到抑制，故蚯蚓改善土壤的范围受限制。而洞穴长度受抑制，说明了在该范围内蚯蚓改善土壤的能力受到限制。蚓洞的最大深度代表着凋落物可被储存的最大深度，直接制约了凋落物的存储效率；而洞穴长度代表了蚯蚓排泄物与分泌物的分布空间、微生物的优良生存空间、凋落物的分布空间等，所以蚯蚓掘穴行为在表层凋落物分解中具备至关重要的作用。

急性毒性研究可以通过建立剂量-效应关系，对重金属的直接毒性与潜在风险进行评估（Alves et al.，2013）。但是蚯蚓在土壤中的运动状况及掘穴行为很难被观察，2D装置内蚯蚓的掘穴行为研究能很好地弥补以上问题。蚯蚓行为不仅在评估重金属污染及风险评价方面较致死剂量更为敏感，而且蚯蚓行为是蚯蚓健康状况、对土壤改善能力、生态系统中能量转化的重要影响因素。在土壤生态系统中尤其是凋落物分解及物质循环方面具有重要意义。镉污染下蚯蚓洞穴深度显著低于对照组（0mg/kg），且随着暴露时间的延长差距进一步增大。但同样处于镉污染下，随 Cd^{2+} 浓度的增加改变不显著。所以土壤深度随 Cd^{2+} 浓度改变的敏感性较弱，无法建立剂量-效应关系。对照组与污染组处理下蚯蚓洞穴总长度随着暴露时间的延长而增加且相关性极显著，故可以作为评估化学污染的风险指标。

2. 镉污染下蚯蚓的生理响应

蚯蚓运动能力下降必然与其生理变化有关，对蚯蚓 NADH 脱氢酶、SOD 进行测定，结果表明：对照组（0mg/kg）处理下，第 7d 时，蚯蚓 NADH 脱氢酶含量显著升高，并在第 14d 恢复正常水平。而在镉胁迫下，蚯蚓 NADH 脱氢酶随 Cd^{2+} 浓度的变化在第 7d 时表现出先降低后增高的现象，并在第 14d 表现为随 Cd^{2+} 浓度的升高而升高。

NADH 脱氢酶为线粒体呼吸途径中的第一步，是线粒体氧化磷酸化的入口酶，使蚯蚓体内营养物质氧化放能并储存于 ATP 中的关键酶。对照组蚯蚓 NADH 脱氢酶含量在第 7d 时显著升高，这是由于蚯蚓为了适应新的土壤环境，掘穴行为耗能较高的缘故。在镉污染土壤中蚯蚓 NADH 脱氢酶随 Cd^{2+} 浓度的升高而升高，这代表着蚯蚓为了适应镉胁迫需要更多的 O_2 与能量消耗，同时也是蚯蚓在土壤表层分布的原因（Hobbelen et al.，2007）。

SOD 是蚯蚓体内重要的抗氧化酶，SOD 含量高低是蚯蚓受胁迫程度的重要表征。轻度胁迫下，蚯蚓 SOD 含量增高，可以起到消除自由基的作用；重度胁迫下，抗氧化系统损伤，SOD 含量降低（王辉和谢鑫源，2014）。本研究蚯蚓 SOD 含量随镉污染浓度的增加表现为先增高后降低的现象，与上述结果描述一致。蚯蚓为适应镉污染环境通过增加 SOD 含量来消除体内已生成的自由基，避免过多的氧化损伤，所以 Cd^{2+} 浓度为 15mg/kg 时，蚯蚓 SOD 含量显著增高。但随着 Cd^{2+} 浓度的升高，自由基含量超过 SOD 可清除阈值，机体出现氧化损伤。可见，蚯蚓氧化酶体系是重要的生物监测及环境评价指标。

由于蚯蚓不存在发达的肌肉系统，所以未在蚯蚓组织内检测出 LDH。这与前人（Tripathi et al.，2010）的研究结果一致。

4.4.3　镉污染下蚯蚓与微生物对凋落物分解速率的影响

1. 蚯蚓对凋落物分解速率的影响

蚯蚓对凋落物分解的影响十分显著，本研究对照组凋落物分解速率较空白对照组（无蚯蚓处理）高 135.21%。赤子爱胜蚓−微生物体系对凋落物的分解速率显著大于微生物中真菌与细菌群落（Suthar and Gairola，2014）。镉污染下对凋落物的分解速率存在较显著的抑制，当蚯蚓密度为 10 条/桶，Cd^{2+} 浓度为 15mg/kg、30mg/kg、45mg/kg 时，分别比对照组（0mg/kg）低 22.13%、17.87%、36.59%，但凋落物分解速率仍高于空白对照组。蚯蚓行为虽然受到胁迫，仍能通过取食、搬运、掘穴等使得表层凋落物减少，使得更多的凋落物储存于深层土壤中。

2. 微生物对凋落物分解速率的影响

木质素在林地生态系统碳循环中有着重要的作用，可以将大气碳转化为植物组织。在凋落物中木质素是分解最缓慢的成分之一，木质素的含量与分解速率的关系具备显著相关性。因此，在确定不同林地生态系统的凋落物分解速率时，木质素浓度是比其他化学浓度更具影响力的因素（Rahman et al., 2013）。一般情况下，木质素的分解主要受真菌群落的影响，而真菌的群落结构与蚯蚓、土壤 pH、重金属等的关系密不可分。蚯蚓改善土壤结构、分泌和排泄等行为使土壤酸性变弱，对真菌的群落结构产生关键影响。

真菌在木质素的分解上有重要贡献，本研究表明真菌群落多样性指数受蚯蚓活动影响显著增高，又受镉污染影响显著降低。这与木质素含量变化表现出较强的相关性。

重金属胁迫下凋落物分解系统是一个复杂的体系，土壤动物的取食行为、微生物的直接分解等可直接影响凋落物分解速率。镉存在时，不但从微生物群落结构与蚯蚓取食上对该进程进行抑制；镉对蚯蚓掘穴行为的抑制也削弱了对于土壤的改善能力。蚯蚓洞穴长度的缩短、深度的降低，也预示着适合微生物生存的环境减少。凋落物难以借助蚯蚓进入土壤中，且不随蚯蚓的运动而破碎，微生物与凋落物的接触面积也减小，凋落物分解进一步受到抑制。但是，土壤动物与微生物在凋落物分解中的贡献同样不可忽略。

本研究中，微生物多样性与凋落物分解速率相关性不显著，所以凋落物上土壤动物占主导地位。这与其他研究者得出的结论一致，即重金属污染下，凋落物分解主要受食腐动物活性抑制，而非微生物（Medeiros et al., 2008）。

4.4.4 镉污染下蚯蚓对土壤理化性质的影响

1. 蚯蚓对土壤物理性质的影响研究

本研究表明，蚯蚓可显著降低土壤容重并提升土壤孔隙度。镉处理下土壤孔隙度均显著高于对照组，蚯蚓对于土壤透气性的改善能力较强。镉污染下该进程明显受到抑制，当 Cd^{2+} 浓度为 45mg/kg 时，土壤孔隙度显著低于其他处理。蚯蚓增加土壤孔隙度的同时，增加了土壤的透气性，为好氧菌群的繁殖提供了基础，同样也是凋落物分解速率增加的原因之一。

蚯蚓具备改善酸性土壤的能力，蚯蚓蚓粪可使土壤 pH 显著升高（张池等，2018）。本研究中蚯蚓对土壤 pH 的影响较弱，且在镉污染下蚯蚓介导致使土壤进一步酸化。而酸性土壤中重金属的溶解度会增加，土壤动物、微生物、植物对重金属的吸附能力增加，因此，重金属更易于生态系统中运移。

2. 蚯蚓对营养元素输移的影响

本研究表明在 0～5cm 土层内土壤营养元素均与蚯蚓密度、Cd^{2+} 浓度呈现显著的相关关系，且蚯蚓又主要分布在土壤表层。所以，蚯蚓对土壤营养元素输移的影响主要受蚯蚓行为的限制。土壤营养元素发生改变的土层多为 0～10cm，而 10～15cm 土壤未受蚯蚓扰动的影响，各指标变化较小。这可能是由于蚯蚓通过取食、掘穴等行为使凋落物分布于蚯蚓洞穴内（Don et al., 2008），洞穴内壁受蚯蚓分泌液的影响具有较高活性的微生物附着，且具备较丰富的群落结构。破碎化的凋落物正好增加了与蚯蚓洞穴微生物的接触面积。所以凋落物分解速率增加，同时也伴随着更多营养元素进入土壤内。

凋落物分解是土壤养分的主要来源，在本研究中土壤速效磷、碱解氮、铵态氮含量均显著增加，土壤肥力得到改善。蚯蚓在土壤中的运动和排泄行为改变了土壤的理化性质，同时为速效磷、碱解氮等的形成创造了良好的条件。蚯蚓与微生物对凋落物的取食与分解作用，为土壤提供了良好的氮、磷来源，进一步促使碱解氮与速效磷含量的提高。而碱解氮、速效磷作为土壤中易于被吸收的部分，又为植物提供了充足的营养来源。

镉污染下，蚯蚓的取食适口性、掘穴长度、微生物的活性、生存与繁殖能力、外源酶的生物活性等都受到不同程度的抑制，因此凋落物分解速率及营养元素输移等都不可避免地受到影响。在本研究中，表层土壤中营养元素含量均与 Cd^{2+} 浓度呈现极显著的相关关系（$P<0.01$），深层土壤营养元素与之相关不显著。这也说明镉污染可以通过介导微生物及蚯蚓行为来影响土壤中营养元素改变。镉作用下土壤营养元素均显著下降，甚至低于空白对照组。所以土壤不能长久地从凋落物中获取充足的营养成分，林地生态系统的物质循环也因此受其影响。

4.4.5　镉胁迫下蚯蚓影响凋落物分解结论

镉污染对蚯蚓探索土壤能力有明显的抑制作用，蚯蚓为应对镉污染影响，耗氧量增加，氧化损伤产生的自由基难以及时清除，分布也趋于表层。这些不利的影响最终导致蚯蚓生物量（鲜重）在该条件下不断下降。

蚯蚓活动使得凋落物分解速率增加，土壤营养元素含量随之提高。而子囊菌门真菌可能参与其中，使得木质素含量显著下降。蚯蚓对土壤营养元素改变及输移的影响受镉污染的制约，土壤强化指标随 Cd^{2+} 浓度的增加均有不同程度的降低，而蚯蚓密度的增加可削弱这一影响。

镉污染抑制了凋落物的分解速率，降低了凋落物中营养元素归还土壤的速度，对林地生态系统可持续性存在一定风险。

第5章 重金属污染与蚯蚓-土壤-细菌-拟南芥系统的生态响应

蚯蚓存在于全球几乎所有的生态系统中，不仅有助于改变土壤容重、粒径大小等物理结构，还可以改善土壤的化学性质，而且能够有效激活整个土壤生态系统，促进土壤生物类群的增加；同时蚯蚓可通过取食、消化、排泄、分泌和掘穴等活动影响土壤物质循环和能量传递，是多个决定土壤肥力的过程并产生重要影响的土壤无脊椎动物类群之一。蚯蚓会影响植物吸收和积累重金属，对各种干扰反应比较敏感并及时作出生态响应，重金属污染下蚯蚓行为、生理等均受到不同程度的影响，且随着重金属污染程度的增加，土壤微生物的群落结构也会受到显著抑制，尤其是真菌群落释放的外源酶含量降低，进而导致生物量降低，影响植物生长。

5.1 重金属胁迫微生物-蚯蚓-植物-土壤生态系统的研究进展

土壤是人类生存不可或缺的资源之一，作为陆地生态系统的最重要一环，土壤生态系统的稳定性是人类能否持续利用的关键。而土壤重金属污染通常被称作"隐身杀手"，具有潜伏期长，迁移性差，修复难度大等特点。重金属进入环境后，可通过植物自身的吸附作用进入植物体内，也可通过径流和淋洗等途径进入地表水和地下水，最终通过食物链、接触土壤等多种方式危害人体健康。

通过对重金属污染区域内的大型土壤动物进行取样调查，发现土壤中 Cd、Pb 等重金属会导致土壤动物数量及群落多样性显著下降，随着 Cd^{2+} 浓度的提高，土壤生物多样性指数与均匀度均降低，表征群落结构复杂度下降（施时迪等，2010）。重金属对植物也有较强的损害作用，重金属胁迫下植物蛋白损伤，细胞出现氧化损伤，植物生长受抑制，显著降低了生态系统的初级生产力。土壤重金属污染不仅导致土壤质量恶化，植被减少，且直接威胁土壤动物的生存繁衍，严重抑制土壤物质循环和能量转化速率。

5.1.1 重金属胁迫对蚯蚓的影响

1. 重金属胁迫蚯蚓行为及生理

随着重金属浓度升高土壤中优势类群的优势降低，数量递减，甚至影响土壤动物的繁殖和生存。蚯蚓作为土壤中最大的无脊椎动物，不可避免也会受其影响。同时，蚯蚓对重金属具有一定的忍耐能力和富集能力，蚯蚓富集重金属主要是通过被动扩散和主动摄食两种途径，有些蚯蚓种类能在受到重金属污染（包括金属矿区）的土壤中存活，还能在体内富集一定量的重金属而不受伤害或伤害较轻（Langdon et al., 2001），在这种条件下，耐污染能力强的蚯蚓种类会表现更高的优势度。随土壤污染的程度加重，蚯蚓在垂直方向上的分布会明显减少，在污染指数较大的样地中，土壤动物的分布在土层 0～5 cm 和 5～10 cm 层出现了逆分布现象。重金属进入土壤后，会在表层滞留富集，从而使一些表聚性强的类群因为不能生存而向下迁移（王振中等，1994）。同时，蚯蚓对于重金属也具有一定的富集能力，在耐受范围内蚯蚓行为和生理表现出对重金属的适应性并促进了蚯蚓生长代谢，但重金属含量一旦超过其耐受范围，蚯蚓便会表现出趋避行为和发生中毒反应，甚至死亡。研究表明，镉胁迫下蚯蚓存活率会呈现出随暴露时间的延长和镉浓度的升高而降低的现象。

随着重金属污染指数增加，不同蚯蚓种对污染物的耐受力有一定差异，但蚯蚓角质层厚度对重金属污染表现出相同变化规律。低浓度镉污染下，赤子爱胜蚓与加州腔蚓（*Metaphire californica*）上角质层均明显加厚，随着镉污染浓度增加，超出两种蚯蚓耐受范围时，蚯蚓上角质层均出现变薄现象（张慧琦等，2017）。

重金属污染还会显著影响蚯蚓的运动模式，从蚯蚓洞穴结构发现，随着 Cd^{2+} 浓度的增加，蚯蚓洞穴最大深度和总长度出现了显著下降，与对照组相比，在 45mg/kg 镉浓度下分别下降了 65.27% 和 49.36%（孟祥怀，2019）。

SOD、过氧化氢酶（CAT）和 NADH 脱氢酶等构成的蚯蚓氧化酶体系是重要的生物监测及环境评价指标，重金属胁迫后这些指标会受到不同程度的影响。SOD 是蚯蚓体内重要的抗氧化酶，其含量高低可以表征是蚯蚓受胁迫的程度。蚯蚓在低浓度镉胁迫下，会产生更多的 SOD 来消除体内生成的自由基，避免过多的氧化损伤。但随着镉浓度的升高，自由基含量超过了 SOD 可清除阈值之后，蚯蚓就会出现氧化损伤。随着镉浓度的增加，蚯蚓体内 SOD 活性逐渐降低，且在试验结束时高浓度处理中蚯蚓体内的SOD 活性显著低于对照组，而氧化产物 MDA 含量则随着暴露时间的延长而增加，蚯蚓NADH 脱氢酶的活性不断增加，而 SOD 则表现出低浓度促进、高浓度抑制的趋势。蚯蚓毒理性实验表明，在镉处理下，蚯蚓乙酰胆碱酯酶（AchE）活性随镉离子增加整体表现为先升高后降低。很多研究都表明，对于重金属来说，低浓度促进生物体代谢过程，高浓度抑制生物体代谢过程。金属硫蛋白也可以反映生物受重金属胁迫的程度，还有研究证实，镉可以诱导蚯蚓体内金属硫蛋白的合成，使其含量增加（刘丽艳等，2017）。

2. 重金属胁迫对蚯蚓肠道微生物的影响

蚯蚓活动在环境中会摄食包含大量微生物的土壤颗粒，然后产生蚓粪。蚓粪中的微生物大都来自环境中，但又与环境中的微生物群落结构存在很大差异。在重金属污染的酸性土壤中加入赤子爱胜蚓之后发现，与土壤微生物相比，蚓粪中优势菌群大多与重金属的迁移转化有关，如香味菌属（*Myroides* sp.）、芽孢杆菌属（*Bacillus* sp.）等。在砷污染下蚯蚓肠道微生物中关于砷转化基因覆盖度提高；镉的暴露导致了蚯蚓肠道菌群的扰动，增加了抗重金属或能结合重金属的细菌（Wang et al.，2019）。这些结果表明蚯蚓肠道可以作为重金属抗性微生物的储藏库，为重金属污染土壤的修复提供良好的材料。

5.1.2 蚯蚓介导重金属胁迫对土壤性质的影响

1. 蚯蚓介导下重金属胁迫对土壤理化性质的影响

蚯蚓在陆地生态系统中具有十分重要的地位，主要参与土壤中有机质的分解和养分循环，其取食活动直接或间接地对土壤起到了机械翻动的作用，可以改善土壤的结构、通气性和透水性，使土壤迅速熟化。蚯蚓可显著降低土壤容重并增加土壤孔隙度，蚯蚓也会对土壤中有机物的成分产生影响，在蚯蚓作用下土壤有机物的游离氨基酸和酸解氨基酸组分含量均发生了明显改变（王斌等，2015）。

蚯蚓具备改善酸性土壤的能力，蚓粪可使土壤 pH 显著升高。也有研究表明蚯蚓对土壤 pH 的影响较小，且在镉污染胁迫下土壤会酸化；进而酸性土壤中重金属的溶解度会增加，土壤动物、植物、微生物对重金属的吸附能力增加，重金属更易于进入生态系统中。随着重金属浓度的增加，蚯蚓介导下的土壤 pH、全氮、碱解氮、总磷、速效磷与有机质含量不断下降（Liu et al.，2020）。

2. 蚯蚓介导重金属对土壤微生物多样性的影响

土壤微生物是土壤生态系统的重要组分，几乎所有的土壤过程都会受到土壤微生物的直接或间接影响，其中在土壤有机质降解、养分循环等重要过程中起着关键作用。重金属污染影响土壤中无脊椎动物的群落结构与行为、群落多样性降低且由少数耐受种主导（Hogsden and Harding，2013），同时削弱了微生物介导的生态过程与群落结构，并导致土壤微生物丰度与多样性的下降，矿区附近土壤的微生物生物量明显低于远离矿区土壤的微生物生物量。控制实验研究结果也证实了这一结果，不同 Cd^{2+} 浓度下土壤微生物生物量存在差异，Cd^{2+} 浓度超过 30 mg/kg 时，微生物生物量显著下降（孟祥怀，2019）。研究表明，重金属胁迫对土壤微生物生物量、代谢活性和多样性等影响可能显示出不同的剂量-效应关系。对微生物的数量而言，重金属在低浓度下有促进作用，高浓度有抑制作用；对于群落效应，不同类群的微生物对重金属的敏感程度不同，通常是放线菌 > 细菌 > 真菌。在众多的土壤微生物中，与植物生长和抗逆能力密切相关的有益微生物在土壤重金属迁移转化中的作用受到了广泛关注，这些有益微生物包括共生微生物和植物促生菌能通过多种机制提高植物抗重金属能力，促进植物的生长。有研究报道重金属会影响植物根瘤菌的定植，也有研究认为在重金属污染土壤上菌根仍能很好地侵染植物根系，植物促生菌在重金属污染条件下仍然能够促进植物的生长（Kim et al.，2017）。

土壤动物可以通过取食土壤微生物并为微生物提供更多的营养物质等途径直接调节微生物的活动。蚯蚓活化重金属机制的重要原因之一可能是改变微生物种群变化。蚯蚓取食重金属污染土壤消化后，产生的蚓粪微生物群落结构发生变化，种群多样性更为丰富；不同生态类型蚯蚓间的蚓粪微生物群落有一定的相似性，其优势菌群大多为与重金属迁移转化相关的菌群。

5.1.3 重金属胁迫蚯蚓行为对植物生长的影响

1. 植物应对重金属胁迫的机制

实际上，植物对污染的适应包括两方面：一方面是对污染引起的自然环境改变的适应，另一方面是对污染物所引起其自身的生理变化的适应。由于自身结构和生理代谢的特殊性，不少植物先天性对干旱、高温、寒害等逆境抵抗性较高，而这些性状对植物适应污染环境也具有一定的作用。在形态上有比较明显的旱化特征的植物往往也对重金属胁迫有较强的适应性。研究证实，在长期重金属污染条件下，植物往往会出现较小的叶面积，地下生长优于地上生长等性状。例如，在重金属污染的条件下，玉米地下部的生物量明显增大，根系发达。污染适应性水平越高的种子，对生殖生长的资源分配越高。通过对小麦三个品种分析发现，长期受污染胁迫的小麦，在污染条件下表现出较高的抗性水平，这些植株的株高、穗长和分蘖数均有所增大，而且单个麦穗种子的粒数、千粒重和穗重都有增加的倾向（马建明等，1998）。

此外，植物对重金属有一定的吸收和富集能力，重金属在植物中的富集是人类摄入重金属的一种重要途径。有些植物对污染物具有解毒的作用，这种解毒过程与正常代谢有一致性。植物可以通过细胞膜表面的金属离子运转器来抑制自身对重金属的吸收。超积累植物对重金属的超量吸收的主要原因是超积累植物的根部细胞表面具有较多的重金属结合位点。重金属进入植物体内，也会被植物在细胞内区室化或者排出体外，即进入植物体内的重金属主要存在于植物细胞的细胞壁和液泡中，从而降低了其对植物的毒性。

当然，污染物进入植物体内后，会引发植物的一些生理生化方面的响应，以期减少污染物对自身的毒害作用。在重金属胁迫下，披叶酸模体内 SOD 和过氧化物酶 POD（peroxidase）活性会随胁迫浓度升高而升高，但当重金属胁迫浓度超过植物承受能力后，两种酶的活性便会迅速下降。低浓度作用下，植物应激反应产生保护作用，通过加速新陈代谢活动，产生大量代谢产物对进入的金属离子进行螯合，或者通过离子泵的功能加强对进入的金属离子的排出，在这一过程中植物都表现出被促进的代谢反应。

植物也会通过分泌的一些分泌物来降低重金属对其的毒性，同时也会对重金属的生物有效性产生影响。除了根际分泌物以外，根际微生物也是现在研究的重点和热点。从污水灌溉的苦瓜根际分离出的细菌菌株 CIK-518 和 CIK-521R 是有效的定殖者，因此可以是潜在的接种物，可以促进镉污染土壤中玉米生长和土壤 Cd 的提取、固定及稳定（Ahmad et al.，2015）。

重金属会对植物产生多方面的影响。重金属会影响植物对某些元素的吸收，如土壤中 Pb 污染会影响植物对 P 的吸收；会对细胞核、线粒体、叶绿体等植物细胞的超微结构产生影响；会影响植物的种子生活力和抑制玉米种子的发芽率；会影响植物的种子生活力和抑制玉米种子的发芽率；会在植物的生长发育以及植物的生理生化等方面产生影响。研究发现，重金属主要通过破坏植物蛋白质的活性从而导致植物细胞膜脂受到氧自由基攻击，从而抑制了植株的根系发育和叶绿素的合成，使植株矮化、叶片发黄，并会导致植物死亡。重金属也会对植物的遗传结构和基因产生影响，重金属污染会加速植物的进化和分化。

2. 重金属胁迫下蚯蚓行为对植物生长的影响

蚯蚓可以促进植物的生长，研究表明蚯蚓可使高原植物生物量积累增加近 15 %。此外，在添加捕食性甲虫实验中由于蚯蚓在躲避天敌向深层土壤迁移过程中也促进了植物的生长。

土壤重金属的积累可通过抑制土壤微生物活性来影响土壤中有机碳、氮的矿化。由于不同土壤粒径对有机质的富集降低了微生物量及其活性，进而削弱了土壤有机成分的矿化效率。通过室内实验证明，受 Cd、Pb 和 Zn 污染的土壤微生物量碳和微生物量氮较对照组急剧下降。

低浓度镉处理可促进作物种子萌发率，刺激小麦、玉米根系生长并增加作物地上生物量的积累；50 mg/kg 镉处理的土壤中，玉米茎叶生长、生物量的积累受到显著抑制；镉对小白菜侧根的发生，根伸长也有明显抑制效应。此外，模拟大气镉沉降增加了土壤高风险镉（水溶态镉、交换态镉和碳酸盐态镉），进而增加了土壤镉的污染风险；芥菜和玉米对镉的直接效应最大，分别为 0.94 和 0.66；Cd 的沉积减少了土壤微生物生物量碳的含量和土壤中细菌、真菌和放线菌的数量（Cui et al., 2019）。

综上，重金属污染下，蚯蚓微生物的活性、生存与繁殖能力，微生物群落结构与丰富度、外源酶分泌，土壤质量等都受到不同程度的抑制，进一步影响植物生长。

5.2　镉胁迫蚯蚓-土壤-细菌-拟南芥系统的研究方案

为了探究重金属对蚯蚓行为—改善土壤质量—植物生长的生态过程，作者以镉为污染物代表，系统、综合地研究重金属对土壤-植物-动物-微生物生态系统的影响，设计了实验方案。

5.2.1　实验材料

重金属：$CdCl_2$（由天津市风船化学试剂科技有限公司生产，纯度为 99.0%）。与第 4 章同。

蚯蚓：赤子爱胜蚓。与第 4 章同。

植物：拟南芥[*Arabidopsis thaliana*（L.）Heynh]哥伦比亚（Columbia，col）生态型。种子受赠于云南大学生命科学学院陈小兰教授，该课题组长期进行拟南芥发育实验。

自制 3D 装置：圆柱状 PVC 管（直径=19.2 cm，高=17 cm），上端开口。与第 4 章同。

土壤：红壤选自于云南大学呈贡校区长期无人为干扰的地块，采集土壤，去除石块等其他杂质，风干后过 2 mm 筛。腐殖土购买于昆明市斗南花卉市场，为商用腐殖土，风干后过 2 mm 筛。红壤与腐殖土按照体积比 1∶2 的比例混匀。

每个实验装置 2.5 kg 土壤，土壤 Cd^{2+} 浓度设置 0 mg/kg、0.3 mg/kg、1.0 mg/kg、3.0 mg/kg 四个处理，每个处理设置 6 个平行。实验期间调节土壤绝对湿度至 50%。

5.2.2 样品的处理

1. 植物样品的处理

将植物从装置中连根挖出，将根上的泥土清洗干净，并用纸巾将水分吸干。用手术剪将根、茎、叶、果荚分离，编号后分别测定根长、根粗、根分枝数、根生物量（湿重、干重）；茎粗、茎长、茎分枝数、茎生物量（湿重、干重）；叶生物量（湿重、干重）；果荚生物量（湿重、干重）。

2. 土壤样品的处理

与 $CdCl_2$ 混合均匀后，选取三个未添加重金属的装置（微生物样本编号为 CK）及在稳定两周后（微生物样本编号：0 mg/kg、0.3 mg/kg、1.0 mg/kg、3.0 mg/kg 分别为 C0-T1、C1-T1、C2-T1、C3-T1）及实验结束后（微生物样本编号：0 mg/kg、0.3 mg/kg、1.0 mg/kg、3.0 mg/kg 分别为 C0-T2、C1-T2、C2-T2、C3-T2），每个浓度选取三个装置，将 0~5 cm 土层内土壤混匀后取样，–20℃低温保存，送广州基迪奥生物科技有限公司进行 16S 测序；土样自然风干后分别过不同孔径的标准尼龙筛，分装在自封袋内并编号。过 2 mm 筛的土样测定土壤 pH、碱解氮、速效磷、速效钾、土壤有效镉；过 0.25 mm 筛的土样测定土壤全氮、全钾、有机质和全镉；过 0.149 mm 筛的土样测定土壤的总磷。

3. 蚯蚓及其肠道微生物的处理

选择 0.3~0.5 g 健康且具环带的蚯蚓，将其清洗干净后，置于培养箱内清肠，在 25℃下清肠 12 h 后，置于试验装置中进行实验。

实验结束后，打开底盖由下而上进行破坏性取样，将土壤摊成薄层，手检法统计蚯蚓数量。清洗干净后，称重，立即–20℃冷冻。解剖获得蚯蚓的肠道微生物后送广东基迪奥生物科技有限公司进 16S 测序。

蚯蚓肠道微生物样本编号：0 mg/kg、0.3 mg/kg、1.0 mg/kg、3.0 mg/kg 处理分别用 C0-Q、C1-Q、C2-Q、C3-Q 表示。

5.2.3 研究方案

1. 研究设计

将实验土壤添加镉混合，稳定两周后，将拟南芥种子用牙签均匀地点种在实验装置土壤表面，每个装置点种 10 颗种子。每个装置上覆盖保鲜膜，保持装置水分。当所有种子都发芽后，去掉保鲜膜。在拟南芥植株长出 6～8 个叶片时，对装置进行随机地间苗，每个装置留下 5 株拟南芥幼苗。选择健康且具环带的蚯蚓，设置蚯蚓密度为 10 条/装置。放置在室温条件下，并定期称重，根据蒸发量对装置的水分进行补充。对每个植株进行编号，并分别记录每个植株抽薹时间及首次开花时间。在拟南芥的种子开始成熟之后，每天将成熟的种子收集起来放在标记有对应编号的纸袋中，挂在阴凉通风的地方晾干。根据最后一个植株有果实成熟的时间来确定实验的处理时间，并在处理结束后对装置进行破坏性取样。对获得的拟南芥植株的茎长、根长、根分枝数及根、茎、叶、果实的生物量等指标进行测定。

2. 指标测定方法

1）植株指标的测定

根长、茎长：使用直尺进行直接测定。

根粗、茎粗：使用电子游标卡尺测定。

茎分枝数、根数：直接计数的方式测定。

生物量（湿重）：用流水将植株表面的泥土冲洗干净，并用干净的纸巾擦干植株表面的水分后直接用电子天平测定。

生物量（干重）：在烘箱中 105℃杀青 20～30min，再用 60℃的温度烘干至恒重，测定根、茎、叶、果荚四个部位的生物量（干重）。

种子千粒重：选取饱满的种子，测量每个拟南芥植株种子的千粒重。

2）土壤理化性质及元素含量的测定

土壤 pH、碱解氮、有机质、速效磷、速效钾、TP、TN、TK 的测定方法同第 2 章表 2-7，土壤全镉和有效镉的测定方法详见第 3 章表 3-1。

3）蚯蚓指标的测定

蚯蚓存活率：采用手检法，将蚯蚓与土壤分离，直接计数。

蚯蚓肠道微生物提取方法：蚯蚓清洗干净后，称重，立即–20℃冷冻。将实验所需的手术剪、手术刀、镊子、大头针、枪头、1.5mL 离心管、纯水等用高压灭菌锅在 121℃灭菌 30min，用脱脂棉蘸取 75%酒精擦拭蜡盘进行灭菌。蚯蚓在 75%酒精中浸泡 3s，过火。腹部朝上，并用大头针将蚯蚓的首尾固定在已灭菌的蜡盘上，用手术刀剖开蚯蚓的体壁，将蚯蚓体壁也用大头针固定，使蚯蚓的肠道可以暴露出来，取出蚯蚓整个肠道。用手术剪将肠道剪碎放入事先加入 1mL 无菌水的 1.5mL 离心管中。同一浓度处理下的所有蚯蚓的肠道及其内容物放入同一离心管。在解剖下一浓度处理的蚯蚓时，所有器械用脱脂棉蘸取酒精擦拭干净并过火。涡旋震荡 10s 将蚯蚓肠道内容物从蚯蚓肠道中释放。在 4℃、500g 条件下离心 30s，去除蚯蚓肠道及内容物中的土壤颗粒。将上清液等量移入三个已灭菌的离心管中，设置离心条件为 4℃，13000 g 离心 10min，弃上清。离心管内的沉淀即为蚯蚓的肠道微生物样本。

4）微生物测序

从样本中提取基因组 DNA 后，扩增 16S rDNA 的 V3～V4 区。引物序列为：338F

（5'-ACTCCTACGGGAGGCAGCAG-3'）和 806R（5'-GGACTACHVGGGTWTCTAAT-3'），
扩增子长度约 460 bp。PCR 扩增产物切胶回收，用 QuantiFluor^{TM}荧光计进行定量。将纯
化的扩增产物进行等量混合，连接测序接头，构建测序文库，Hiseq 2500 PE250 上机测
序，并使用 Illumina MiSeq 高通量测序平台对其进行双末端（Paired-End）测序。DNA
的提取和测序委托广州基迪奥生物科技有限公司完成。

5.2.4　数据的处理

1. 测序数据

用如下步骤对测序得到原始下机数据进行预处理原始数据过滤，包括 Tags 拼接、Tags
过滤、Tags 去嵌合体。利用 Mothur 软件包对 Tag 序列进行去冗余处理，从中挑选出 unique
Tag 序列。用 Uparse 软件对所有样品的全部 Effective Tags 序列聚类，默认提供以 97% 的
一致性（identity）将序列聚类成为 OTUs（operational taxonomic units）结果，并计算出
每个 OTU 在各个样品中的 Tags 绝对丰度和相对信息。获得 OTU 后，根据分析流程，依
次进行物种注释、α 多样性分析、β 多样性分析等群落功能预测。在存在有效分组的情
况下进行组间差异比较及差异检验，从而获得样品细菌的物种组成（门和属水平）、多
样性（香农-维纳多样性指数和辛普森多样性指数）及丰富度（Chao 指数和 Ace 指数）等
信息。测序数据的处理及相关的生物信息学分析由广州基迪奥生物科技有限公司完成。

2. 其他数据

本研究过程中所得的其他测序数据使用 Excel、SPSS 进行分析，所有数据均满足正
态分布和齐次性要求。其中，平均值以 Mean ± SEM 表示，采用皮尔逊相关性分析并进
行双尾检验、单因素方差分析和 Duncan 检验法统计分析。

5.3　镉胁迫蚯蚓–土壤–细菌–植物研究

以镉为研究对象，探讨镉对蚯蚓存活、土壤理化性质的影响，并对比分析蚯蚓肠道
微生物与土壤微生物多样性与丰度的相关性，进一步探讨蚯蚓介导下镉胁迫对拟南芥生
长的影响。研究结果表明：

（1）镉胁迫下蚯蚓存活率为 70%～80%，且各浓度处理间未呈现显著差异。镉的添加
显著影响了蚯蚓的肠道微生物的丰度及其多样性，随着镉处理浓度的增加蚯蚓肠道微生物
香农-维纳多样性指数和辛普森多样性指数逐渐下降，辛普森多样性指数与对照组相比差
异显著。在门水平上，约有 90% 的微生物属于十个优势门，其中放线菌门（Actinomycetes）
的相对丰度最高。与对照组相比，镉处理浓度 3.0 mg/kg 土壤样本中的厚壁菌门
（Firmicutes）和变形菌门（Proteobacteria）的相对丰度分别提高了 41.3% 和 16.7%，而放
线菌门的相对丰度下降了 17.2%。

（2）蚯蚓介导镉处理下，相比对照组而言，土壤 pH 显著降低。土壤全氮、碱解氮、全钾、有机质含量呈现先增加后减少的趋势，且与对照组差异显著；而土壤总磷、速效钾的含量变化趋势不一致，均在 3.0 mg/kg 的处理组含量达到最高，但总磷的变化不显著；速效钾含量则显著高于其他组。镉胁迫降低了土壤微生物的丰度和多样性。土壤微生物样本的 Chao 指数与处理前相比均有所下降，即土壤微生物的丰度均有所下降。香农-维纳多样性指数随镉处理浓度的增加而逐渐降低，随处理时间的延长而逐渐升高；土壤微生物的变形菌门（占 25%～46%）、浮霉菌门（占 6%～33%）、放线菌门（占 11%～28%）是相对丰度最高的菌门，同时镉胁迫增加了土壤中放线菌门和变形菌门的相对丰度。与土壤微生物相比，在蚯蚓肠道微生物中厚壁菌门和放线菌门的相对丰度明显增加。

（3）$CdCl_2$ 污染造成了拟南芥植株的矮化，与对照组相比，Cd^{2+} 浓度为 0.3 mg/kg、1.0 mg/kg、3.0 mg/kg 处理的拟南芥主茎长度分别减少了 3.0%、3.9%、6.4%。镉胁迫增加了拟南芥分枝的数量，Cd^{2+} 浓度为 1.0 mg/kg 处理的分枝数增加了 56%。拟南芥随污染浓度的升高减少了叶能量的投入而增加了茎、根部能量的投入，有利于植株在逆境环境中对营养元素的吸收。镉的添加显著影响了拟南芥的生长周期，使拟南芥提前进入了生殖生长。与对照组相比，3.0 mg/kg 最高浓度处理的初花期提前了 12.87%，将开花到有果荚成熟的时间缩短了 21%，在相同的生长时间内，将生殖生长的能量占比提高到了 44.80%。使其获得了更多的后代，但后代质量显著下降，种子的千粒重下降了 3.8%。

5.3.1 不同镉浓度下蚯蚓存活状况与肠道微生物变化

1. 不同镉浓度下蚯蚓存活率变化

研究了四种镉处理浓度下土壤系统中蚯蚓的存活情况，通过其存活率来表征，详见图 5-1。

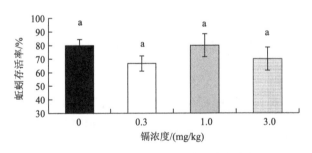

图 5-1 不同镉浓度下蚯蚓存活率的变化

相同字母表示处理间无显著差异（$P < 0.05$），下同

从图 5-1 可见，0 mg/kg、0.3 mg/kg、1.0 mg/kg、3.0 mg/kg 四种镉处理浓度下，每个装置中存活的蚯蚓为 7～8 条，存活率为 70%～80%，且不同处理之间没有显著性差异。可见本研究设计浓度范围没有导致蚯蚓明显死亡，进而影响土壤生态系统的结构；同时也可以看出蚯蚓进入新的土壤环境中需要付出适应代价。整个实验不同处理之间蚯蚓的数量没有明显差异，可以排除镉胁迫造成蚯蚓死亡进而影响实验结果。

2. 不同重金属浓度胁迫下蚯蚓肠道微生物变化

1）蚯蚓肠道微生物的丰度和多样性

研究了四种镉处理浓度下土壤系统中蚯蚓肠道微生物变化情况，通过 16S rRNA 基因测序，得出蚯蚓肠道微生物的丰度和多样性，详见表 5-1。

表 5-1　蚯蚓肠道微生物（16S rRNA 基因）的丰度和多样性（97%相似性水平）

镉浓度/（mg/kg）	OUTs 个数	覆盖度/%	丰度指数		多样性指数	
			Chao	Ace	香农-维纳	辛普森
0	3100±63 a	98.75±0.06 b	4684±240 a	4807±183 a	8.16±0.17 a	0.9729±0.0041 a
0.3	2854±318 ab	98.81±0.09 b	4180±494 ab	4247±472 ab	6.29±0.94 ab	0.8763±0.0336 b
1.0	2792±304 ab	98.80±0.05 b	4247±459 ab	4329±344 ab	7.43±0.06 ab	0.9434±0.0108 c
3.0	2283±104 b	99.18±0.02 a	3357±165 b	3482±118 b	8.22±0.11 a	0.9892±0.0011 a

注：表中数据均为平均值±标准差，不同小写字母表示同指标的显著性差异（$P<0.05$）。

对四个处理下蚯蚓肠道微生物的测序（表 5-1）分别获得了 3100 个、2854 个、2792 个和 2283 个 OTUs，覆盖度均大于 98.7%，这表明该测序深度能很好地涵盖蚯蚓肠道微生物的优势菌群，测序的结果能很好地反映蚯蚓肠道微生物的真实情况。

对于四组 12 个蚯蚓的肠道样品进行了 16S rRNA 基因测序，使用微生物的 α 多样性 Chao 指数和 Ace 指数来表征蚯蚓肠道微生物的丰度，蚯蚓肠道微生物的丰度如表 5-1 所示。蚯蚓肠道微生物的 Chao 指数和 Ace 指数随着镉浓度的增加，逐渐下降。CK 组的 Chao 指数和 Ace 指数最高，分别为 4684 和 4807，土壤镉含量为 0.3 mg/kg、1.0 mg/kg、3.0 mg/kg 的处理的 Chao 指数和 Ace 指数分别为 4180、4247、3357 和 4247、4329、3482。3.0 mg/kg 的处理组的微生物丰度最低，且与其他处理组差异显著。土壤中镉会降低蚯蚓肠道微生物的丰度，这表明蚯蚓将含有重金属的土壤和腐殖质颗粒摄入到体内，可能会杀死蚯蚓体内的一部分对镉没有抗性或者抗性较低的微生物，从而导致蚯蚓肠道微生物的丰度的降低。

土壤镉浓度为 3.0 mg/kg 处理的蚯蚓肠道微生物的多样性最高，香农-维纳指数和辛普森指数分别为 8.22 和 0.9892，略高于对照组；其他两个处理组的多样性指数均低于对照组。其中土壤镉浓度为 0.3 mg/kg 处理的蚯蚓肠道微生物的多样性最低，香农-维纳指数和辛普森指数分别为 6.29 和 0.8763。对照组的蚯蚓肠道微生物不仅微生物丰度最高，而且拥有较高的微生物多样性。而土壤镉含量为 3.0 mg/kg 处理的蚯蚓肠道微生物的丰度最低，但是拥有最高的微生物多样性。这表明镉虽然可能会杀死一部分较为敏感的微生物，从而降低蚯蚓肠道微生物的丰度，但同时也会对土壤中耐镉甚至是抗镉的微生物产生富集作用，提高其在蚯蚓肠道微生物中的优势度，从而提高高浓度镉污染胁迫下蚯蚓肠道微生物的多样性。

2）蚯蚓肠道微生物物种组成的变化

利用堆叠图能直观展示群落中不同样本的物种组成情况。透过堆叠图，能发现微生物在不同处理下的变化趋势，能够评估变化最大或最稳定的物种，优势物种等。挑选在所有样本中丰度均值排名前 10 的物种详细展现，其他已知物种归为"其他"，未知物种标记为"未分类"，蚯蚓肠道微生物样品中优势门和属的相对丰度详见图 5-2。

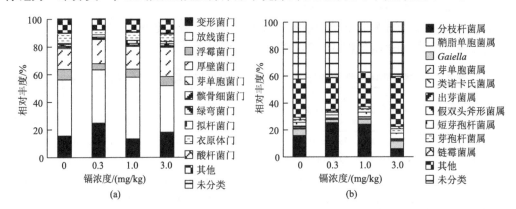

图 5-2　蚯蚓肠道微生物优势门（a）和优势属（b）相对丰度

如图 5-2（a）所示，在门水平上，蚯蚓肠道微生物约有 90 %的微生物隶属于十个菌门，这十个菌门分别为放线菌门、变形菌门、厚壁菌门、浮霉菌门（Planctomycetes）、衣原体门（Chlamydiae）、拟杆菌门（Bacteroidetes）、绿弯菌门（Chloroflexi）、髌骨细菌门（Patescibacteria）、酸杆菌门（Acidobacteria）和芽单胞菌门（Gemmatimonadetes）。其中放线菌门的相对丰度最高，在四个处理中的相对丰度分别为 40.7%、38.5%、44.6% 和 33.7%，土壤中镉处理浓度为 1.0 mg/kg 的处理组相对丰度最高；其次是变形菌门，在四个处理中的相对丰度分别为 15.6%、24.9%、13.4%、18.2%；厚壁菌门在四个处理中的相对丰度分别为 15.0%、17.6%、16.5%、和 21.2%。从相对丰度来看，放线菌门和变形菌门的相对丰度在四个处理之间的变化规律不明显。厚壁菌门的相对丰度在四个处理之间则呈现出随土壤中镉含量的增加而逐渐增加的现象，镉胁迫增加了其在蚯蚓肠道微生物的相对丰度。

如图 5-2（b）所示，在属水平上，各个样品中约有 69%的微生物属为未知属和除 10 个相对丰度最高属的其他属，土壤镉浓度为 3.0 mg/kg 处理的该比例最高，约达到了 77.5%。其中对照组的蚯蚓肠道微生物样本中的未知属的相对丰度最高，为 41%，3.0 mg/kg 处理的其他属的相对丰度最高，为 37%。这 10 个相对丰度最高的属分别为分枝杆菌属（Mycobacterium）、Gaiella、短芽孢杆菌属（Brevibacillus）、芽孢杆菌属（Bacillus）、链霉菌属（Streptomyces）、类诺卡氏菌属（Nocardioides）、出芽菌属（Gemmata）、芽单胞菌属（Gemmatimonas）、鞘脂单胞菌属（Sphingomonas sp.）、假双头斧形菌属（Pseudolabrys）。

其中分枝杆菌属的相对丰度在四个处理组之间的差异最大。其在土壤镉含量为 0.3 mg/kg 的处理中的相对丰度最高，为 25.1%；在土壤镉含量为 3.0 mg/kg 的处理中的相对丰度最低，为 5.8%。与对照组的蚯蚓肠道微生物中该属的相对丰度（15.5%）相比，土壤镉含量为 1.0 mg/kg 的处理中的相对丰度有所升高，为 23.91%。对于其他属来说，Gaiella、短芽孢杆菌属、芽孢杆菌属、出芽菌属均在镉为 3.0 mg/kg 的处理组中的相对丰度最高。

5.3.2　蚯蚓介导镉污染对土壤质量的影响

1. 土壤 pH 的变化

土壤 pH 是土壤理化性质的重要指标。土壤 pH 随镉浓度的变化如图 5-3 所示。

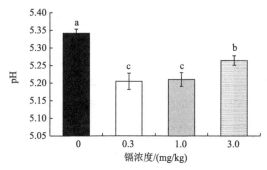

图 5-3　不同镉浓度下的土壤 pH 变化

不同字母表示处理间有显著差异（$P < 0.05$），下同

　　四个处理的土壤 pH 均小于 5.5，土壤呈酸性。各处理组土壤 pH 显著低于对照组。随着土壤中镉浓度的增加，土壤 pH 呈上升趋势。当镉浓度达到 0.3 mg/kg 时，土壤 pH 出现了最低值 5.2。但随着镉浓度的升高，土壤 pH 有所升高，在土壤镉浓度为 3.0 mg/kg 时，土壤 pH 为 5.26，但仍然低于 0 mg/kg 对照组的 5.34，这表明在酸性土壤中，镉的添加会导致土壤的进一步酸化。

2. 土壤中营养元素含量的变化

　　土壤中营养元素的供应能力与植物生长状况直接相关，因此对土壤中常见的营养元素 N、P、K、有机质的全量，及碱解氮、速效磷、速效钾等植物可吸收态的含量进行了测定。

1）土壤中氮含量的变化

　　土壤中氮的含量是表征土壤肥力的重要指标，碱解氮是植物可以直接吸收利用的小分子有机态氮，反映的是土壤在短时间内供应氮的能力，随镉浓度变化土壤中全氮和碱解氮的含量变化如图 5-4 所示。

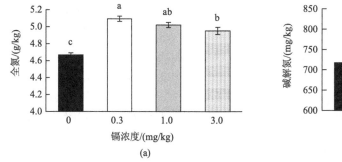

(a)

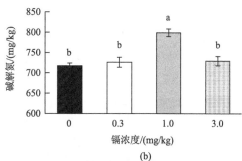

(b)

图 5-4　不同镉浓度下土壤全氮（a）及碱解氮（b）含量变化

土壤中全氮的含量如图 5-4（a）所示，随着土壤镉浓度的增加，土壤全氮含量呈现先增加后减少的趋势。土壤全氮在镉浓度 0.3 mg/kg 时，达到了 5.09 g/kg，与对照组的全氮含量 4.67 g/kg 相比有了显著增加，增加了 9.0 %。但随着土壤镉浓度的增加，土壤中氮含量呈现下降的趋势，与对照组相比，土壤镉浓度为 1.0 mg/kg、3.0 mg/kg 时，土壤的全氮含量分别增加了 7.5% 和 6.0%。

如图 5-4（b）所示，与土壤中的全氮相似，随着镉浓度的增加，土壤中碱解氮的含量呈现出先增加后减少的趋势。与土壤全氮含量不同的是，当土壤中镉浓度达到 1.0 mg/kg 时，土壤中碱解氮的含量最高。与对照组碱解氮含量 717 mg/kg 相比，土壤镉含量为 0.3 mg/kg、1.0 mg/kg、3.0 mg/kg 的土壤碱解氮的含量分别增加了 1.3%、11.4% 和 1.7%，分别为 726 mg/kg、799 mg/kg 和 729 mg/kg。当土壤中镉浓度达到 3.0 mg/kg 时，土壤碱解氮的含量又出现了显著的下降，下降了约 8.7%。可见，镉胁迫可以改变土壤碱解氮含量，从而对拟南芥的生长产生影响。

2）土壤中磷含量的变化

磷在植物营养生长中的作用十分重要，是植物体中核酸和蛋白质的重要组成元素。土壤中磷的缺乏会影响植物根系的发育与呼吸作用的正常进行。无机磷是植物吸收磷元素的主要形态，随土壤中镉浓度变化，土壤总磷及速效磷的含量变化如图 5-5 所示。

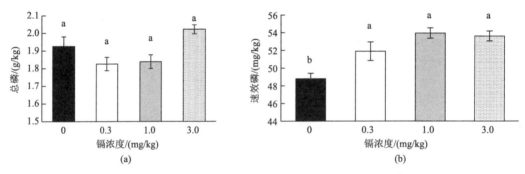

图 5-5　不同镉浓度下土壤总磷（a）及速效磷（b）含量变化

土壤中总磷的含量呈现出随土壤中 CdCl$_2$ 的增加先减少后增加的趋势。在土壤镉浓度达到 0.3 mg/kg 时，土壤总磷含量与对照组（1.93 g/kg）相比减少了 5.1%。但当土壤镉浓度达到 1.0 mg/kg，土壤总磷含量与对照组相比仅减少了 4.5%，在土壤镉浓度达到 3.0 mg/kg 时，与对照组相比，土壤的总磷含量增加了 5%，但未达到显著水平。

土壤速效磷含量呈现出随着土壤镉浓度增加而逐渐增加的趋势，与对照组速效磷含量（48.8 mg/kg）相比，镉含量为 0.3 mg/kg、1.0 mg/kg、3.0 mg/kg 的土壤速效磷含量（51.9 mg/kg、54.0 mg/kg、53.6 mg/kg）分别增加了 6.4%、10.7%、9.8%。随土壤中镉浓度的增加，其速效磷含量增加幅度逐渐减小，而且当镉浓度达到 3.0 mg/kg 时，土壤中速效磷含量出现了减少的趋势。

3）土壤中钾含量的变化

钾是植物所需的三大大量元素之一，对植物的生长起着重要作用。

　　土壤中钾含量的多少会显著影响植物的生长。镉胁迫下，土壤中全钾和速效钾的含量如图 5-6 所示。

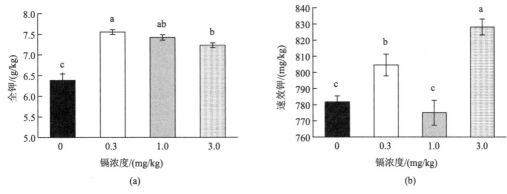

(a)　　　　　　　　　　　　　　　(b)

图 5-6　不同镉浓度下土壤全钾（a）及速效钾（b）含量变化

　　土壤全钾的含量如图 5-6（a）所示，土壤全钾的含量随土壤镉浓度增加呈现先增加后减少的趋势，与对照组的全钾含量（6.38 g/kg）相比，镉含量为 0.3 mg/kg、1.0 mg/kg、3.0 mg/kg 处理的土壤全钾含量（7.55 g/kg、7.42 g/kg、7.23 g/kg）分别增加了 18.3%、16.3%、13.3%。土壤镉浓度在 1.0 mg/kg 的处理时土壤全钾的含量达到了峰值，但此时全钾含量的增加量已经出现了减少的趋势。

　　土壤速效钾含量如图 5-6（b）所示，土壤速效钾含量随土壤镉浓度增加呈现出先增加后减少又增加的趋势。与对照组的速效钾含量（781.8 mg/kg）相比，镉浓度为 0.3 mg/kg、3.0 mg/kg 处理的土壤速效钾含量 804.5 mg/kg、828.1 mg/kg 分别增加了 2.9% 和 5.9%，镉浓度为 1.0 mg/kg 的处理土壤速效钾含量降低了 0.8%。

　　4）土壤有机质含量的变化

　　土壤有机质的含量是表征土壤肥力的重要指标，有机质含有大量植物生长所需的营养元素，土壤有机质含量的多少可以说明土壤的肥沃程度。随土壤镉浓度的变化，土壤有机质的含量变化如图 5-7 所示。

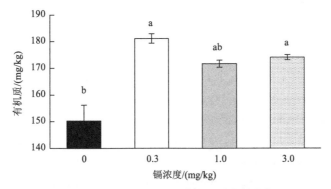

图 5-7　不同镉浓度下土壤有机质含量变化

　　随着土壤镉浓度的增加，土壤有机质含量呈现先增加后减少的趋势。与对照组的有机质含量（150.26 g/kg）相比，镉浓度为 0.3mg/kg、1.0 mg/kg、3.0 mg/kg 的处理的土壤有机质含量为 181.11 g/kg、171.67 g/kg、174.06 g/kg，分别增加了 20.5%、14.2% 和 15.8%，额外添加了镉的处理组，有机质含量均高于对照组。

3. 土壤中镉形态变化

土壤有机质的含量、蚯蚓体表及植物根系分泌物等都会对土壤镉的有效性产生影响。基于土壤中全镉含量、有效镉含量，计算得出有效镉占比，来表示土壤处理前后镉的变化。实验处理前后土壤中有效镉占比的变化见图 5-8。

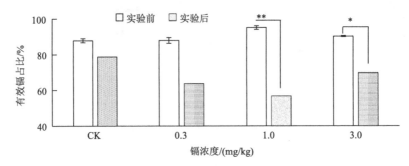

图 5-8　处理前后土壤中有效镉的占比情况
** 表示 $P < 0.01$，* 表示 $P < 0.05$

处理后土壤中有效镉的占比均出现了降低，镉浓度为 1.0 mg/kg 处理达到了极显著水平（$P < 0.01$），3.0 mg/kg 处理达到了显著水平（$P < 0.05$）。土壤有效镉占比的降低可能与蚯蚓及植物对有效镉的吸收，以及土壤中有机质对其的吸附等有关。

4. 蚯蚓介导镉污染对土壤微生物的影响

1）蚯蚓介导镉污染对土壤微生物丰度及多样性的影响

采集了 9 组不同的土壤样品作为土壤微生物样本，每组样品有三个重复。不同土壤样品中微生物（16S rRNA 基因）的丰度和多样性（97% 相似性水平）详见表 5-2。

为了更好地区分不同的样本，对其进行了编号，不同编号对应的样本如下：CK 为在实验装置未稳定前采集的对照组的土壤微生物样本；CX-T1（X 代表 0~3）为稳定两周后采集的不同处理组的土壤微生物样本；CX-T2（X 代表 0~3）为实验结束后采集的不同处理组的土壤微生物样本。

每个土壤样品得到了约 4796 个 OTUs，其中 0.3 mg/kg 镉处理后得到的 OTUs 最多，未经蚯蚓和镉处理的 CK 组得到的 OTUs 最少，分别为 5323 个和 4433 个。测序的覆盖度均大于 97%，表明该测序深度能够覆盖样品中的优势菌群。未经蚯蚓和镉处理的 CK 组的 Chao 指数（表 5-2）为 6041，0 mg/kg、0.3 mg/kg、1.0 mg/kg、3.0 mg/kg 镉处理前土壤样本的 Chao 指数分别为 6758、6071、7259、7053，与 CK 组相比均有所增加。CK 组的 Ace 指数为 6175，0 mg/kg、0.3 mg/kg、1.0 mg/kg、3.0 mg/kg 镉处理前的 Ace 指数分别为 6927、6245、7443、7437，与 CK 组相比均有所增加。CK 组的微生物丰度最低可能是因为实验用土过筛后经过较长时间的风干，土壤微生物大量死亡有关。

表 5-2　不同土壤样品中微生物（16S rRNA 基因）的丰度和多样性（97%相似性水平）

取样时间	镉浓度/(mg/kg)	样品编号	OUTs 个数	覆盖度/%	丰度指数		多样性指数	
					Chao	Ace	香农-维纳	辛普森
稳定前	0	CK	4433±1025 bc	97.74±1.04 ab	6041±1499 d	6175±1692 c	9.27±0.31 c	0.9894±0.0027 c
处理前	0	C0-T1	5089±216 ab	97.61±0.26 a	6758±141 c	6927±181 b	9.94±0.03 a	0.9964±0.0002 a
	0.3	C1-T1	4658±1004 b	98.15±0.84 ab	6071±1478 d	6245±1664 c	9.74±0.32 bc	0.9947±0.0029 bc
	1.0	C2-T1	5323±131 a	97.41±0.34 b	7259±67 a	7443±54 a	9.75±0.04 b	0.9947±0.0003 b
	3.0	C3-T1	5129±132 a	97.10±0.32 b	7053±83 b	7437±94 a	9.58±0.05 c	0.9926±0.0002 c
处理后	0	C0-T2	4755±91 b	97.76±0.03 ab	6297±259 d	6481±208 c	9.92±0.01 a	0.9966±0.0001 a
	0.3	C1-T2	4588±208 b	97.47±0.56 ab	6416±308 d	6632±386 bc	9.43±0.23 c	0.9936±0.0007 bc
	1.0	C2-T2	4559±186 b	98.18±0.28 a	6109±309 d	6161±401 c	9.58±0.20 bc	0.9950±0.0010 ab
	3.0	C3-T2	4637±125 b	97.11±0.18 b	6435±92 d	6714±79 bc	9.46±0.08 d	0.9928±0.0007 c

注：表中数据均为平均值±标准差，同列小写字母表示有显著性差异（$P < 0.05$）。

0 mg/kg、0.3 mg/kg、1.0 mg/kg、3.0 mg/kg 镉处理后的 Chao 指数分别为 6297、6416、6109、6435，Ace 指数分别为 6481、6632、6161、6714。与处理前相比，除 0.3 mg/kg 镉处理外，其余的 Chao 指数和 Ace 指数均有所下降，即土壤微生物的丰度均有所下降，表明随处理时间延长，镉对土壤微生物的丰度的影响增加。

不同处理组之间香农-维纳指数的差异不大，香农-维纳指数的数值大约都在 9.3～9.9。CK 组的香农-维纳指数为 9.27，0 mg/kg、0.3 mg/kg、1.0 mg/kg、3.0 mg/kg 镉处理前的香农-维纳指数分别为 9.94、9.74、9.75、9.58，表明添加了镉之后，在很短的时间（2 周）内土壤微生物的多样性便随土壤镉浓度的增加而逐渐降低。0 mg/kg、0.3 mg/kg、1.0 mg/kg、3.0 mg/kg 镉处理后土壤的香农-维纳指数分别为 9.92、9.43、9.58、9.46，表明镉对土壤微生物多样性的抑制作用会随时间的延长而逐渐增加。

2）蚯蚓介导下镉污染对土壤微生物的物种变化的影响

对土壤样本中微生物进行了分类，并计算了各类微生物的相对丰度，土壤样本中相对丰度前十的门和属的具体情况详见图 5-9。

土壤微生物相对丰度前十的门和属与蚯蚓肠道微生物相同。其中土壤微生物样本中的变形菌门（占 25%～46%）、浮霉菌门（占 6%～33%）和放线菌门（占 11%～28%）是相对丰度最高的菌门。与 CK 组（变形菌门和放线菌门的相对丰度为 44.14%和 17.53%）相比，第一次取样得到的土壤微生物样本变形菌门的相对丰度，除了 0 mg/kg 和 0.3 mg/kg 镉处理前的相对丰度有所下降之外均有所升高。0 mg/kg、0.3 mg/kg、1.0 mg/kg、3.0 mg/kg 镉处理前的变形菌门的相对丰度分别为 25.0%、26.0%、41.78%、

44.32%；浮霉菌门的相对丰度分别为 12.6%、32.6%、28.17%、10.48%；放线菌门的相对丰度分别为 10.5%、10.6%、22.7%、18.0%。在较短时间内，在镉胁迫下，土壤中变形菌门和放线菌门的相对丰度增加，证明这两类微生物对镉的耐受性较强。浮霉菌门的相对丰度则呈现出随土壤镉浓度的增加逐渐减少的趋势，表明该类微生物对镉较为敏感。

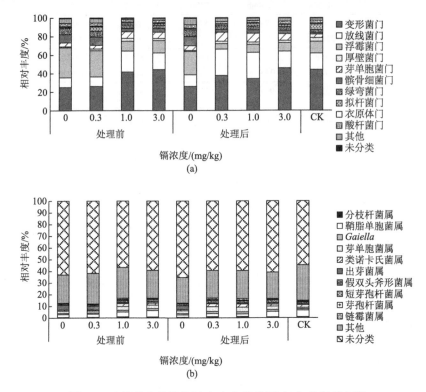

图 5-9　土壤微生物优势门（a）与优势属（b）的相对丰度

0 mg/kg、0.3 mg/kg、1.0 mg/kg、3.0 mg/kg 镉处理后的变形菌门的相对丰度为 25.9%、37.8%、34.4%、45.9%；浮霉菌门相对丰度为 25.0%、6.0%、8.7%、9.1%；放线菌门相对丰度为 12.8%、28.4%、28.2%、17.9%。

在较长时间内，在镉胁迫下，与同时取样的未添加镉的处理组样本（0 mg/kg）相比，添加了 0.3 mg/kg、1.0 mg/kg、3.0 mg/kg 镉处理的土壤中变形菌门和放线菌门的相对丰度依然增加。变形菌门的相对丰度呈现出随土壤镉浓度的增加而增加的趋势，放线菌门的相对丰度则呈现先增加后减少的趋势。与第一次取样相比，各处理组土壤中变形菌门的相对丰度基本持平，放线菌门的相对丰度有所增加，浮霉菌门的相对丰度则进一步减小。

在属水平，土壤微生物有 55%～65%的属为未知属，22%～26%的属为十大优势属以外的微生物，属于十个相对丰度最高的属的微生物仅占 12%～17%，土壤微生物属分布得较为广泛。其中相对丰度超过 1%的属为鞘脂单胞菌属、芽单胞菌属、出芽菌属、类诺卡氏菌属、假双头斧形菌属和 Gaiella。第一次取样的土壤样本 0 mg/kg、0.3 mg/kg、1.0 mg/kg、3.0 mg/kg 镉处理的微生物与未经蚯蚓和镉处理的对照组相比，芽单胞菌属和出芽菌属的相对丰度有所提高，鞘脂单胞菌属的相对丰度下降。与第一次取样的土壤微生物样本相比，第二次取样的土壤微生物样本中 *Gaiella*、芽单胞菌属、类诺卡氏菌属和假双头斧形菌属的相对丰度有所增加。且随着不同处理组土壤镉浓度的增加，鞘脂单胞菌属、芽单胞菌属、假双头斧形菌属的相对丰度逐渐增加，出芽菌属的相对丰度逐渐减少。随着土壤中镉浓度的增加，0 mg/kg、0.3 mg/kg、1.0 mg/kg、3.0 mg/kg 镉处理后的土壤样本中的微生物中的鞘脂单胞菌属和假双头斧形菌属的相对丰度逐渐增加，类诺卡氏菌属和芽单胞菌属的相对丰度呈现出先增加后减少的趋势。

5.3.3　镉胁迫下土壤微生物与蚯蚓肠道微生物比较分析

1. 土壤微生物与蚯蚓肠道微生物多样性比较

比较蚯蚓肠道微生物与土壤微生物多样性指数（表 5-1 和表 5-2）发现，土壤中微生物的多样性显著高于蚯蚓肠道微生物（*P*<0.05），镉的添加胁迫土壤微生物群落。然而，本研究发现，镉浓度对土壤微生物群落的生物多样性指数（香农-维纳、辛普森、Chao 和 Ace）没有显著影响，高浓度镉影响蚯蚓肠道微生物的多样性指数和群落。有研究表明，蚯蚓对土壤微生物群落丰富度和多样性的影响是多样且积极的，蚯蚓促进了土壤微生物群落多样性的增加（代金君等，2015）；也有研究认为蚯蚓的影响是负面的，例如，蚯蚓可以捕食土壤微生物，减少土壤微生物多样性；同样，蚯蚓也可能是中性的，研究表明蚯蚓对土壤细菌群落的中性影响，引入蚯蚓（*Aporrectodea*）不会影响整个土壤的 Chao1 丰富度估计值，也不会影响细菌 OTUs 的数量（Butt and Quigg，2021）。研究发现，镉的存在会影响微生物的群落结构和功能，并通过促进活性污泥释放更多乳酸脱氢酶，改变门、类和属中微生物的多样性和丰富度。

2. 土壤微生物与蚯蚓肠道微生物群落结构主成分分析

主成分分析（PCoA）是一种降维分析的方法，旨在使用低维空间展示样本间的距离。PCoA 是基于距离矩阵进行的降维分析，以百分比评估各坐标轴对菌群结构总体差异的解释度。PCoA 分析揭示了土壤微生物和蚯蚓肠道微生物群落存在较大差异，详见图 5-10。

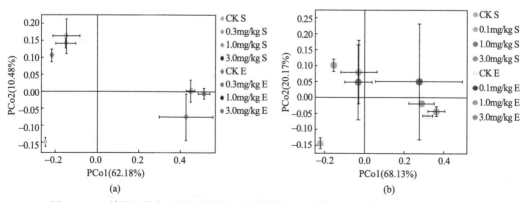

图 5-10　土壤微生物与蚯蚓肠道微生物群落结构主成分 PCoA 门（a）、属（b）水平

S 代表土壤微生物，E 代表蚯蚓肠道微生物

不论在门水平还是属水平，蚯蚓肠道微生物的群落结构都与土壤微生物产生了巨大差异，这可能与蚯蚓肠道环境与土壤环境具有很大差异有关。未经蚯蚓和镉处理的对照组和土壤镉浓度为 0.3 mg/kg 处理组的发生聚集，与土壤镉浓度较高的其他处理组的群落距离较大，这种差异可能与土壤镉浓度的差异有关。

3. 土壤微生物与蚯蚓肠道微生物结构比较

为了进一步分析造成各个样本微生物群落结构的原因，计算了蚯蚓肠道微生物和土壤微生物样本中的微生物在门和属水平相对丰度前十的物种组成，结果如图 5-11 所示。

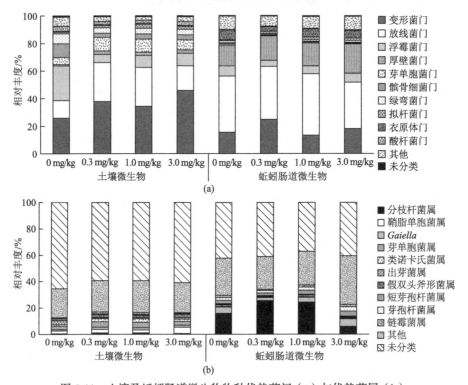

图 5-11　土壤及蚯蚓肠道微生物物种优势菌门（a）与优势菌属（b）

在门水平上[图 5-11（a）]，与土壤微生物相比，在蚯蚓肠道微生物中厚壁菌门和放线菌门的相对丰度明显增加，且随着镉浓度的升高，不同处理组间的相对丰度逐渐增加。这表明蚯蚓肠道对厚壁菌门和放线菌门的微生物有较强的富集作用，且该富集作用随土壤镉浓度的增加而逐渐增加。变形菌门的相对丰度明显减少，变形菌门的微生物对蚯蚓肠道环境的适应性较弱。

在属水平上[图 5-11（b）]，蚯蚓肠道微生物中相对丰度最高的十个菌属约占整体31%，相对丰度超过了 1%的属有五个，分别为分枝杆菌属、*Gaiella*、短芽孢杆菌属、芽孢杆菌属和链霉菌属，且与土壤微生物相比，这五个属的相对丰度均明显增加。蚯蚓肠道内主要富集了这五个属的微生物，其中对分枝杆菌属的富集作用最大。

微生物数目或种类的变化，往往会引起样本性质变化。同时，物种丰度作为一个重要的变量，也可以通过聚类热图的方式检查不同环境因素下的样本的区分情况，从而找

出物种与样本之间的内在生物学联系。使用 R 语言 Pheatmap 包进行相对丰度大于 0.1 %
的物种的丰度热图绘制，详见图 5-12。

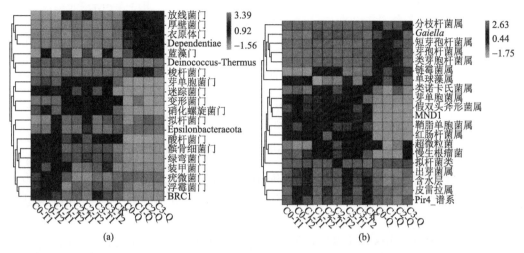

图 5-12　土壤及蚯蚓肠道微生物物种分布（相对丰度>0.1%）门水平（a）、属水平（b）热图

从图 5-12 可以明显看出蚯蚓肠道微生物和土壤微生物发生了明显的聚类和差异。虽
然物种堆叠图显示蚯蚓肠道微生物和土壤微生物相对丰度最高的微生物的十个菌门相
同。但蚯蚓肠道微生物样品的微生物主要集中在放线菌门、厚壁菌门、衣原体门、
Dependentiae、蓝藻门（Cyanobacteria）、梭杆菌门（Fusobacteria）这六个菌门，且相对
丰度明显高于土壤微生物。土壤微生物的分布则更加广泛，芽单胞菌门、迷踪菌门
（Elusimicrobia）、变形菌门、硝化螺旋菌门（Nitrospirae）、酸杆菌门（Acidobacteria）
广泛分布在各个土壤样品中，但在 C0-T1、C0-T2 和 C1-T1 样本中的相对丰度与其他的
土壤样品相比较低。但 C0-T1、C0-T2 和 C1-T1 样本中的髌骨细菌门（Patescibacteria）、
绿弯菌门（Chloroflexi）、装甲菌门（Armatimonadetes）、疣微菌门（Verrucomicrobia）、
浮霉菌门（Planctomycetes）相对丰度较高。

5.3.4　镉胁迫土壤微生物与蚯蚓肠道微生物环境因子分析

微生物依赖于其生长的环境，环境变化会对微生物的生活和生存产生影响，从而导
致样本的物种组成发生变异。对土壤微生物优势细菌的相对丰度和土壤环境因子进行
RDA 冗余分析，分析结果（图 5-13）显示，细菌丰度分布在第一轴和第二轴累计解释变
量分别达到 68.57%和 89.21%。土壤细菌群落优势菌群的相对丰度与土壤环境因子冗余分
析，结果表明不同样本的聚类特征与分组是一致的，表示土壤细菌、环境对样本分布
的影响与分组效应一致。TP、AP、SOM、AN、TN、pH 对物种分布的影响较大。其中
芽单胞菌门、浮霉菌门、拟杆菌门主要排序轴的左侧，与速效磷、有机质及有效态镉
呈正相关关系，与 pH 呈现负相关关系。

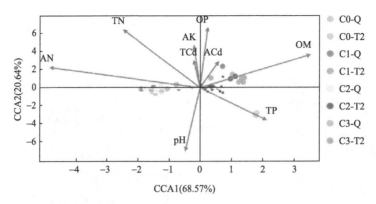

图 5-13　细菌群落结构和环境因子的 CCA 分析 A（门水平）

土壤中全镉含量和有效态含量对于相同物种的相关性表现一致，对于变形菌门和厚壁菌门的微生物表现出强烈的正相关，而对于放线菌门、芽单胞菌门、浮霉菌门则表现出负相关。

为了解析本研究中各个土壤环境因子对微生物的影响，对测定的各个环境因子进行方差分解分析（variance partitioning analysis，VPA），见图 5-14。VPA 分析可用于分析每个环境因子变量对物种分布总变异的解释度（即贡献度）。VPA 分析可以清楚量化每个环境因子对物种总变异的贡献度。数值越大表示环境因子对物种分布影响越大，数值为负，表示该环境因子对物种分布无意义。

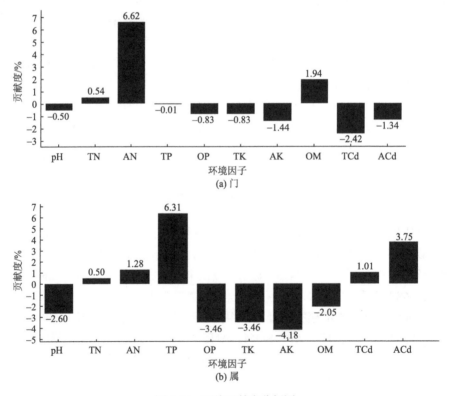

图 5-14　环境贡献度分析图

图 5-14 表明在测定的 10 个环境因子中，只有 TN、AN、OM 3 个环境因子的总贡献度约为 9.10%。其中 AN 的贡献度最大，达到了 6.62%，这表明还有其他且更重要的因素影响了微生物样本物种组成的变化。

5.3.5　不同镉浓度下拟南芥生长的变化

在镉胁迫下，蚯蚓的行为和肠道微生物的变化影响了土壤中氮、磷、钾、有机质的含量，土壤镉的有效性和土壤微生物多样性等，这种变化将会对拟南芥的生长产生影响，因此选取相关指标来表征不同镉浓度下拟南芥生长的变化。

1. 拟南芥生长周期的变化

随着处理的推进，当处理时间为 123 d（CK 组最后一株植株种子成熟时间）时，所有装置中的拟南芥均有成熟种子，因此本研究处理时间定为 123 d。镉的添加对拟南芥的生长周期产生影响，图 5-15 可以看出镉处理会影响拟南芥的抽薹、初花及成熟时间。从图 5-15 可以看出，当镉处理浓度为 1.0 mg/kg 时，显著缩短了拟南芥的抽薹时间，在 51 d 时就提前进入了生殖生长阶段，并与 CK 组（57 d）显著相关。但是在抽薹期和初花期，镉处理浓度为 0.3 mg/kg 时并未与 CK 组产生显著性差异。在成熟期时，镉处理浓度为 0.3 mg/kg（84d）水平与 CK 组（92d）呈现显著性差异。

在抽薹期，与 CK 组（57d）相比，镉浓度为 0.3 mg/kg、1.0 mg/kg、3.0 mg/kg 时，拟南芥的抽薹时间为 55d、51d、52d，分别提前了 3.51%、10.53%、8.77%。在初花期，与 CK 组（63d）相比，镉含量为 0.3 mg/kg、1.0 mg/kg、3.0 mg/kg 的处理的拟南芥的初花期（59d、56d、56d）分别提前了 6.35%、11.11%、11.11%。在成熟期，与 CK 组（92d）相比，镉含量为 0.3 mg/kg、1.0 mg/kg、3.0 mg/kg 的处理的拟南芥开始有果荚成熟的时间 84d、82d、81d 分别提前了 8.70%、10.87%、11.96%。

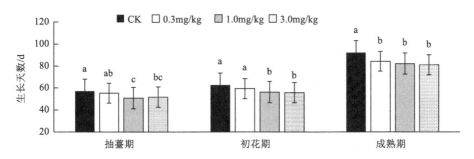

图 5-15　不同处理条件下拟南芥生长周期变化图

从抽薹到开花,CK 组拟南芥植株所需的时间为 6d,而镉含量为 0.3 mg/kg、1.0 mg/kg、3.0 mg/kg 的处理所需要的时间只需要 4～5d,将从抽薹到开花的时间缩短了 16.7%～33.3%。从开花到有果荚成熟,CK 组的拟南芥植株平均使用了 29d,而镉含量为 0.3 mg/kg、1.0 mg/kg、3.0 mg/kg 的处理所需要的时间分别为 25d、26d 和 25d,将从开花到有果荚成熟所需时间缩短了 10.34%～13.79%。镉促进拟南芥进行生殖生长。

2. 拟南芥数量性状的变化

土壤中镉的添加不但影响了拟南芥的生长周期，还对拟南芥的数量性状产生了影响。本研究选取了主根长度、主茎长度、分枝数来表征镉对拟南芥营养生长的数量性状的影响。

1）拟南芥主根长度变化

镉的添加会影响拟南芥的主根长度，拟南芥的主根长度的变化如图 5-16 所示。与 CK 组相比，额外添加了镉的三个处理组的拟南芥主根长度均有所增加。

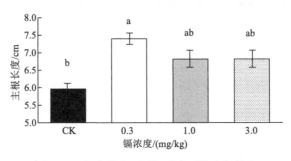

图 5-16 拟南芥在不同镉浓度下的主根长度

在镉浓度达到 0.3 mg/kg 时，拟南芥主根长度增加显著；镉浓度为 1.0 mg/kg、3.0 mg/kg 处理的拟南芥主根长度的增加未达到显著水平。与 CK 组拟南芥主根长度（5.96 cm）相比，镉含量为 0.3 mg/kg、1.0 mg/kg、3.0 mg/kg 的处理的拟南芥主根长度 7.40 cm、6.82 cm、6.81 cm 分别增加了 24.2%、14.4%、14.3%。低浓度镉对拟南芥主根长度呈现促进作用，但促进作用有限，主根长度会随着土壤中镉浓度的增加而缩短。

2）拟南芥主茎长度的变化

为了探究蚯蚓介导下镉污染对拟南芥主茎长度的影响，对拟南芥的主茎长度进行了测定，详见图 5-17。

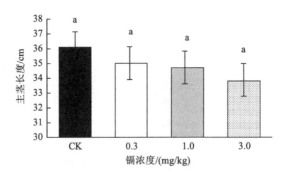

图 5-17 拟南芥在不同镉浓度下的主茎长度

由图 5-17 可知，拟南芥的主茎长度随着镉添加量的提高呈现缩短的趋势。与 CK 组的拟南芥主茎长度 36.10 cm 相比，镉含量为 0.3 mg/kg、1.0 mg/kg、3.0 mg/kg 的处理的拟南芥主茎长度分别减少了 3.0%、3.9%、6.4%。在镉污染存在的情况下，拟南芥出现了植株的矮化。

3）拟南芥茎分枝数的变化

研究了蚯蚓介导下镉污染对拟南芥茎分枝数的影响，详见图 5-18。

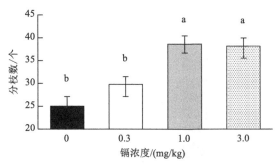

图 5-18　拟南芥在不同镉浓度下的茎分枝数

由图 5-18 可知，在研究条件下，当土壤镉浓度在 0～3.0 mg/kg 范围时，拟南芥的分枝数目在 25（CK 组）～39（1.0 mg/kg）个。镉显著影响了拟南芥茎分枝数，拟南芥的分枝数表现出随土壤镉浓度的增加先增加后减少的趋势。与 CK 组相比，镉浓度为 0.3 mg/kg、1.0 mg/kg、3.0 mg/kg 处理的分枝数 30、39、38 个，分别增加了 20 %、56 %和 52 %。镉胁迫条件下，植物会出现旱生化的特征。在拟南芥受到镉污染胁迫时，叶的生物量减少，促使拟南芥产生更多的分枝来生长出更多的叶片，从而来保证植株的生存和生长。

镉不仅会对拟南芥的营养生长产生影响，还会影响拟南芥的生殖生长。为了表征该影响的大小，本研究中选取了拟南芥的果荚长度、果荚宽度、单个果荚的种子数等指标进行了测定。

4）拟南芥果荚长度与宽度的变化

每个植株选取十个果荚测量果荚的长度和宽度，测量结果如图 5-19 所示。随着土壤镉浓度的增加，拟南芥果荚的长度和宽度都出现了下降的趋势。对两组数据进行了 T 检验，结果显示两组内的各个数据之间的平均值均无显著性差异。与 CK 组的宽度（776.54 μm）和长度（8572.13 μm）相比，镉浓度为 0.3 mg/kg、1.0 mg/kg、3.0 mg/kg 处理的拟南芥果荚的宽度分别下降了 2.6%、3.2%、3.8%，果荚的长度分别下降了 0.2%、0.7%、3.2%。拟南芥果荚宽度的下降百分比大于拟南芥果荚长度下降百分比，这表明拟南芥的果荚趋于更加细长。

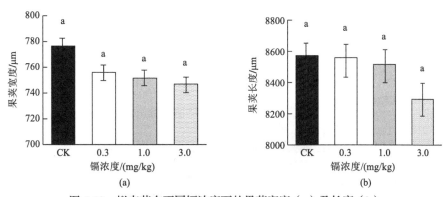

图 5-19　拟南芥在不同镉浓度下的果荚宽度（a）及长度（b）

5）拟南芥单个果荚种子数量的变化

每株拟南芥选取十个果荚，不仅测量了果荚的长度和宽度，还在解剖镜下对每个果荚的种子数量进行计数，结果如图 5-20 所示。

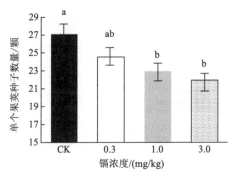

图 5-20　拟南芥在不同镉浓度下的种子数

结果表明，随着土壤中镉浓度的增加，拟南芥的单个果荚种子数量显著减少。与 CK 组的单个果荚种子数量 27 颗相比，镉浓度为 0.3 mg/kg、1.0 mg/kg、3.0 mg/kg 处理的拟南芥单个果荚的种子数量为 25 颗、23 颗、22 颗，分别下降了 7.4%、14.8%、18.5%。镉虽然对拟南芥果荚的长度和宽度的减少的影响不显著，但拟南芥单个果荚种子数减少量，在 1.0 mg/kg 时，出现了显著性差异。这表明添加了镉处理组的拟南芥，即使与 CK 组产生同等数量的同等大小的果荚，后代数目也会显著减少。

5.3.6　不同镉浓度下拟南芥资源配置的变化

生物量是植物重要的生物学指标之一，是物质和能量积累的基本体现，它可以有效地反映该植物在生长过程中不同器官所分配到的有机物质的总量。为了表征拟南芥生物量的变化，对拟南芥的地下生物量（根生物量）、茎生物量、叶生物量、单个果荚生物量、果荚总生物量，以及拟南芥成熟种子的千粒重进行了测定。

1. 拟南芥地下生物量（根生物量）的变化

不同镉浓度下拟南芥根生物量的变化如图 5-21 所示。

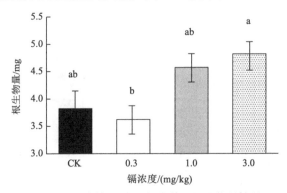

图 5-21　不同镉浓度下拟南芥的根生物量情况

使用根生物量来表征拟南芥的地下生物量。与 CK 组的拟南芥根生物量（3.8 mg）相比，0.3 mg/kg 处理组的拟南芥根生物量（3.6 mg）下降了 5.3%外，1.0 mg/kg、3.0 mg/kg 处理的拟南芥根生物量为 4.6 mg、4.8 mg，分别增加了 21.1%和 26.3%。在镉胁迫下，拟南芥提高了根的生物量，以便在镉污染的胁迫下，保证其自身的生存和生长。

2. 拟南芥茎、叶生物量的变化

研究了蚯蚓介导镉污染对拟南芥茎、叶生物量的影响，详见图 5-22。拟南芥的茎、叶生物量表征的是拟南芥地上部分营养生长生物量。在不同镉浓度下，拟南芥茎生物量的变化如图 5-22（a）所示。与 CK 组的茎生物量（97.0 mg）相比，除了土壤镉浓度为 0.3 mg/kg 处理的拟南芥茎生物量（93.2 mg）降低了 3.9%外，土壤镉浓度为 1.0 mg/kg、3.0 mg/kg 处理的拟南芥茎生物量为 114.2 mg、110.0 mg，分别增加了 17.7%、13.4%。镉处理组的拟南芥茎生物量增加可能与其分枝数的增加有关。

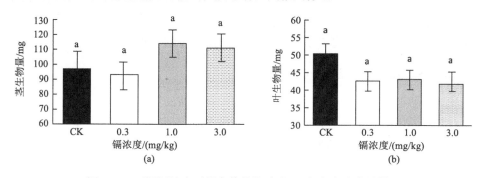

图 5-22　不同镉浓度下拟南芥的茎（a）、叶（b）生物量情况

在不同镉浓度下，拟南芥叶生物量的变化如图 5-22（b）所示，拟南芥叶生物量呈现随土壤镉浓度增加逐渐减少的趋势。土壤镉浓度为 0.3 mg/kg、1.0 mg/kg、3.0 mg/kg 处理的拟南芥叶生物量为 42.6 mg、43.1 mg、41.8 mg，与 CK 组的叶生物量（50.4 mg）相比，分别减少了 15.5%、14.5%、17.1%。随着土壤镉浓度的增加，拟南芥的分数显著增加，但拟南芥的叶生物量却呈现减少的趋势。在镉胁迫下，拟南芥发生了旱生化的趋势，叶片变小，以减少水分的蒸发。

3. 拟南芥果荚生物量的变化

研究了蚯蚓介导下镉污染对拟南芥果荚生物量的影响，不同镉浓度对拟南芥果荚生物量的影响如图 5-23 所示。

从图 5-23（a）可以看出，随着土壤镉浓度的增加，拟南芥的果荚总生物量呈现先增加后减少的趋势。土壤镉含量为 0.3 mg/kg、1.0 mg/kg、3.0 mg/kg 处理的拟南芥果荚总生物量为 90.2 mg、117.7 mg、108.3 mg，与 CK 组拟南芥果荚总生物量（77.6 mg）相比，分别增加了 16.2%、51.7%、39.6%。这可能与镉污染胁迫下拟南芥生长周期提前，收集成熟种子的总天数较多有关。

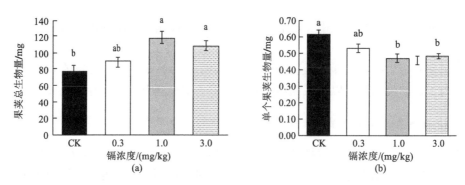

图 5-23　在不同镉浓度下拟南芥的果荚总生物量（a）和单个果荚生物量（b）情况

对拟南芥单个果荚生物量的统计如图 5-23（b）所示，0.3 mg/kg、1.0 mg/kg、3.0 mg/kg 处理下的拟南芥单个果荚生物量为 0.53 mg、0.47 mg 和 0.48 mg，与 CK 组拟南芥单个果荚生物量（0.62 mg）相比，分别减少了 14.5%、24.2%、22.6%。在镉胁迫下拟南芥的单个果荚生物量减少，单个果荚种子数减少的情况下，以更多的果荚来产生足够的后代。在相同的生长时间内，受胁迫的拟南芥可以生产出更多的果荚和种子。

4. 拟南芥总生物量及能量分配

在受到镉胁迫时，不同植物会选择不同的营养配置的策略。为了表征拟南芥对资源的分配，对不同浓度镉污染下拟南芥的总生物量及其生殖生长（果荚生物量）在总生物量的占比进行了计算，计算结果如图 5-24 所示。

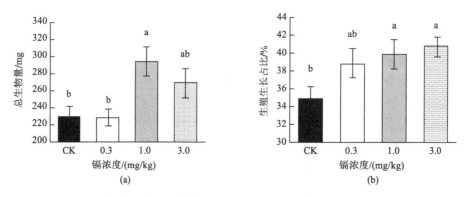

图 5-24　不同镉浓度下拟南芥的总生物量（a）和生殖生长占比（b）情况

随着土壤镉浓度的增加，拟南芥的总生物量呈现出先增加后减小的趋势。土壤镉浓度达到 1.0 mg/kg 之后，与 CK 组的拟南芥总生物量（229.6 mg）相比，拟南芥的总生物量（294.3 mg）显著升高，提高了 28.2%；土壤镉浓度为 3.0 mg/kg 处理的拟南芥总生物量（269.8 mg），提高了 17.5%。在土壤镉浓度较低（1.0 mg/kg）时，镉表现出了对拟南芥总生物量的促进作用，但随着土壤重镉的升高（3.0 mg/kg），这种促进作用就被镉污染的毒害作用抵消了一部分。

在镉胁迫作用下，拟南芥提高了对生殖生长的资源配置，增加了对拟南芥后代的能量分配。在土壤镉含量为 0.3 mg/kg、1.0 mg/kg、3.0 mg/kg 处理的生殖生长占比分别为

38.77%、39.88%、40.80%，与 CK 组的生殖生长的 34.90%相比，分别提高了 11.1%、14.3%、16.9%。在 Cd^{2+}浓度达到 3.0 mg/kg 时，这种促进作用达到了显著水平。

5. 不同镉浓度下拟南芥种子质量的变化

研究了蚯蚓介导下镉污染对拟南芥种子质量的影响，详见图 5-25。

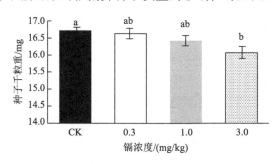

图 5-25　不同镉浓度下拟南芥的种子质量情况

每株植株收集的成熟种子去除杂质后，选取成熟饱满的种子对每个植株的千粒重的测定结果如图 5-25。拟南芥的种子千粒重随着土壤镉浓度的增加而逐渐减小，在镉浓度达到 3.0 mg/kg 时，拟南芥种子的千粒重出现了显著减少。土壤镉浓度为 0.3 mg/kg、1.0 mg/kg、3.0 mg/kg 时，千粒重分别为 16.63 mg、16.42 mg、16.07 mg，与 CK 组的拟南芥种子千粒重（16.72 mg）相比，分别减少了 0.5%、1.8%和 3.9%。土壤镉浓度为 3.0 mg/kg 时，拟南芥种子的千粒重的减少量达到了显著水平，镉胁迫导致了拟南芥种子质量的降低。

5.4　镉胁迫蚯蚓-土壤-细菌-植物系统的影响分析

镉污染降低了蚯蚓肠道微生物及土壤微生物的丰度，但增加了其多样性和镉抗性的微生物在微生物群落中的相对丰度。在较低浓度的镉处理下，土壤营养元素含量随土壤镉浓度增加虽然呈现先升高后降低的趋势，但依然高于对照组。营养元素的升高和镉有效性的下降，改善了土壤质量。使植物的总生物量增加，并使拟南芥提前进入了生殖生长，从而获得了更多的后代，但后代的质量出现了下降。在蚯蚓的介导下，低浓度的镉对当代植物的生长产生了促进作用，但降低了后代的质量，不利于植物长期的生存繁殖。

5.4.1　蚯蚓介导镉污染对土壤质量的影响

研究表明蚯蚓具备改善酸性土壤的能力，蚯蚓蚓粪可使土壤 pH 显著升高。也有研究表明植物的根系会分泌乙酸和草酸等酸性物质，从而降低土壤的 pH（Javed et al.，2017）。本研究发现，在蚯蚓和植物存在的条件下，由于镉的添加，酸性土壤 pH 降低，更加酸化。

土壤全氮和碱解氮含量都表现出随土壤镉浓度的增加呈现先增加后减少的趋势，但含量都高于对照组。氮素是植物生长发育所必需的大量营养元素，需求量比其他大量元素都要高。碱解氮包括无机态氮和结构简单能为作物直接吸收利用的有机态氮，它可供作物近期吸收利用，故又称速效氮。土壤总磷及速效磷含量则表现出随土壤镉浓度增加而升高的趋势，土壤中镉浓度为 3.0 mg/kg 时含量最高。全钾含量则随土壤中镉浓度的增加呈现先增加而减少的趋势，速效钾含量则呈现出一直增加的趋势。

土壤中有机质的含量与全氮含量和全钾含量呈显著的正相关，因为有机质中可转化为植物所必需的大量元素，如氮、磷、钾等。除了土壤 pH 与土壤镉浓度呈负相关以外，土壤中 TN、TP、TK、AN、AP、速效钾及 SOM 的含量均与土壤镉浓度呈正相关。其中土壤总磷含量与其呈显著正相关，土壤速效钾和速效磷的含量与其呈极显著正相关。

处理后土壤有效镉的含量和有效镉的占比下降，这可能与土壤有机质含量升高有关，有机质会通过对土壤理化性质的改变和吸附作用等降低土壤中镉的有效性；此外，有机质具有大量的官能团，对重金属离子有很强的吸附能力（Tian et al.，2012）。植物也会通过分泌一些分泌物来降低重金属的生物有效性，从而降低重金属对其的毒性。

5.4.2 镉污染下蚯蚓肠道微生物与土壤微生物的比较分析

1. 镉污染对蚯蚓肠道微生物及土壤微生物的微生物多样性影响

蚯蚓肠道微生物的丰度随土壤镉浓度的增加而逐渐减少。代金君等（2015）对新鲜蚓粪的研究发现，新鲜蚓粪的微生物丰度及多样性均高于重金属污染的土壤，这可能与其选用的矿区土壤本身的微生物丰度及多样性较低有关。土壤中的镉会显著影响蚯蚓的肠道微生物的组成，使蚯蚓的肠道微生物的优势菌群变成具有重金属抗性或耐性的微生物。蚯蚓肠道微生物的优势门为放线菌门、变形菌门和厚壁菌门等，从污染土壤中分离具有 Cu 特异性的菌株，也主要是厚壁菌、放线菌和变形菌等（曾远和罗立强，2017）。

2. 镉污染对土壤微生物的多样性影响

与其他 8 个土壤微生物的样本相比，CK 组的微生物丰度与多样性都较低，这可能与研究所用的土壤过筛后风干了较长时间有关。第二次取样得到的各组微生物样本的丰度及多样性均低于第一次，但差异性不显著。通过控制实验研究了不同镉浓度下土壤微生物的生物量，发现微生物生物量在镉浓度超过 30μg/g 时显著下降。受到重金属污染的土壤中的细菌数量明显变化，主要原因是重金属会影响微生物重要的代谢过程（安梦洁等，2019）。本研究中两次取样分别获得的四个处理的土壤样本的差异均较小，这可能与研究处理的镉浓度较低和蚯蚓及拟南芥的存在缓解了镉对土壤微生物的抑制作用有关。

土壤微生物样品中变形菌门（占 25%～46%）、浮霉菌门（占 6%～33%）、放线菌门（占 11%～28%）是相对丰度较高的菌门。随着土壤镉胁迫的时间延长，相同处理土壤中变形菌门、放线菌门、厚壁菌门的相对丰度增加，浮霉菌门的相对丰度减小。研究表明芽孢杆菌具有重金属固定能力（陈兆进等，2020），镉能以氢氧化物或硅酸盐的形式结合在芽孢杆菌表面（徐少慧等，2019）。

3. 蚯蚓肠道微生物与土壤微生物的比较分析

蚯蚓肠道微生物的丰度及多样性均低于土壤微生物，这与蚯蚓肠道会消化部分敏感微生物，致使其微生物种类减少有关。

放线菌门和变形菌门的微生物在蚯蚓肠道微生物和土壤微生物样品中的相对丰度较高。浮霉菌门在土壤样品中的相对丰度高于蚯蚓肠道微生物，厚壁菌门在蚯蚓肠道微生物中的相对丰度大于其在土壤样本中的相对丰度。在土壤中投放蚯蚓之后，土壤样本中的浮霉菌门的相对丰度下降而厚壁菌门的相对丰度升高，蚯蚓活动会对土壤微生物的结构产生影响。处理结束后的土壤样品出现了早期阶段的生物土壤结皮（biological soil crusts，BSC）（陈丽萍等，2020），其中蓝细菌是微生物结皮的重要组成部分。

5.4.3　镉胁迫蚯蚓行为、土壤质量改善对植物生长的影响

添加镉之后，拟南芥提前进入了生殖生长，处理组拟南芥植株的抽薹期与对照组相比分别提前了 3.51%、10.53%、8.77%。与营养生长相比，生殖生长的过程更能反映植株对重金属的耐性。植物的初花期与植物的生殖能力有关，且会对植物的生长发育产生影响。已有研究同样证实，白玉草和齿果酸模在重金属污染的胁迫下初花期会比非污染条件下提前（Huang et al.，2011）。本研究表明，与对照组相比，镉浓度为 0.3mg/kg、1.0mg/kg、3mg/kg 处理的初花期分别提前了 6.35%、11.11%、11.11%。拟南芥在受到镉胁迫之后，加快了生殖生长的进程，以便产生更多的后代。

在镉胁迫下，拟南芥的主根长度显著增加。植物的根是植株接触土壤中镉污染的部位，有的植株会选择缩短植物根系来减少与土壤中重金属的接触，研究表明拟南芥幼苗的根长在镉污染胁迫下减少（单存海等，2011）。也有研究表明两个品种的水稻在低浓度（1μmol/L）镉处理下，镉轻微促进了植株根的生长。推测可能是拟南芥成熟植株则选择通过增加主根的长度来应对镉的胁迫，成年植株在适应胁迫之后通过更加发达的根系来获得更多的营养，从而选择保证植株的正常生长。低浓度镉对于植物生长发育的促进作用的机理目前尚不清楚，这可能与低浓度镉能够加速根系中某些生理生化反应，从而促进植物根的生长有关。

研究发现，枝条数量增加可以使植株生长出更多的叶片。本研究中，在镉浓度1.0mg/kg 时，拟南芥植株的分枝数显著增加，且随着土壤镉浓度的增大而逐渐增加，拟南芥的分枝数与土壤镉浓度呈显著的正相关。在污染区长期种植的具有较高的抗性水平的小麦，植株的分蘖数也有所增大（马建明等，1998），表明拟南芥对镉具有较高的抗性。

在镉胁迫下，拟南芥的茎长随镉浓度的增大而逐渐减小。与对照组相比，镉浓度为0.3mg/kg、1.0mg/kg、3.0mg/kg 的处理的拟南芥主茎长度分别减少了 3.0%、3.9%、6.4%，但未达到显著水平，这表明在镉污染下，拟南芥植株出现了矮化。

对于拟南芥的果荚而言，随着镉浓度的增加，拟南芥果荚的长度和宽度逐渐减小。单个果荚的种子数目显著减少，在镉浓度达到 3.0mg/kg 时，种子数量从对照组的 27 颗

减少到了 22 颗。拟南芥植株生产单个果荚所获得的后代显著减少。单个果荚的种子数量与拟南芥果荚的长度和宽度都极显著的正相关，果荚长度对果荚数目的影响更大。研究表明，在 Cd^{2+} 的作用下，蚕豆的单位豆荚豆粒数相应较低。

生物量是植物的基本生物学指标之一，体现了植物对物质和能量的积累，它可以有效地反映该植物在生长过程中不同器官所分配到的有机物质的总量（Chakarvorty et al.，2015）。生物量分配是植物生殖与生存平衡的结果。因此，对于生物量的统计可以有效地反映拟南芥在镉污染情况下，在整个生长周期中不同器官的生物量分配，从而反映其在镉污染条件下的生存策略。

在镉胁迫下，随着土壤镉浓度的增加，拟南芥的总生物量逐渐增加，拟南芥的总生物量与土壤镉浓度呈正相关，但未达到显著水平。有研究表明低浓度的重金属能促进植物生长，进而提高植株的总生物量。其中拟南芥果荚生物量与茎生物量的增加对拟南芥总生物的增加的贡献最大。与对照组相比，添加了镉处理的拟南芥植株的根生物量和茎生物量都出现了增加，而拟南芥叶生物量出现了减少。拟南芥的叶生物量减少一方面可能与在镉胁迫下拟南芥莲状叶的枯萎凋落有关；另一方面分枝数增加可能导致叶片间对光资源的竞争强度增大，叶片面积变小。

在镉胁迫下，由于拟南芥提前进入了生殖生长，使其获得了更高的果荚总生物量，但单个果荚的生物量减少。在相同的生长时间内，受到镉污染胁迫的拟南芥可以生产出更多的果荚和种子。但镉污染降低了获得的单个果荚生物量和单个果荚种子数及种子的质量，在土壤中镉污染浓度达到 3.0mg/kg 时达到显著水平。这可能是植物为了适应不稳定的环境会尽可能快地产生种子，但也与因早熟繁殖获得形成种子所必需的资源的时间较少有关。在胁迫条件时，大种子在幼苗建立阶段比小种子更具有优势，因为大种子储藏的能量大，可以支持幼苗更长的时间来达到自养的状态（Huang et al.，2011）。种子质量的降低将影响植物在胁迫环境下后代的定植和种子库的建立。

在镉胁迫下，随着土壤镉浓度的增加，拟南芥对生殖生长的投入百分比逐渐增加，均在镉浓度为 1.0mg/kg 时达到显著水平。生殖生长占比的增加主要与拟南芥植株的果荚生物量提高有关，与总生物的增加的相关性较弱。有许多研究显示，重金属抗性种群的植物个体倾向于将更多的能量投资于根或者繁殖器官，从而适应其所处环境。镉胁迫使拟南芥增加了对生殖生长的投入。

全氮、速效磷和速效钾在土壤中的含量对植物生长有着十分重要的影响。而本研究中拟南芥植株总生物量的增加主要与土壤中碱解氮、全氮和总磷的含量增加有关。

5.4.4　镉胁迫蚯蚓-土壤-细菌-植物的影响结论

1. 结论

镉胁迫蚯蚓-土壤-细菌-植物的影响研究，得出如下结论。

（1）较低浓度镉污染对蚯蚓的毒害作用较弱，但依然对蚯蚓肠道微生物产生了显著影响。镉污染显著降低了蚯蚓肠道细菌的丰度，但会提高其微生物多样性。

（2）镉胁迫下，蚯蚓的存在使土壤的营养元素的含量升高，同时镉的有效态含量占比下降，通过改善土壤的质量从而改善了拟南芥的生存环境。

（3）在蚯蚓存在的条件下，镉污染会显著加快拟南芥的生殖生长的进程。在相同的生长时间内，较长的繁殖时间使其收获了更多的成熟种子，但种子质量出现了下降，不利于拟南芥后代的定植。

2. 展望

本研究主要是针对在蚯蚓存在的情况下，不同浓度镉污染对拟南芥生长的影响及其因素。通过室内试验研究了拟南芥的生长发育，以及繁殖后代的质量。研究了土壤营养元素及有效态镉的变化，以期探讨拟南芥生长变化的影响原因。通过对土壤微生物及蚯蚓肠道微生物的测序，微生物对重金属胁迫作出了响应。但还有很多研究还值得探讨。

（1）本研究仅对土壤细菌及蚯蚓肠道细菌进行了 16S rRNA 测序，对大多数的微生物仅做了属水平的分类。可以将 16S rRNA 测序与宏基因组测序进行结合，以期得到重金属抗性菌株甚至是抗性基因，为使用微生物改良土壤提供理论依据。

（2）本研究仅对镉单一污染对拟南芥的影响进行研究和探讨。但植物在自然环境中往往面临着多重胁迫。植物适应多重胁迫与单一胁迫的方式有很大差异，需要研究多重胁迫对植物生长的影响。

（3）蚯蚓对土壤性质有很好的改良，从而对拟南芥的生长产生影响。土壤改良剂也会对土壤的理化性质及重金属的活性产生影响。之后的研究可以尝试用蚯蚓及土壤改良剂同时使用。

第6章 镉/乙草胺胁迫蚯蚓-玉米-土壤生态系统

我国是世界上农药生产大国，我国农药生产总量自 2006 年起就开始超过美国，生产量居于世界前列。2015 年农药原药产量 374.1 万 t。大量地施用、投放农药，而其有效利用率只能达到使用量的 10%～30%，大部分残留在土壤中，因此农药对土壤生态系统的破坏不可忽视。此外，我国受污染土壤超标率为 16.1%，无机污染物主要为镉、汞、铅、铜等八种重金属。我国幅员辽阔，因气候差异、耕作方式的不同土壤重金属污染复杂多样，但在全国尺度以镉污染最为严重。

在农业生产过程中，施用农药是提高农作物品质及产量的最重要手段，但其不合理施用就会对生态环境造成严重的破坏，尤其是由于人为使用农药与土壤重金属构成了土壤的有机（农药）-无机（重金属）的复合污染。因此土壤农药-重金属复合污染影响土壤生态系统的研究显得尤为重要，具有现实意义。

6.1 农药-重金属复合胁迫蚯蚓-植物-土壤生态系统的研究进展

蚯蚓是土壤中最重要的大型土壤动物，作为分解者对土壤生态系统物质循环和能量流动的各个环节均有影响。作为大型土壤生物不仅有助于改善土壤容重、粒径等物理结构，对化学性质也有改善作用，促进土壤生物类群的增加。蚯蚓个体变化导致的群落变化会对生态系统产生重要影响，在土壤生态系统稳定方面发挥着举足轻重的作用。同时，蚯蚓对各种干扰反应比较敏感，对农药和重金属污染都有很好剂量-响应关系。在以往的研究中，多为研究污染物对土壤-蚯蚓、土壤-植物等两者构成体系的生态毒理效应，而没有将土壤动物、土壤质量及植物生长三者结合，进而探讨污染物对三者构成的土壤生态系统体系的影响及其响应。

6.1.1 农药和重金属污染对土壤动物的影响

土壤农药和重金属污染破坏了蚯蚓的生境，在逆境胁迫下，蚯蚓在分子细胞、组织等各个层次对污染胁迫产生响应。国内外围绕蚯蚓生理与行为两方面已经做了大量相关研究，并积累了大量资料。下面从农药、重金属单一/复合污染胁迫蚯蚓在生理与行为两方面响应进行阐述。

1. 农药单一污染对蚯蚓行为及生理影响研究

近年来，随着土壤农药污染的加重，据此进行了较多基础研究及调查分析。毒理效应研究中，无论农药浓度高低对土壤动物的生理行为方面都产生了不利的影响，在超出蚯蚓耐受范围即出现死亡现象。目前关注较多的是蚯蚓在种群数量、行为、生理的变化。

在种群数量上，调查发现，农药使用量大的地区土壤动物种类、数量显著减少。表聚性较强的土壤动物随着农药污染浓度的增加，在深层土壤中出现聚集现象。

在行为上，研究证实，两种蚯蚓在吡虫啉污染土壤中掘穴能力出现明显减弱（Capowiez et al., 2003）。蚯蚓长期暴露在呋喃丹处理的土壤中，当浓度达到 2mg/kg 时，蚯蚓在生长周期内不能发育出环带并导致无法正常生殖、产卵。在 50mg/kg 除虫脲处理的土壤中蚯蚓体重显著降低；多种不同类型农药用滤纸接触法观察到蚯蚓中毒症状比较明显，身体立即有黄色液体渗出，随暴露时间增加，身体活性明显降低，环带膨大，出现断裂死亡（王彦华等，2012）。

在生理上，由于抗氧化酶对污染物的响应迅速，检测方法较为成熟便捷。近年来对蚯蚓生理毒性响应大多采用对抗氧化酶的影响，抗氧化酶主要包括 SOD、POD、CAT、谷胱甘肽过氧化物酶（glutathione peroxidase，GSH-Px）等，其中研究较多的是 SOD。不同剂量污染物对蚯蚓的氧化胁迫研究表明，蚯蚓 SOD 活性随污染物暴露时间及暴露浓度增加表现为低浓度抑制、高浓度促进趋势（Liu et al., 2012）。在不同浓度吡虫啉暴露处理下，蚯蚓 SOD 活性也表现出"低抑高促"现象。精喹禾灵胁迫急性毒理实验中，蚯蚓体内 MDA 的响应在第 7d 和 14d 显著高于对照组（王飞菲等，2014）。

2. 重金属单一污染对蚯蚓行为及生理响应影响

土壤动物的分布对重金属胁迫有明显的响应，在重金属高背景值地区调查发现，随着表层土壤重金属含量的增加，0～10cm 土层内土壤动物种类数量出现逆向分布，其中蚯蚓种类显著减少。同时蚯蚓对重金属也有一定的富集能力，在耐受范围内蚯蚓行为、生理表现出适应性并促进蚯蚓生长代谢，重金属含量一旦超过耐受范围，蚯蚓便表现出趋避现象和中毒反应。

蚯蚓毒理效应研究表明，在镉处理下，蚯蚓 AchE 活性随镉离子增加整体表现为先升高后降低。低浓度对生物体代谢过程有促进作用，高浓度对生物体代谢过程产生抑制作用。金属硫蛋白可以反映生物受重金属胁迫产生的生物毒性，研究证实，镉胁迫下可诱导蚯蚓体内金属硫蛋白含量增加。蚯蚓抗氧化酶系统的 SOD、CAT 两种抗氧化酶活性在第 28d 培养期内呈现出先诱导后抑制的响应过程。

3. 农药–重金属复合污染对蚯蚓行为及生理响应影响

复合污染对蚯蚓生理的作用类型较为复杂，与污染物的化学性质、浓度配比及染毒时间有关。复合污染对蚯蚓的毒理作用通常通过死亡率、抗氧化酶等进行衡量判断。通过观察，30mg/kg 铜处理削弱乙草胺对蚯蚓毒性，90mg/kg 铜处理增加乙草胺对蚯蚓毒性，而两种浓度铜处理均增加甲胺磷毒性（梁继东和周启星，2003）。阿特拉津和镉在任一配比下，对蚯蚓的毒性均为协同作用。乙草胺和镉复合胁迫处理，在多数配比下两者表现为拮抗作用。在一定镉浓度处理下，草甘膦可以降低蚯蚓体内镉的富集量（周垂帆，2013）。蚯蚓在铜、毒死蜱配比为 1∶1 的低浓度下为协同作用，高浓度暴露下蚯蚓体内 CAT、SOD 交互作用为拮抗作用（徐冬梅和饶桂维，2016）。

6.1.2 农药和重金属单一/复合对土壤质量的影响

1. 农药污染对土壤质量的影响

近年来，农药使用对土壤质量的影响已有众多研究，除草剂乙草胺的过量使用会显著抑制土壤中脲酶活性，且随着其施用量增加，抑制作用时间越长。草甘膦、敌稗可直接影响微生物的活性从而降低碳氮转化。氮是维持植物正常生长发育必需的营养元素，土壤中有机质经过分解、氨化、硝化等过程转化成植物体可直接吸收的氮素形态，有机氮矿化是土壤有效氮的主要来源。研究发现，百草枯、氯乙氟灵显著抑制了土壤氨氮和硝氮的矿化量。高浓度苄嘧磺隆和甲磺隆对土壤氮矿化也有显著抑制作用。土壤酶能够催化土壤化学反应与土壤有机质、碱解氮、速效磷含量相关，在土壤生态系统中起重要作用（王理德等，2016）。随苯噻草胺处理时间增加，显著抑制了稻田土壤脲酶活性，研究发现对 2,4,5-三氯苯酚可显著抑制土壤脱氢酶活性，氯氰菊酯、毒死蜱复合处理会抑制土壤淀粉酶活性。

2. 重金属污染对土壤质量的影响

土壤重金属的积累可通过直接对土壤微生物活性抑制间接影响土壤中有机碳、氮的矿化。Cu、Pb 和 Zn 污染土壤与未经处理土壤相比，土壤氮矿化量较低。由于不同土壤粒径对有机质的富集降低了微生物量及其活性，进而削弱了土壤有机成分的矿化效率。通过室内实验证明，受 Cd、Pb 和 Zn 污染的土壤微生物量碳和生物量氮较对照组急剧下降。同样在高 Cu、Pb、Zn、Cd、As 背景值地区，土壤脲酶、CAT 活性显著低于低含量地区（秦建桥等，2008）。

3. 农药-重金属复合污染对土壤质量的影响

大量研究表明，土壤农药-重金属复合污染通过直接作用于微生物和土壤酶活性影响土壤元素周转。研究表明，铜与菊酯农药共同胁迫显著抑制土壤磷酸酶活性及微生物量氮（张旸，2009）。镉、毒死蜱共同处理土壤对土壤脲酶活性也具有不同程度的抑制效应（蒋新宇，2009）。通过铜、莠去津交互实验表明两者对土壤磷酸酶有显著的抑制效应（刘广深等，2004）。除草剂环草隆与镉共同胁迫对城市绿地土壤有机氮矿化及基础呼吸有极显著的抑制效应（谷盼妮等，2015）。

6.1.3　农药和重金属对作物生理生长影响

1. 植物对农药污染的响应

农药对作物生长及作物品质的影响主要有两方面原因：一方面长期使用农药会改变土壤的物理结构和化学性质，如使土壤板结、酸化，间接影响作物品质及产量。另一方面，农药在生理生化方面对作物产生影响，直接对作物产生药害。三大农药种类中，对作物药害最为严重的是除草剂。

高浓度氰草·莠去津喷施，玉米幼苗叶片出现泛黄现象，生物量显著降低（王恒亮等，2011）。莠去津对小白菜芽长、根长有不同程度抑制。过量苯磺隆喷施对小麦生物量积累有显著抑制效应，造成小麦减产；喷施毒死蜱、氰戊菊酯会对小白菜叶片造成氧化损伤，叶片内 MDA 含量显著增加，对膜脂过氧化损伤最为显著。乐果处理的玉米幼苗叶片中叶绿素含量、可溶性糖显著降低。过量苯磺隆喷施可抑制小麦生物量积累而造成减产（盛积贵等，2015）。

2. 植物对土壤重金属污染的响应

在生理方面，植物体对重金属的响应主要体现在细胞抗氧化防御系统，重金属主要通过破坏植物蛋白质的活性从而导致植物细胞膜脂受到氧自由基攻击，抑制根系发育和叶绿素合成，使植物体矮小、叶片发黄，最严重的将导致植物死亡；而低浓度镉处理可促进作物种子萌发率，刺激小麦和玉米根系生长并增加作物地上生物量的积累。50mg/kg镉处理的土壤中，玉米茎叶生长、生物量的积累受到显著抑制。镉对小白菜侧根的发生，根伸长也有明显抑制效应（秦天才和吴玉树，1998）。

3. 植物对农药-重金属复合污染的响应

环境中农药-重金属复合污染对植物体在植物个体和细胞、分子水平产生不同程度的毒害效应。镉与氯嘧磺隆复合处理小麦种子萌发过程中，各项指标对污染响应顺序为根长>茎长>发芽率。大白菜种子在铜和氯氰菊酯联合毒性研究中也表现出相近的结果。氯嘧磺隆与镉和铜复合污染处理，小麦 SOD、POD 酶活性升高（Wang et al.，2009）。在长期镉胁迫土壤中，农作物受损伤程度随乙草胺喷施浓度增加而增大。

6.2　镉/乙草胺胁迫蚯蚓-土壤-玉米的研究方案

结合中国土壤污染实际及本团队研究基础，遴选一种除草剂及一种重金属研究污染物单一或复合污染条件下对蚯蚓、植物、土壤生理生态效益，综合蚯蚓、植物、土壤对除草剂与重金属的响应进而探讨除草剂与重金属对生态系统的危害，为复合污染的土壤修复提供理论依据。

6.2.1 研究材料

重金属：氯化镉（$CdCl_2$），分子量228.35，购买于天津市风船化学试剂科技有限公司（分析纯）。与第4章同。

农药：乙草胺（$C_{14}H_{20}ClNO_2$），纯度58%，购买于昆明市农药厂。

土壤动物：赤子爱胜蚓。与第4章同。

植物：玉米，经本实验室多年连续纯培养品种。

土壤：无人为干扰和污染的地块采集0~30cm土层土壤，风干混匀，过2mm筛，按土壤与腐殖土质量比为2∶1混匀，调节土壤含水率到60%。

6.2.2 样品处理

1. 蚯蚓的处理

分别第2d、25d、50d随机选取不同处理组3个平行，并从装置中分别剥离出0~10cm、10~30cm土壤，手捡法收集各土层蚯蚓，用干净的塑料盒分装并编号，采样后用自来水清洗干净蚯蚓体表，用蒸馏水冲洗三次，置于滤纸吸干体表多余水分。统计每个土层中分布蚯蚓数量。

2. 土壤样品的处理

每个装置中将0~10cm、10~30cm收集土样，自然风干后分别过2mm、1mm、0.25mm筛分装在洁净的自封袋内保存备用，其中2mm的土样用于测定土壤速效磷；1mm的土样用于测定土壤碱解氮；0.25mm的土样用于测定土壤有机质。

3. 玉米的处理

采样植株从装置中完整剥离出，用自来水清洗植株，冲洗干净后再用去离子水冲洗三遍，将每株玉米的地上部分及地下部分分别装入自封袋编号保存，用于测定玉米整株鲜重、植株茎高、根数量。分离根系及地上部分，用于测定玉米根系SOD活性、MDA含量。

6.2.3 研究设计

1. 乙草胺对蚯蚓-土壤-作物系统生态过程影响

将处理过的鲜土装入实验装置（直径20cm×高35cm）中，每装置装入10kg处理后的土壤，每装置中投放30条蚯蚓，喷施乙草胺0mg/kg、50mg/kg、100mg/kg三种处理，每个处理设3个重复。分别于处理第2d、25d、50d收集蚯蚓、土壤和植物样品，进行相关指标测定。

2. 镉对蚯蚓-土壤-作物系统生态过程影响

将处理过的鲜土装入实验装置（直径 20cm×高 35cm）中，每装置装入 10kg 处理后的土壤，每装置中投放 30 条蚯蚓，喷施镉 0mg/kg、10mg/kg、30mg/kg 三种处理，每个处理设 3 个重复。分别于处理第 2d、25d、50d 收集蚯蚓、土壤和植物样品，进行相关指标测定。

3. 乙草胺和镉单一/复合对蚯蚓-土壤-作物系统生态过程影响研究

将处理过的鲜土装入实验装置（直径 20cm×高 35cm）中，每装置装入 10kg 处理后的土壤，每装置中投放 30 条蚯蚓，喷施乙草胺：200mg/kg；镉：30mg/kg；乙草胺+镉：200mg/kg+30mg/kg，每个处理设 3 个重复，分别于处理第 2d、25d、50d 收集蚯蚓、土壤和植物样品，进行相关指标测定。

6.2.4　测定指标及方法

1. 土壤元素含量的测定

土壤碱解氮、有机质、速效磷的测定方法同第 2 章表 2-7。

2. 蚯蚓生理指标的测定

蚯蚓粗酶液制取：将预处理好的蚯蚓置于电子天平称重，放置于预冷研钵中，按质量：体积为 1：9 的比例加入磷酸缓冲液，加入少量石英砂冰水浴充分研磨匀浆，4℃，11000r/min 离心 10min，提取上清液置于 4℃冷藏备用。

SOD、MDA 均采用生物试剂盒测定的方法，最佳取样量根据实际情况略有改良，具体操作步骤参考试剂盒说明书。

3. 玉米生物量等的测定

分别于第 2d、25d、50d 随机选取处理组和对照组各 3 个装置，对每个装置内两株玉米幼苗进行植物形态、生理指标测定。

生物量：用自来水冲洗掉根部粘连土壤，再用去离子水冲洗 3 次，用吸水纸吸干植株水分，用剪刀将玉米植株地下与地上部分分开，置于天平称量鲜重。

株高：采用刻度尺直接测量（精确度 0.1cm）。

玉米根系粗酶液制取：准确称取根 0.2g（鲜重），置于预冷的研钵中，加入 1.8mL 磷酸缓冲液，少量石英砂，冰水浴充分研磨为匀浆液，在 4℃下，11000r/min 离心 10min，提取上清液，4℃冷藏备用。玉米根系 SOD、MDA 均采用生物试剂盒测定的方法，最佳取样量根据实际情况略有改良，具体操作步骤参考试剂盒说明书。

4. 数据处理

本研究过程中，试验数据及图表用 Excel 2013、SPSS 22.0 相关功能进行分析，分析方法主要有单因素方差分析法和相关分析法。

6.3 镉/乙草胺胁迫蚯蚓-土壤-玉米研究

探讨除草剂、重金属及两者交互对蚯蚓-土壤-作物系统的影响。研究表明：

（1）乙草胺单一处理研究表明，乙草胺表施影响了蚯蚓的生理，随着乙草胺浓度的增加，蚯蚓体内 SOD 活性逐渐降低，而 MDA 含量逐渐增加，蚯蚓生理损害逐渐增加。因此，为了规避这种危害，蚯蚓行为模式发生了变化，有从表层（0～10cm）向深处（10～30cm）分布的趋势，且该现象随着处理时间的增加趋势越来越明显。此外，蚯蚓分布模式的变化进一步对土壤理化性质和植物的生长产生了影响。实验结束时，土壤有机质、速效磷、根系 SOD 活性变化不明显，而土壤碱解氮、根系 MDA、植物生物量和株高在实验结束时表现出显著差异，即除了侧根数量在 50 mg/kg 浓度下数量最低外，随着乙草胺浓度的增加，土壤碱解氮、植物生物量和株高逐渐下降。

（2）镉单一处理研究表明，镉浓度的增加使蚯蚓体内 SOD 活性逐渐降低，且在实验结束时 30 mg/kg 浓度处理中 SOD 活性显著高于对照组，而 MDA 含量随着处理时间的增加有增加的趋势，但只在第 25d 时有显著差异。蚯蚓生理的变化同样说明其受到了毒害，因此蚯蚓表现出与乙草胺处理相似的行为规避反应，深层土壤中蚯蚓百分比随着处理浓度的增加和处理时间的延长而增加，到实验结束时达到显著水平。此外，部分土壤理化指标及作物生理指标也随处理浓度和处理时间的变化而有所变化。其中，土壤速效磷、根系 SOD 和 MDA 没有显著变化，而土壤碱解氮、有机质含量随处理浓度增加有上升的趋势，且在实验结束时最为明显；与之相反，实验结束时，侧根数量、生物量和株高随着处理浓度增加而显著降低。

（3）镉和乙草胺复合研究表明，相对单独作用，两者共同作用对蚯蚓的影响为拮抗效应。具体而言，蚯蚓体内 MDA 含量在高浓度乙草胺或镉处理下显著增加，但是两者共同作用时，其增加的幅度反而小于两者单独作用下变化幅度，相应的蚯蚓分层的变化规律也表现出一定的拮抗效应，即蚯蚓有向深层土壤分布的趋势，但是共同作用的影响反而小于单独作用。土壤指标的变化不明显，除了土壤有机质在乙草胺或镉单独处理时显著下降外，其他土壤指标变化不显著。生物量、株高和根数量的响应与蚯蚓行为分布、生理响应及土壤指标的变化略有区别，在实验结束时三个指标都是在交互处理中最低，说明两种污染物共同作用对作物生长的影响可能还与其他因素有关，如土壤微生物等。

6.3.1 乙草胺对蚯蚓-土壤-玉米的影响研究

1. 乙草胺对蚯蚓的垂直分布变化及其生理响应

喷施不同浓度乙草胺对蚯蚓在土壤垂直空间分布影响见图 6-1。由图 6-1 可知，从第 25d 开始，随着乙草胺浓度的增加，蚯蚓在表层分布的比例有下降趋势，而且随着时间的延长该现象逐渐明显。第 25d，50 mg/kg、100 mg/kg 乙草胺处理造成表层蚯蚓百分比分别下降 17.48%和 21.06%。第 50d，50 mg/kg、100 mg/kg 乙草胺处理分别造成表层蚯蚓百分比下降 5%和 20%。此外，处理时间对蚯蚓分布的影响较乙草胺处理更加明显。以 0～10cm 土层为例，与第 2d 相比，处理第 25d 和第 50d 后，蚯蚓在 100mg/kg 的处理中表层蚯蚓分布比例由 83.23%分别降低到 15.05%和 0%。

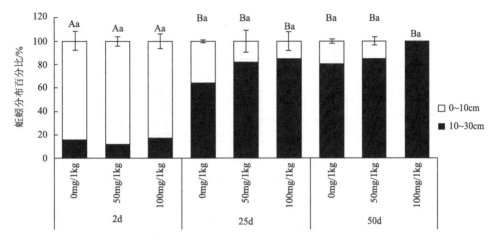

图 6-1　乙草胺浓度与处理时间对蚯蚓垂直分布的影响

大写字母为不同处理时间蚯蚓相同土层分布显著性，小写字母为同一采样时间相同土层蚯蚓分布显著性，$P<0.05$

不同乙草胺处理浓度下蚯蚓 SOD 活性如图 6-2 所示。从图 6-2 可以看出，乙草胺不同浓度处理蚯蚓体内 SOD 活性变化趋势相同，第 2d、第 25d、第 50d，乙草胺 50mg/kg、100mg/kg 处理蚯蚓 SOD 活性均小于 0mg/kg 处理，乙草胺对蚯蚓体内 SOD 活性产生一定的抑制效应，但不同浓度间没有呈现显著差异。此外，随着处理时间的增加，SOD 的值在不同处理组都呈现下降的趋势。

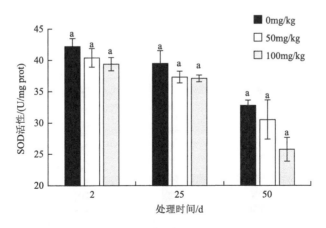

图 6-2　乙草胺处理蚯蚓体内 SOD 活性

小写字母表示同一处理时间不同处理蚯蚓 SOD 活性的显著性（$P<0.05$），下同

不同浓度乙草胺处理蚯蚓体内 MDA 含量变化详见图 6-3，随喷施浓度增加蚯蚓体内 MDA 含量增加，且在第 25d 时达到显著水平，此时 100 mg/kg 处理较对照 MDA 增加了 52.56%。此外，随着处理时间的延长，MDA 含量总体上呈现下降的趋势。

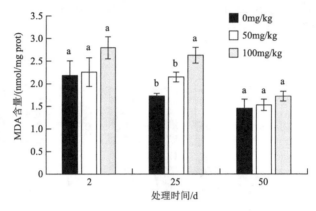

图 6-3　乙草胺处理蚯蚓体内 MDA 含量

MDA 是膜脂过氧化的产物，也是反映蚯蚓受胁迫程度的一个指标，该值越大说明动物受到的危害越严重。以上分析可知，蚯蚓体内 SOD 的含量主要对乙草胺的响应不明显，而蚯蚓 MDA 对乙草胺和处理时间都有响应。总体上乙草胺有提高蚯蚓体内 MDA 含量的趋势，说明在乙草胺胁迫下，蚯蚓体内产生了大量氧自由基并且超过了 SOD 消除能力。可见，乙草胺本身对蚯蚓是有直接毒害作用的。

2. 土壤理化性质的变化

不同乙草胺处理浓度下土壤有机质含量变化如图 6-4 所示，土壤有机质的含量同时受乙草胺浓度和处理时间影响，且应该存在交互作用。处理第 25d，有机质含量无显著变化，第 50d 反而有随着乙草胺浓度增加而逐渐增大的趋势。

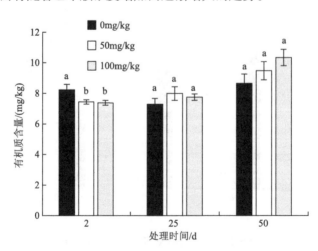

图 6-4　乙草胺处理土壤有机质含量

不同乙草胺处理浓度下土壤碱解氮含量变化如图 6-5 所示，土壤碱解氮含量与乙草胺处理浓度和处理时间都有关。处理第 2d 和第 25d，乙草胺对碱解氮无显著影响，但是第 50d，土壤碱解氮含量随着乙草胺浓度的增加显著降低，50mg/kg 和 100mg/kg 乙草胺处理组较对照组含量少 24.16%、34.24%。

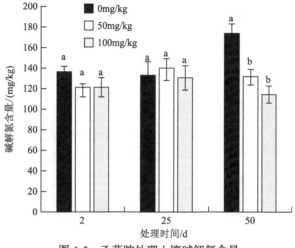

图 6-5　乙草胺处理土壤碱解氮含量

乙草胺处理速效磷含量见图 6-6。由图 6-6 可看出，处理结束时，0mg/kg、50mg/kg、100mg/kg 三个处理的速效磷含量没有显著差异。

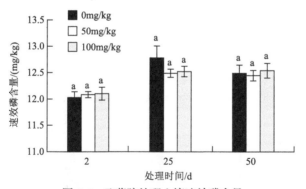

图 6-6　乙草胺处理土壤速效磷含量

综上所知，部分土壤理化性质对乙草胺有响应，处理结束时，土壤有机质随着乙草胺浓度的增加有增加趋势，而土壤碱解氮呈下降趋势，且达到显著水平。不同处理组土壤有机质、碱解氮、速效磷随处理时间的延长均有增加。土壤碱解氮含量与有机质含量正相关，相关系数为 0.03。相关研究也表明，土壤碱解氮、速效磷含量与有机质含量呈显著相关关系（孙福来等，2007）。本研究结果却不相同：有机质与碱解氮、速效磷含量变化不相关，这可能由于乙草胺处理通过降低微生物和土壤酶活性而降低了土壤碱解氮、速效磷的矿化速率。在百草枯、乐果处理土壤对有效养分含量的影响研究中也发现这两种农药对土壤碱解氮含量增加有抑制效应（万盼等，2018）。

3. 玉米形态性状变化

经土壤表面喷施乙草胺，玉米生物量变化见图 6-7。从图 6-7 中可知，玉米的生物量与处理浓度和处理时间有关。随处理时间延长，玉米生物量增加。但随乙草胺浓度增加，玉米生物量减少，乙草胺对玉米的生物量积累产生了抑制效应。当处理到第 25d 时，50mg/kg、100mg/kg 处理对玉米产生了显著的抑制效应，生物量分别较 0mg/kg 处理组少 50.45%、51.98%。处理到第 50d 时，50mg/kg、100mg/kg 处理组对玉米生物量分别较 0mg/kg 处理组少 25.76%、70.34%。乙草胺 100mg/kg 处理组抑制效应最显著。

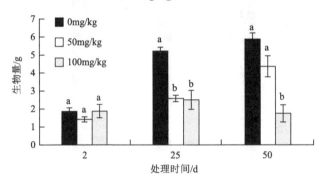

图 6-7　乙草胺处理对玉米生物量的影响

由图 6-8 可知，乙草胺处理浓度对玉米根数量有显著影响，且该影响与处理时间有关。其中，第 2d 和第 25d 各处理间无显著差异。而第 50d 时 50mg/kg 处理中根数量最少，较对照组少 35.42%；100mg/kg 处理中根数量次之，较对照组少 25%，而对照组中根数量最多。

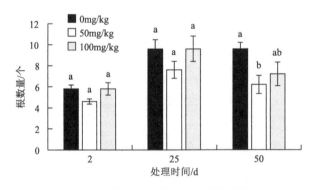

图 6-8　乙草胺处理对玉米根数量的影响

乙草胺处理对玉米株高的影响见图 6-9，由图 6-9 可知，乙草胺不同处理浓度对玉米株高影响与生物量趋势相同，第 25d、第 50d 时，50mg/kg、100mg/kg 处理对株高有显著抑制效应。喷施乙草胺第 25d，喷施 50mg/kg、100mg/kg 较 0mg/kg 处理组株高分别低 33.48%、42.00%；处理第 50d 时，喷施 50mg/kg、100mg/kg 较 0mg/kg 株高低 50.77%、60.01%。

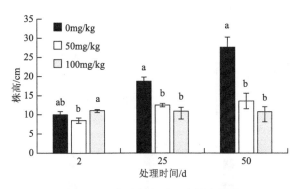

图 6-9　乙草胺处理对玉米株高影响

从玉米生物量、株高、根数量可以看出，乙草胺对玉米根系、茎的生长均有显著的抑制效应。作物接触乙草胺越早，对其生长的抑制程度越大。根数量变化与生物量、株高变化趋势不同，处理第 50d 时，100mg/kg 处理组根数量较多。这与其他研究结果相似，在一定乙草胺处理范围内，中高浓度乙草胺处理抑制了玉米根的生长。

4. 玉米根生理变化

经处理玉米根系 SOD 活性如图 6-10 所示，玉米根系 SOD 活性受处理时间和处理浓度共同作用。玉米幼苗根系 SOD 活性均随乙草胺处理时间的延长而升高。处理第 25d 时，中高浓度处理组 SOD 活性均高于 0mg/kg 处理，增加量未达到显著水平。处理第 50d 时，100mg/kg 处理组 SOD 活性受到抑制。

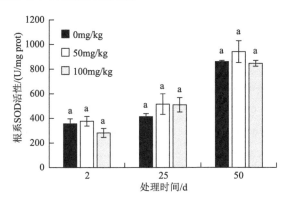

图 6-10　乙草胺处理对玉米根系 SOD 活性的影响

玉米根系 MDA 含量的变化见图 6-11，MDA 含量受处理时间及处理浓度影响，随处理浓度及处理时间的延长，玉米根系 MDA 含量呈增加趋势。乙草胺施用第 2d 时，50mg/kg、100mg/kg 处理组玉米根系 MDA 含量显著高于 0mg/kg 处理组。处理第 50d 时，100mg/kg 处理组显著高于 0mg/kg、50mg/kg 处理组，分别高 115.36%、55.77%。

从玉米生理来看，随着乙草胺浓度增加，SOD 活性表现为先增加后抑制，随着乙草胺处理时间的延长，高浓度处理 SOD 活性开始受到抑制，玉米 MDA 含量逐渐增加，说明高浓度乙草胺处理使玉米根系受到了损伤。

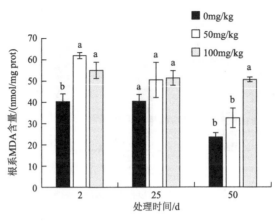

图 6-11　乙草胺处理对玉米根系 MDA 含量的影响

从表 6-1 可知，蚯蚓行为和生理属性与部分土壤理化性质相关，而土壤理化性质又与作物的生长、形态和生理属性相关，具体表现为蚯蚓 0～10cm 分布与土壤速效磷之间有显著负相关，而玉米生物量与土壤有机质和碱解氮极显著正相关。

表 6-1　乙草胺处理与土壤、蚯蚓及玉米相关分析

	碱解氮	有机质	速效磷	蚯蚓 0～10 cm	蚯蚓 10～30 cm	蚯蚓 SOD	蚯蚓 MDA	玉米 SOD	玉米 MDA	玉米 生物量	玉米 株高	玉米 根数
碱解氮	1											
有机质	0.03	1										
速效磷	0.199	−0.02	1									
蚯蚓 0～10cm	−0.019	−0.246	−0.496*	1								
蚯蚓 10～30cm	0.019	0.246	0.496*	−1.000**	1							
蚯蚓 SOD	0.084	−0.307	−0.074	0.672**	−0.672**	1						
蚯蚓 MDA	−0.013	−0.215	−0.391*	0.394*	−0.394*	0.414*	1					
玉米 SOD	0.005	0.348*	0.201	−0.523**	0.523**	−0.666**	−0.549**	1				
玉米 MDA	−0.177	−0.137	−0.224	0.16	−0.16	0.227	0.520**	−0.497**	1			
玉米生物量	0.384**	0.424**	0.199	−0.326	0.326	−0.069	−0.219	0.048	−0.416*	1		
玉米株高	0.414*	−0.03	0.528**	−0.33	0.33	−0.156	−0.445**	0.341*	−0.619**	0.494**	1	
玉米根数	0.313*	−0.033	0.581**	−0.572**	0.572**	−0.264	−0.186	0.159	−0.305	0.409**	0.501**	1

**表示相关性极显著（$P<0.01$），*表示相关性显著（$P<0.05$）。

6.3.2　镉对蚯蚓-土壤-玉米的生理影响

1. 镉对蚯蚓的垂直分布变化及其生理响应

镉单一污染处理，蚯蚓在土壤中垂直空间分布变化如图 6-12 所示，蚯蚓在土壤表

层（0～10cm）分布受处理浓度及处理时间影响。从第 25d 开始，随着镉浓度的增加，蚯蚓在表层分布比例有下降趋势，而且随着时间的增加该现象逐渐明显。第 25d，10mg/kg 和 30mg/kg 镉处理造成表层蚯蚓百分比分别下降 16.56%和 18.39%。第 50d，10mg/kg 和 30mg/kg 镉处理分别造成表层蚯蚓百分比下降 19.73%和 22.17%。此外，处理时间对蚯蚓分布的影响较镉处理更加明显。以 0～10cm 土层为例，与第 2d 相比，处理第 25d 和第 50d 时，蚯蚓在 30mg/kg 的处理中表层蚯蚓分布比例由 88.54%分别降低到 25.56%和 3.63%。

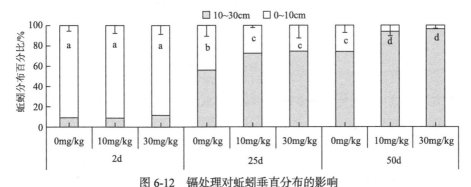

图 6-12　镉处理对蚯蚓垂直分布的影响

不同小写字母为蚯蚓分布随处理时间和处理浓度两个因素变化的显著性差异（$P<0.05$），下同

镉处理蚯蚓体内 SOD 活性如图 6-13 所示。蚯蚓体内 SOD 活性与处理浓度和处理时间有关。随处理时间延长，不同浓度镉处理 SOD 活性呈现出先促进后抑制的现象。处理第 2d，10mg/kg 和 30mg/kg 处理组对蚯蚓 SOD 活性有抑制，但不显著。处理第 25d，10mg/kg 和 30mg/kg 处理组 SOD 活性略有增加。处理第 50d，随处理浓度的增加，10mg/kg 和 30mg/kg SOD 活性水平受到了显著的抑制。

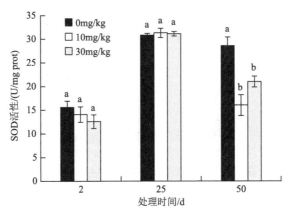

图 6-13　镉处理蚯蚓体内 SOD 活性

镉不同处理蚯蚓 MDA 含量变化规律如图 6-14 所示。处理第 2d，MDA 含量低于对照组水平。当处理第 25d，30mg/kg 镉处理组蚯蚓 MDA 含量显著高于 0mg/kg 处理。当处理第 50d，不同浓度镉处理没有显著差异。

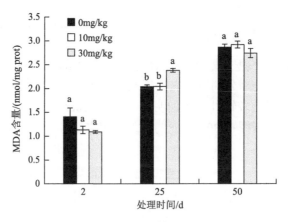

图 6-14　镉处理蚯蚓体内 MDA 含量

在镉单一处理中，相关分析发现，蚯蚓体内 MDA 含量与 SOD 活性呈现出极显著正相关。说明当蚯蚓体内氧自由基含量较高时对蚯蚓造成了氧化损伤，使其膜脂受损。研究发现，在镉暴露前四周蚯蚓体内 SOD 活性无显著变化。

2. 土壤理化性质的变化

镉单一处理土壤有机质含量变化情况如图 6-15 所示，土壤有机质含量与处理浓度及处理时间有关。随着处理时间的延长，有机质含量呈增加趋势。且随处理浓度增加，含量增加达到显著水平。处理第 25d，10mg/kg 和 30mg/kg 处理组较 0mg/kg 处理组高43.91%、37.30%，50d 较处理组高 18.02%、29.24%。

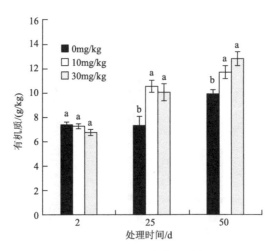

图 6-15　镉处理土壤有机质含量

经不同浓度镉处理土壤碱解氮含量变化情况如图 6-16 所示，碱解氮含量随处理时间延长及处理浓度增加呈增加趋势。处理第 25d，30mg/kg 处理组碱解氮含量最高，较0mg/kg、10mg/kg 处理组高 24.17%、29.64%。处理第 50d，10mg/kg、30mg/kg 镉处理组含量较 0mg/kg 高 13.20%、30.75%，且具有显著差异。土壤碱解氮含量与有机质含量呈极显著（$P<0.01$）正相关。

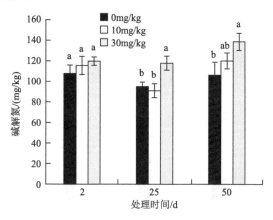

图 6-16 镉处理土壤碱解氮含量

经镉单一处理土壤速效磷含量变化趋势如图 6-17 所示，土壤速效磷含量总体呈增加趋势。处理第 2d，3 个处理组土壤速效磷含量不显著。处理第 50d，镉 0mg/kg、10mg/kg、30mg/kg 处理组土壤速效磷含量较处理 2d 时增加 19.21%、20.99%、21.02%。

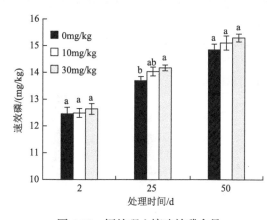

图 6-17 镉处理土壤速效磷含量

土壤有机质、碱解氮、速效磷含量呈现一致的变化规律，随处理时间的延长及处理浓度的增加，土壤有机质、碱解氮、速效磷含量呈增加趋势，且三者呈极显著正相关（$P<0.01$）。从蚯蚓分布数量来看，20~30cm 土层蚯蚓数量也随处理时间的延长及处理浓度的增加而增加，与各土壤元素间呈极显著正相关。这说明镉处理下，影响蚯蚓垂直空间分布的同时促进了土壤营养元素的矿化速率。

3. 玉米形态形状变化

不同浓度镉处理玉米生物量增加情况如图 6-18 所示，玉米生物量与处理浓度和处理时间有关。处理第 25d，10mg/kg、30mg/kg 处理玉米生物量显著低于 0mg/kg 处理，分别较 0mg/kg 少 28.14%、41.58%。处理第 50d 时，玉米生物量差异更加显著，10mg/kg

和 30mg/kg 处理组分别较对照组少 38.4%和 60.22%。30mg/kg 镉处理对玉米生物量积累具有显著抑制效应。

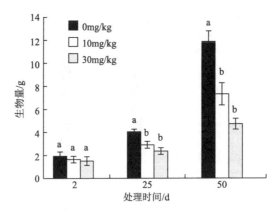

图 6-18　镉处理对玉米生物量的影响

玉米根数量的变化情况如图 6-19 所示，随处理浓度增加和处理时间延长，30mg/kg 镉浓度对玉米根数量有显著的抑制效应。处理第 2d、第 25d，不同浓度镉处理对玉米根数量增加无显著抑制效应。处理第 50d 时，根数量出现显著差异，根数量分别平均为 14 个、9.6 个、8.4 个，10mg/kg、30mg/kg 处理组玉米根数量少于 0mg/kg 处理组 31.43%、40%，且具有显著差异。10mg/kg 和 30mg/kg 镉处理抑制了玉米根数量的增加。

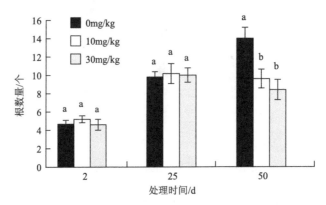

图 6-19　镉处理对玉米根数量的影响

不同浓度镉处理对玉米株高的影响见图 6-20 所示玉米株高受处理时间及处理浓度共同影响。其中，第 2d、第 25d 不同浓度对株高无显著影响。处理第 50d，10mg/kg、30mg/kg 镉处理组较 0mg/kg 处理组低 12.92%，30.85%。

从玉米生长情况来看，不同浓度镉处理组对玉米生物量、根数量和株高都产生了显著的抑制效应。处理第 50d，在 10mg/kg、30mg/kg 处理组抑制效应与处理浓度相关。玉米生物量、株高与根数量三者极显著（$P<0.01$）正相关，根系发育对玉米地上部分的生长具有重要作用。镉对玉米生长的抑制关系为 30mg/kg > 10mg/kg > 0mg/kg。

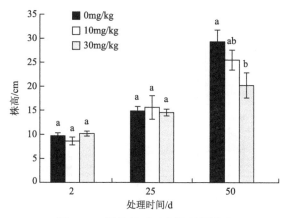

图 6-20　镉处理对玉米株高的影响

4. 玉米根生理变化

经镉处理玉米根系 SOD 活性变化如图 6-21 所示,玉米根系中 SOD 活性与处理时间和处理浓度有关。10mg/kg 和 30mg/kg 镉处理第 2d,根系内 SOD 活性有抑制,第 25d,中高浓度镉处理 SOD 活性增加,到第 50d,SOD 活性降低。不同处理组在相同处理时间未达到显著差异。

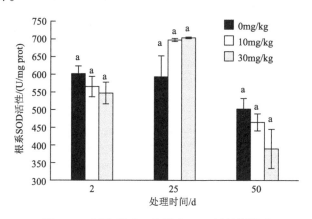

图 6-21　镉处理对玉米根系 SOD 活性的影响

镉处理对玉米根系 MDA 含量的影响如图 6-22 所示,镉胁迫下玉米根系内 MDA 含量与处理时间有关。处理第 2d,30mg/kg 处理组 MDA 含量高于 0mg/kg 和 10mg/kg 处理组;处理第 25d 时,30mg/kg 处理组玉米根内 MDA 含量下降;当处理第 50d 时,三个处理组 MDA 含量相当,相同处理时间不同处理玉米根系 MDA 含量差异均未达到显著水平。

从玉米根系生理指标来看,不同镉处理浓度 SOD 活性及 MDA 含量变化趋势有差异。MDA 含量升高,表明玉米在第 2d 即受到氧化损伤。随处理时间的延长,玉米根系 SOD 活性增加,表现较高的清除氧自由基能力,随之 SOD 活性和 MDA 含量降低。这一现象与大量研究结果一致,随处理时间的延长植物体内 SOD 活性先增加后降低。

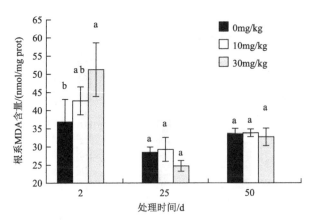

图 6-22　镉处理对玉米根系 MDA 含量的影响

　　从表 6-2 可知，蚯蚓行为和生理属性与部分土壤理化性质相关，而土壤理化性质又与作物的生长、形态和生理属性相关。蚯蚓 10～30cm 分布与土壤有机质、碱解氮和速效磷呈极显著（$P<0.01$）正相关，而玉米生物量与土壤有机质、碱解氮和速效磷呈极显著正相关。

表 6-2　镉处理与土壤、蚯蚓及玉米相关分析

	碱解氮	有机质	速效磷	蚯蚓 0～10cm	蚯蚓 10～30cm	蚯蚓 SOD	蚯蚓 MDA	玉米 SOD	玉米 MDA	玉米 生物量	玉米 株高	玉米 根数
碱解氮	1*											
有机质	0.395**	1										
速效磷	0.440**	0.704**	1									
蚯蚓 0～10cm	−0.664**	−0.676**	−0.788**	1								
蚯蚓 10～30cm	0.664**	0.676**	0.788**	−1.000**	1							
蚯蚓 SOD	0.679**	0.229	0.417**	−0.790**	0.790**	1						
蚯蚓 MDA	0.748**	0.718**	0.812**	−0.839**	0.839**	0.438**	1					
玉米 SOD	0.092	−0.202	−0.046	0.158	−0.158	0.605**	−0.034	1				
玉米 MDA	−0.366*	−0.388**	−0.522**	0.434*	−0.434*	−0.579**	−0.461*	−0.255	1			
玉米 生物量	0.586**	0.486**	0.516**	−0.507*	0.507*	0.346	0.718**	−0.213	−0.225	1		
玉米 株高	0.678**	0.569**	0.638**	−0.684**	0.684**	0.432*	0.739**	−0.219	−0.297*	0.921**	1	
玉米 根数	−0.21	0.395**	0.440**	−0.665**	0.664**	0.679**	0.764**	0.092	−0.366**	0.586**	0.678**	1

**表示相关性极显著，*表示相关性显著。

6.3.3　乙草胺/镉污染对蚯蚓的垂直分布变化及其生理响应

1. 乙草胺和镉单一/复合污染对在土壤中垂直分布变化及生理响应

乙草胺和镉单一与复合胁迫蚯蚓在土壤中垂直空间分布变化如图 6-23 所示。蚯蚓在土壤表层（0～10cm）分布数量与污染物的处理时间有关。处理第 2d，镉、乙草胺及其复合处理比对照组少 27.69%、35.036%、36.63%。

处理第 25d，0～10cm 分布数量百分比分别为 23.52%、16.18%、16.76%、23.66%。复合处理组与单一处理组分布数量相当。处理第 50d，0mg/kg、镉（30mg/kg）、乙草胺（200mg/kg）及镉+乙草胺（30mg/kg+200mg/kg）处理组，蚓分布数量分别为 53.09%、23.93%、47.09%、36.18%，两者复合作用时，其减少幅度反而小于两者单一作用下变化幅度，推测可能两者表现出一定的拮抗效应。

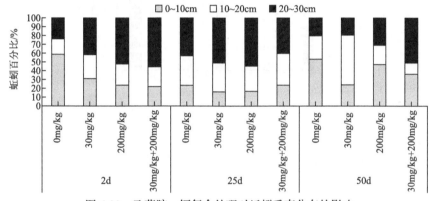

图 6-23　乙草胺、镉复合处理对蚯蚓垂直分布的影响

镉和乙草胺单一与复合处理对蚯蚓体内 SOD 活性的影响如图 6-24 所示，SOD 活性与处理时间相关。处理第 25d，不同处理组的 SOD 活性无显著差异。处理第 50 d，乙草胺处理与复合处理 SOD 活性均高于对照组。

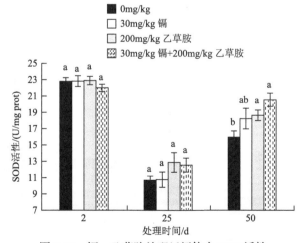

图 6-24　镉、乙草胺处理蚯蚓体内 SOD 活性

镉和乙草胺单一与复合处理蚯蚓体内 MDA 含量如图 6-25 所示。处理第 2d，不同处理组蚯蚓体内 MDA 含量相当。处理第 25d，乙草胺单一处理与复合处理组 MDA 含量较高，与对照组相比，镉单一处理组有显著差异。处理第 50d 时，单一与共同处理 MDA 含量均高于对照组，且复合处理含量低于单一处理组。

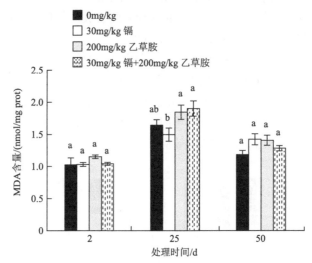

图 6-25　镉、乙草胺处理蚯蚓体内 MDA 含量

根据以上结果，镉和乙草胺单一与复合处理，处理第 25d，蚯蚓 SOD 活性降低，相应的 MDA 含量增加。但两者复合作用时，其增加量小于两者单独作用下变化幅度，表现出一定的拮抗效应。

2. 土壤理化性质的变化

镉、乙草胺处理对土壤有机质含量变化如图 6-26 所示，土壤有机质含量与处理时间有关，随着处理时间的延长土壤有机质含量增加。处理第 50d，乙草胺和镉单一处理有机质含量显著低于对照组和复合处理组。

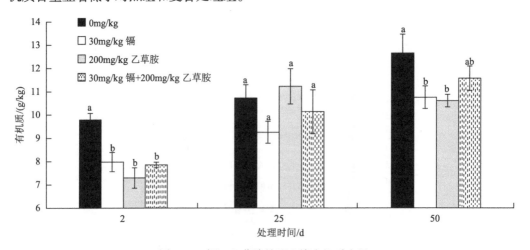

图 6-26　镉、乙草胺处理土壤有机质含量

　　不同处理土壤碱解氮含量如图 6-27 所示，在处理 50d 内，镉和乙草胺单一处理与复合处理土壤碱解氮含量无显著变化。土壤碱解氮含量与有机质含量显著正相关($P<0.05$)。

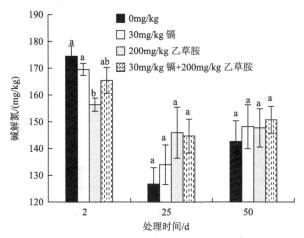

图 6-27　镉、乙草胺处理土壤碱解氮含量

　　经不同处理土壤速效磷含量变化如图 6-28 所示，处理第 25d，各处理组速效磷含量降低。第 2d、25d、50d 不同处理组速效磷含量无显著差异。不同处理土壤速效磷与碱解氮含量都具有显著正相关。

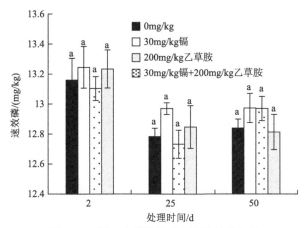

图 6-28　镉、乙草胺处理土壤速效磷含量

　　总体来讲，碱解氮和速效磷两个营养成分没有显著的变化，不同处理组无显著差异。镉和乙草胺单一处理时，有机质含量显著少于对照组。从蚯蚓在土壤中分布情况来看，当处理达到第 50d 时，各处理组在土壤各土层分布数量差异不显著，并且在镉、乙草胺单一与复合处理组蚯蚓体内 SOD 活性上升，由此可知蚯蚓体内产生并积累了较多的活性氧自由基，掘穴、摄食等行为能力减弱，对土壤有机质的分解能力下降。

3. 玉米形态形状变化

　　镉、乙草胺处理对玉米生物量的影响如图 6-29 所示，玉米生物量与处理时间和处理浓度有关。在处理第25d，镉和乙草胺单一与复合处理对玉米生物量生长无影响。在处理第 50d，对玉米生物量的积累产生了显著抑制，具体抑制程度为镉+乙草胺（30mg/kg+200mg/kg）> 乙草胺（200mg/kg）> 镉（30mg/kg）> 0mg/kg，复合处理对玉米生物量积累的抑制效应最显著，第 0d、25d、50d 分别较 0mg/kg 处理组生物量少 9.00%、42.92%、81.86%。

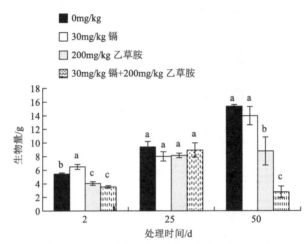

图 6-29　镉、乙草胺处理对玉米生物量的影响

镉、乙草胺单一与复合处理对玉米根数量的积累如图 6-30 所示，玉米根数量与处理时间及处理浓度有关。处理达到第 25d，镉和乙草胺单一处理根数量显著低于对照组，较对照组少 25%、30%。处理到第 50d，乙草胺单一处理与复合处理对根数量显著抑制。镉单一处理、乙草胺单一处理与复合处理分别比对照少 18.31%、39.44%、50.70%。

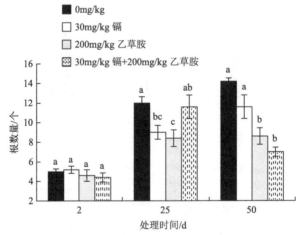

图 6-30　镉、乙草胺处理对玉米根数量的影响

单一与复合处理在胁迫周期内对玉米株高的影响如图 6-31 所示，在处理第 2d、第25d，各处理组间无显著差异。处理第 50d 时，乙草胺单一处理与复合处理对玉米茎的生长具有显著的抑制效应，其株高仅为对照组的 65.47%、63.09%。

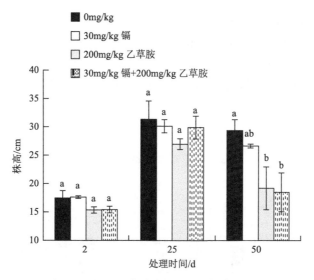

图 6-31 镉、乙草胺处理对玉米株高的影响

镉和乙草胺单一与复合处理下玉米生物量与根数量、株高呈极显著正相关（$P<0.01$）。从玉米生物量、根数量和株高三个形态特征表明，镉、乙草胺单一与复合处理均对玉米生长产生抑制作用，且镉-乙草胺复合处理抑制效应大于乙草胺、镉的单独处理。这与前人对镉-乙草胺复合作用对玉米生物学性状影响研究结果相似（苗明升等，2010），两者相互作用对玉米表现为协同效应，这可能与镉和乙草胺对植物的毒性机理相关。

4. 玉米根生理变化

玉米根系 SOD 活性的变化情况如图 6-32 所示，处理第 25d，乙草胺单一处理与复合处理均高于对照组，且具有显著差异。处理第 50d，镉和乙草胺单一与复合处理组根系 SOD 活性均高于对照组，而两者复合处理 SOD 活性低于单一处理。

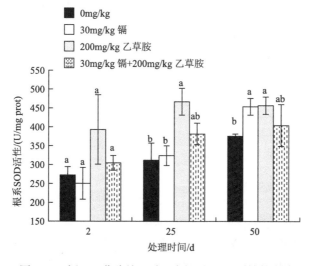

图 6-32 镉、乙草胺处理对玉米根系 SOD 活性的影响

玉米根系 MDA 含量如图 6-33 所示，随处理时间延长，镉和乙草胺单一与复合处理 MDA 含量增加。处理第 2d、第 25d 玉米根系 MDA 含量的大小关系为镉+乙草胺>乙草胺>镉>对照组，但各处理间没有显著差异。玉米根系 MDA 含量与 SOD 活性呈极显著（$P<0.01$）正相关，SOD 活性越高，MDA 含量越高。

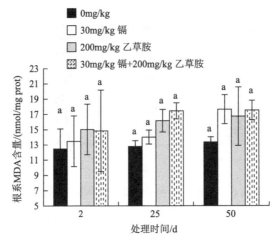

图 6-33　镉、乙草胺处理对玉米根系 MDA 含量的影响

镉和乙草胺单一处理玉米根系内 SOD 活性升高，当两者复合处理时 SOD 活性下降，MDA 含量与单一处理时无显著差异。说明玉米在两者复合胁迫所受到的氧化损伤比单一处理时小，但都因生理上受到毒害进而限制了玉米的生长发育。

从表 6-3 可知，蚯蚓行为和生理属性与部分土壤理化性质相关，而土壤理化性质又与作物的生长、形态和生理属性相关。具体表现为玉米生物量与土壤有机质蚯蚓 MDA 呈显著正相关，与蚯蚓 SOD 呈极显著负相关。

表 6-3　镉、乙草胺处理与土壤、蚯蚓及玉米相关分析

指标	碱解氮	有机质	速效磷	蚯蚓 0~10cm	蚯蚓 10~30cm	蚯蚓 SOD	蚯蚓 MDA	玉米 SOD	玉米 MDA	玉米 生物量	玉米 株高	玉米 根数
碱解氮	1											
有机质	−0.293*	1										
速效磷	0.264*	−0.103	1									
蚯蚓 0~10cm	0.234	−0.084	−0.016	1								
蚯蚓 10~30cm	−0.234	0.084	0.016	−1.000**	1							
蚯蚓 SOD	0.562**	−0.343**	0.374**	0.174	−0.174	1						
蚯蚓 MDA	−0.411**	0.272*	−0.466**	−0.321	0.321	−0.752**	1					
玉米 SOD	−0.059	0.321*	−0.24	−0.214	0.214	−0.126	0.399**	1				
玉米 MDA	0.024	−0.113	−0.009	0.007	−0.007	−0.066	0.047	0.048	1			
玉米生物量	−0.273	0.408*	−0.328	0.034	−0.034	−0.440**	0.361*	0.403*	−0.093	1		
玉米株高	−0.544**	0.441**	−0.324	−0.129	0.129	−0.764**	0.505**	0.17	−0.064	0.586**	1	
玉米根数	−0.343*	0.531**	−0.484**	0.074	−0.074	−0.670**	0.452**	0.071	0.163	0.764**	0.746**	1

**表示相关性极显著，*表示相关性显著。

6.4 镉/乙草胺污染对蚯蚓-土壤-玉米的影响分析

农药和重金属污染是当前我国农田生态系统面临的最严重的两类环境问题，如何评价其环境风险直接关乎人类身体健康和族群发展。当前对这两类污染物的风险评价主要集中在污染物残留量及其急性毒性效应上，这种评价方法显然容易造成其风险被低估。例如，在农业生产过程使用的剂量很低，不会直接造成作物中毒或者食用作物的动物和人类中毒，但是仍然可以通过农田生态系统中食物链的放大效应，对顶级捕食者和人类造成危害，或者通过种间关系危害有益动植物，最终危害农田生态系统。可见，采用传统毒理学的判定方法是不全面的。为此，有必要从系统的角度全面评价两类污染物造成的生态风险。本研究以蚯蚓-土壤-作物系统为研究对象，从蚯蚓行为和生理、土壤理化性质的变化及作物形态和生理角度，全面评价农药和重金属对该系统的影响，为揭示机制提供参考。

6.4.1 蚯蚓生理和行为对乙草胺和镉污染的响应

本研究表明乙草胺和镉单独作用时对蚯蚓在土壤土层中垂直分布有显著影响。总体上，蚯蚓都是处理第 2d 后开始出现向深层（10～30cm）土层迁移现象，培养到第 25d 时，蚯蚓在土壤中分布特征有较为明显的变化趋势，随着处理时间的延长，高浓度处理组 10～30cm 土层蚯蚓分布数量逐渐增加。其中，乙草胺处理到第 50d，10～30cm 土层蚯蚓分布数量大小关系为 100mg/kg > 50mg/kg > 0mg/kg；镉处理到第 50d，10～30cm 土层蚯蚓分布数量大小关系为 30mg/kg > 10mg/kg > 0mg/kg。该结果充分说明乙草胺和镉施用于农田土壤表层后，蚯蚓产生了趋避效应，说明两者可能都对蚯蚓有毒害作用，该推测从蚯蚓体内 SOD 和 MDA 的响应得到了证实。随着乙草胺浓度的增加，蚯蚓体内 MDA 含量逐渐增加，说明蚯蚓生理受到胁迫，且胁迫的程度与剂量有关，表现出一定的剂量-效应关系。这与之前的研究结果相一致，即蚯蚓对多种农药和重金属都存在回避行为。其他研究也证明重金属污染会导致土壤动物在垂直方向向下迁移（王振中等，1994）。可见，表层（0～10cm）中重金属和乙草胺浓度高，10～30cm 低，故蚯蚓迁移到深层中以躲避污染物的毒害。

为了进一步探讨重金属和乙草胺共同作用的影响，研究设计了两因素交互试验，以评估其共同与单独作用对蚯蚓行为的影响。结果表明，不同处理时间，两者共同作用都没有造成蚯蚓趋避效应的增强，在试验后期甚至有减弱的现象，说明乙草胺和镉共同作用产生了拮抗效果。其机制可能由于乙草胺和镉的交互作用影响了蚯蚓的呼吸强度，使其获取氧气的能力下降（Datta et al., 2016）。在这种情况下，蚯蚓不能再进一步地下移，反而开始向上层迁徙，以获得更多的氧气。遗憾的是，本研究并没有直接反应蚯蚓缺氧情况的指标，无法给出直接的证据，需要进一步试验证明。但是，从以往的研究中可知，两种污染物存在抑制蚯蚓呼吸的可能性。

6.4.2 土壤理化性质对乙草胺和镉污染的响应

在乙草胺单独处理的试验中，试验结束时土壤有机质和速效磷变化不明显，而土壤碱解氮在试验结束时表现出显著差异，随着乙草胺浓度的增加，土壤碱解氮逐渐下降。碱解氮是植物从环境中直接摄取转化的化合物质，其含量越高，说明环境中植物可利用的氮元素含量越高，而乙草胺的喷施造成了土壤碱解氮含量的降低，必然会导致植物可利用氮元素含量的降低，从而导致后期作物生物量降低。本试验中碱解氮的变化可能与两个因素有关：①乙草胺对土壤的直接作用，对土壤中氮素氨化、硝化等过程产生抑制，进而降低了土壤中氮素的有效性。②本研究发现，蚯蚓数量在试验结束时同样受到乙草胺浓度的影响，浓度越高，存活率越低，这必然也会造成其降解土壤有机质，增加土壤碱解氮的能力降低（刘嫦娥等，2020）。

相反，在镉单一污染时，土壤中碱解氮和有机质含量随处理浓度增加而增加。从蚯蚓的行为变化可知，10～30cm 土层蚯蚓数量因处理浓度的增加而增加，与各土壤元素间呈极显著正相关。这说明镉处理下产生对蚯蚓垂直空间分布影响的同时，促进了土壤营养元素的矿化速率。同时镉胁迫促进了土壤中硝态氮和铵态氮含量增加（钱雷晓，2014）。乙草胺和镉对土壤氮素的影响呈现出不同的变化规律，本研究目前的数据无法对该现象做出很明确的解释，猜测该过程可能与土壤微生物对乙草胺和镉的响应不一致有关，例如土壤细菌、真菌、放线菌三大类群中，细菌对乙草胺较敏感，放线菌对镉较敏感。

在乙草胺和镉共同作用时，除了有机质含量略有下降外，土壤其他理化性质对两者共同作用的响应不明显。这点说明两者对土壤理化性质的影响有拮抗作用。从前面的分析可知，本研究土壤理化性质与蚯蚓分布和微生物的作用密切相关，由于乙草胺和镉共同作用使蚯蚓趋避效应减弱，并且由于乙草胺和镉对微生物的影响方向相反，两种共同作用时各自的效果相互中和，最终导致了土壤化学性质相比单独作用时更加不明显。

6.4.3 植物个体形态和生理特征对乙草胺和镉污染的响应

研究发现，蚯蚓可以促进植物的生长，可使高原植物生物量积累增加近 15%（Li and Sun，2011）。在乙草胺和镉单独处理中，蚯蚓的分布与玉米根数量呈显著正相关，玉米对污染物的具体响应如下：

（1）在乙草胺单独作用时，玉米根数量在高浓度处理中少于对照组。农业生产中，乙草胺适用于去除田间杂草，由于杂草与作物的敏感性不同，在一定剂量下可选择性地去除杂草且对作物不产生伤害。但作物对乙草胺的敏感性与作物种系和生长阶段有关，作物接触乙草胺越早对其生长的抑制程度越大。本研究中植物体内 MDA 含量随着乙草胺浓度的增加而快速增加，MDA 含量可以反映植物受胁迫的程度，说明乙草胺对植物造成了损伤，根在养分和水分吸收方面发挥着主要作用，玉米根系有 75.6%分布在 0～10cm 土层中，进一步结合蚯蚓的分布和植物根系的分布，分析该过程可能与土壤物理透气性有关。具体来说，研究条件下土壤由于生物和非生物环境的改变，相比在自然环境中更容易发生板结现象，造成植物缺氧。随着乙草胺浓度的增加，蚯蚓为了规避危害向深处迁移，由于土壤机械阻力及土壤透气性的影响（Bertrand et al.，2015），蚯蚓对土壤深层透气性的改良能力较表层下降，植物缺氧胁迫增加，因此，最终导致植物生物量下降。

（2）在镉单独污染时，植物根系数量同样减少，生物量下降（禹明慧等，2020）。由于不同浓度镉处理对根数量产生显著抑制效应，根数量的减少同样降低其营养吸收的能力，处理浓度越大抑制效应越强（秦天才和吴玉树，1998），并且这种负面影响可能强于由于土壤碱解氮和有机质在该系统中增加带来的正面效应，植物生物量最终降低。

（3）在镉和乙草胺共同处理时，蚯蚓行为呈现拮抗效应，土壤理化性质呈现拮抗效应（刘嫦娥等，2021a）。但是根数量却在两者共同作用时下降得更多，生物量的变化与植物根数量的响应一致。该结果说明，在这个系统中决定植物生长状况最主要的是植物根系生长情况，尽管土壤理化性质相比单独作用更好，蚯蚓也更多地分布在表层，表层土壤透气性增加，但是由于根系生长受到的限制更大，最终导致生物量相比两者单独作用下降得更多。也有研究证明高浓度乙草胺、镉单一/共同处理对玉米生物量积累抑制量达到 50%，二者共同作用表现为协同作用（苗明升等，2010）。因此，玉米生物量降低与植物根系生长在两者共同作用下响应为相加作用有关。

综上所述，从蚯蚓、土壤和作物（玉米）三个环节系统地研究了乙草胺和镉对该系统的影响。结果表明，乙草胺和镉对该系统的影响不仅与其对植物和对动物的直接毒害有关，而且与不同环节之间的相互作用有关。所以，采用以往简单的毒理学实验来认定这些环境污染的生态风险是很片面的，需要借助系统的手段重新进行界定。

6.4.4　镉/乙草胺胁迫蚯蚓-土壤-玉米的研究结论

（1）乙草胺和镉单独和共同作用都能引发蚯蚓的趋避效应，造成蚯蚓向远离污染浓度高的区域，也就是向土壤深层迁移，两者共同作用对蚯蚓行为产生拮抗效应。

（2）蚯蚓受污染胁迫行为响应造成土壤营养状况随之改变，在一定程度上改善了深层土壤环境。

（3）乙草胺和镉单独或共同作用都对玉米生物量积累产生了抑制。蚯蚓分布变化对土壤环境的改善不敌污染物对作物的直接药害作用。

总之，乙草胺和镉对农田生态系统的影响不仅与他们对各要素的直接影响有关，而且与不同要素之间的相互作用有关。因此以后在有重金属污染的农田中，如确有必要进行农业生产，那么除草剂的使用数量应该受到更加严格的限制，因为两种共同作用的危害可能导致作物比不施乙草胺的地区产量更低。

6.4.5　镉/乙草胺胁迫蚯蚓-土壤-玉米的研究展望

本研究主要围绕乙草胺使用和镉污染对蚯蚓-土壤-作物系统可能产生的影响进行。通过室内控制实验分析了乙草胺和镉是如何通过对蚯蚓的垂直分布影响进而造成对土壤中营养元素产生影响，并间接对作物产生的影响进行了分析。但在实际生活中农田的环境较为复杂，农药的使用及重金属的污染情况也不尽相同，仍有很多问题需要探讨。

（1）本试验在施入污染物后，进行三次采样，但只能记录采样时蚯蚓在土壤中的瞬时动态，并通过生理行为方面解释证明蚯蚓在受到污染胁迫时在土壤垂直空间发生的变化，不能对蚯蚓的运动变化过程进行观察。以后的研究可以改进实验装置，观察蚯蚓在土壤中的运动变化，解释和分析污染物对蚯蚓在土壤中的变化过程。

（2）农药及重金属对土壤酶活性、微生物活性也均有影响，本试验仅基于植物快速吸收利用的营养元素进行了研究，今后可以将土壤酶活性、微生物活性及污染物在不同土层的残留量进行研究，为蚯蚓在污染胁迫下垂直分布变化提供更多的证据，并进一步为农药、重金属对土壤-蚯蚓-作物系统的影响机制提供更加全面证据。

第7章 蚯蚓介导纳米零价铁修复镉污染土壤

自改革开放以来，我国的工业、农业及城市化迅速发展，工业增加值从 1978 年的 1620 亿元增至 2006 年的 30516 亿元。2018 年，全世界工业生产中，中国以 220 种工业产品位居世界第一。然而，工农业迅速发展、经济急剧增长的同时导致产生了严峻的污染问题，土壤重金属污染是最具有代表性的问题之一。重金属对土壤养分的生物有效性、土壤结构与化学组分、土壤微生物的多样性，以及土壤生态环境造成严重的负面影响。

针对土壤重金属污染，纳米零价铁（nanoscale zero-valent iron，nZVI）因其具有极高的反应活性和氧化还原性，可以将有毒的重金属和无机化合物等多种污染物转化为低毒或惰性化合物而广被研究。nZVI 已被证明可高效处理各种污染物，尤其是原位土壤、地下水和地表水修复中。但是，在土壤中应用较少，主要原因是难以解决 nZVI 在土壤中均匀分布、老化和团聚问题。为解决 nZVI 在修复过程的问题，为其提供载体、进行表面涂层和双金复合体系三种改良方式被广泛研究。但是关于 nZVI 和生物复合作用修复重金属污染的研究较少，且研究主要围绕植物和微生物展开，关于土壤动物的研究极为罕见。因此，基于土壤动物（蚯蚓）和 nZVI 首先初步研究 nZVI 对蚯蚓阶段性毒性影响；进一步研究蚯蚓介导下 nZVI 对土壤质量的影响，从而总结 nZVI 的生物效应和环境效应；最后深入探究蚯蚓和 nZVI 复合作用对土壤镉污染的修复作用及修复过程对土壤质量、土壤生物的影响，期待为蚯蚓介导下 nZVI 修复农田重金属污染提供理论基础和科学指导。

7.1 纳米零价铁的影响及修复重金属污染的研究进展

重金属和准金属污染问题由于对人类健康的威胁而引起全球关注。经调查研究，多种重金属元素和准金属元素是致癌物质，会通过消化系统、呼吸系统、食物链和食物网等途径进入人体和动物体，在体内不断富集，影响机体健康，使蛋白质丧失作用，导致各种酶失去活性，甚至对人体造成急性、亚急性、慢性中毒等，如 20 世纪日本的"痛痛病"、广西三合村镉污染和湖南省"镉大米"事件给人体健康带来了灾难性的伤害。同时，土壤镉污染对植物尤其是农作物品质及农产品产量会产生显著的负面影响。针对土壤重金属污染，土壤修复技术在化学修复（如固定法、封装法、淋洗法）、物理修复（如换土法、屏障法、玻璃化法、电动修复法）、生物修复（如植物的稳定、蒸发、提取；动物修复；微生物修复）等方面已经开展了大量工作，并取得较好的修复效果。近年来，纳米零价铁（nZVI）作为一种高效的修复剂得到深入研究和广泛应用。

7.1.1 纳米零价铁对生物及其生境的影响研究

针对土壤重金属污染的化学修复材料，纳米材料作为 20 世纪末最有前景的修复材料被研究（Gil-Díaz et al., 2017）。主要原因：铁（Fe）是地壳中最丰富的过渡金属元素，可以实现减少环境污染物且在绿色合成和生物医学中可持续应用（Monga et al., 2020）。nZVI 是一种粒径为 1～100nm 的零价铁颗粒，核心为零价铁、外壳为氧化铁薄膜，比表面积大、化学性质活泼，具有极高的还原性和吸附能力，是最具有代表性的铁基修复材料之一（Xue et al., 2018a），可通过氧化还原、吸附、共沉淀及复合作用等多种方式对土壤、水体、地下水及淤泥中的重金属离子、有机氯化物和无机化合物进行修复，降低污染物的毒性（Gil-Díaz et al., 2017）。1997 年，nZVI 被初步研究，其研究主要包括四个发展阶段：①20 世纪末期，通过自上而下、自下而上和气相还原制备零价铁（ZVI）；②2000～2007 年，主要研究稳定的 nZVI 的合成方法和对其结构进行表征的主要方法；③2007～2012 年，主要针对稳定性 nZVI 修复土壤和水体环境中有毒的重金属元素、放射性核素及氯代有机物（Zhu et al., 2019）；④2012 年至今，主要研究在污染物修复过程中稳定性 nZVI 的环境迁移及环境响应。因此，如何提高 nZVI 修复环境污染的效率，明确其对环境的影响及修复过程的形态转化是当今研究热点。

nZVI 因其优良的化学性质被应用于多个领域，尤其在环境修复和生物医学领域的应用最为广泛（Li et al., 2016）。虽然 nZVI 中零价铁可被氧化为铁氧化合物，从而经常被认为是一种无毒或低毒的修复和应用材料，但是其生态环境风险的潜在性不容忽视，因此，关于其对生物体及环境的影响也已展开大量工作。已有大量研究表明，nZVI 修复环境污染过程中会发生转化、聚集、溶解、氧化还原反应，以及与大分子相互作用，以上物理变化及化学反应会改变 nZVI 的物理结构和化学成分，最终改变 nZVI 的存在形式、在环境中的运输途径及其对周围生物体和环境的影响（Dwivedi and Ma, 2014）。多数研究为确定 nZVI 对自然界中多种生物体和大环境的影响，测定 nZVI 对试验对象的毒性效应，目前有报道表明 nZVI 对细菌、鱼（如 *Oryzias latipes*）、浮游植物和水蚤（如 *Daphnia magna*）均有影响（Keller et al., 2012）。只有少数研究调查了 nZVI 对土壤动物的影响，表明其毒性效应和浓度呈正相关。同时，研究表明 nZVI 的毒性与其存在形式密切相关，nZVI 被水和氧气腐蚀形成铁氧化物，如针铁矿（FeOOH）、方铁矿（FeO）、磁铁矿（Fe_3O_4）、磁赤铁矿（γ-Fe_2O_3）和赤铁矿（α-Fe_2O_3）发生老化，其毒性作用会显著降低（Yirsaw et al., 2016b）。由于对纳米粒子在环境中的行为和最终存在形态的研究有限，纳米粒子对生态系统尤其是土壤生态系统的影响难以预测。蚯蚓作为大型的土壤动物在土壤中广泛分布，不仅可通过自身活动改善土壤结构与质量，而且作为土壤的指示生物，对土壤生态系统发挥重要作用。因此，在一定程度上 nZVI 对蚯蚓的毒性效应可以指示 nZVI 对土壤生态系统的影响。研究表明，在 nZVI 含量为 0～2000 mg/kg 的土壤中，通过检测蚯蚓趋避行为、体重变化和死亡率等指标研究 nZVI 对蚯蚓的毒性效应，结果表明：nZVI 含量低于 500 mg/kg 对粉正蚓和赤子爱胜蚓的趋避行为、体重变化和死亡率均无显著影响；但是，含量高于 500 mg/kg 会对其生理产生负面作用，但没有考虑不同形态的 nZVI 的毒性影响（Yirsaw et al., 2016a）。同时，关于 nZVI 的致毒机理尚未明确，但学者们提出假设，主要包括铁离子的释放、氧化损伤和基因损伤等。氧化损伤是 nZVI 发生氧化还原反应，产生活性氧（ROS），破坏细胞膜完整性、干扰细胞呼吸，以及使细胞内 DNA 或酶蛋白的活性丧失（Xue et al., 2018b），最终导致细胞死亡。综上所述，nZVI 对蚯蚓的毒性效应、致毒机制，以及对土壤生态系统的生态响应需深入研究。

7.1.2 纳米零价铁与土壤系统相互作用的研究

土壤是由植物、动物及微生物组成的复杂的系统（Kumar et al., 2017）。土壤中植物、动物、微生物、电导率、pH 及化学物质含量会影响 nZVI 的结构，改变其化学性质和物质组成（Teng et al., 2020）；nZVI 会对土壤结构、土壤质量、土壤生物及生态功能等产生一定程度的影响（王艳龙和林道辉，2017）。nZVI 的化学性质活泼，易被氧化，与周围物质发生反应，形成铁氧化物致密薄膜层，土壤中含氧量的高低会改变铁氧化物的种类，主要包括 FeO、Fe_3O_4、γ-Fe_2O_3 和 FeOOH（Dong et al., 2016a）。nZVI 颗粒表面上不同矿物相的形成会影响 nZVI 在环境中的反应性、流体动力学和迁移率（Liu et al., 2015）。在土壤中，黏土矿物、有机质、磷酸盐等多种化学物质会影响 nZVI 转化产物的结构；羧甲基纤维素（sodium carboxy-methyl cellulose, CMC）含量会影响 nZVI 的结构、其含量较高会存在更多的纤铁矿（Dong et al., 2016b）；可溶性硅酸盐、磷酸盐和腐殖酸等能延缓 nZVI 颗粒转化为氧化铁；大量研究表明了非溶解性有机质具有多个活性位点，可吸附在 nZVI 的表面减缓其团聚，提高 nZVI 在修复土壤污染过程中的稳定性和迁移能力，同时，非溶解性有机质减少了 nZVI 表面活性位点，在一定程度上降低其对污染物的吸附（Dong et al., 2016a）。nZVI 在土壤中会产生 H_2，促进营养型甲烷菌生长，有利于 CH_4 的产生，改变所处土壤的空气组成，从而直接或间接影响土壤生态环境（Carpenter et al., 2015）。土壤中的水分子与 nZVI 会发生一系列的化学反应，使土壤 pH 升高、孔隙水的 pH 降低。然而 nZVI 和土壤中空气、水分的相互作用与土壤性质和团聚体结构密切相关，仍需深入研究探讨。

土壤团聚体的稳定性在一定程度上可以表征土壤质量，其结构的稳定性主要与团聚体分布比例、团聚体的平均重量和直径相关。土壤团聚体一般分为大团聚体、小团聚体和微团聚体，其中微团聚体可以表征土壤的团聚作用。黏土是微团聚体最具有代表性的一种，其分散率越小，表明团聚作用越大（于建光等，2010）。黏土与 nZVI 相互作用的研究较为广泛，主要集中在以黏土矿物作为载体，负载 nZVI 修复土壤中有毒的重金属、有机氯化物及无机化合物（王艳龙和林道辉，2017）。关于黏土矿物对 nZVI 的转化产物影响和从微观角度分析 nZVI 对黏土结构改变的研究极少。同时，C、N、P 是土壤中最主要的营养元素，nZVI 对土壤的研究仅局限于对土壤表观的理化性质的影响，缺乏对 nZVI 对土壤营养元素的含量及存在状态、土壤组分及团聚体结构稳定性影响的系统阐述。结合目前的研究现状及后续 nZVI 修复土壤污染的需要，应针对 nZVI 在污染土壤中对土壤组分、土壤理化性质及土壤微生物生态的影响展开深入研究。

7.1.3 纳米零价铁在重金属污染修复的应用

目前，国内外在土壤重金属污染与修复方面已做了大量研究，主要针对土壤重金属污染概况分析及风险评价（Mamat et al.，2020），对生物生长与微生物群落结构的影响、迁移转化与累积特征（刘白林，2017）、空间分布，以及重金属土壤修复等方面。nZVI 作为一种新型材料因其化学性质活泼，兼具吸附和还原能力被广泛研究和应用（Xue et al.，2018a）。重金属的毒性主要与其形态相关，主要包括酸溶性组分、还原性组分、氧化性组分和残留组分。重金属非残留组分更易被生物和非生物变化（如土壤有机质和 pH 的改变）而活化，具有较高的生物利用度，对生态系统健康具有潜在的有害影响；重金属残留组分（即金属的原生和次生矿物）相当稳定。nZVI 通过氧化还原、吸附、共沉淀等反应将重金属的不稳定组分转化为稳定组分，降低重金属的毒性（Latif et al.，2020）。目前已有大量研究表明，nZVI 可对水体的大多数重金属离子如 Ba^{2+}、Zn^{2+}、Cd^{2+}、Co^{2+}、Cu^{2+}、Ag^+、Hg^{2+}、Ni^{2+}、Pb^{2+}、Cr^{6+} 等呈现良好的修复效果；胡正勖（2018）研究发现 nZVI 使河底淤泥中 Cd^{2+} 钝化，将酸性态转化为残渣态，进行高效修复；研究证实，水中 Cd^{2+} 浓度为 25～450 mg/L，nZVI 呈现较高的去除效果；环境温度为 30℃ 时，nZVI 对 Cd^{2+} 的最大吸附量可高达 769.2 mg/g（Fajardo et al.，2020）。迄今为止，nZVI 在修复水体方面已经被广泛使用，但是修复土壤重金属污染方面仍处于探索阶段，主要原因是难以解决 nZVI 颗粒的团聚和老化问题。土壤中的水分、空气和化学物质会使 nZVI 颗粒被氧化，表面形成钝化层，发生老化（Latif et al.，2020）；土壤中大量的有机质与 nZVI 颗粒表面的活性位点相结合，阻止污染物与其接触，降低修复效率；nZVI 颗粒因自身磁力和重力影响，也发生团聚。因此，如何增强 nZVI 颗粒的稳定性和迁移率，防止或减缓 nZVI 颗粒老化和团聚是目前的研究热点。

为解决 nZVI 颗粒的团聚和老化问题，目前大量科研工作者主要针对三种方案进行深入研究，主要包括给其提供载体、双金复合体系、表面涂层。研究表明以沸石为载体的 nZVI 可高效修复污染农田土壤中的 Pb^{2+}、Cd^{2+} 和 As^{3+}；Cu-nZVI 复合体系可高效修复水体中的 Pb^{2+}、Cd^{2+} 等重金属离子（Danila et al.，2018）；同时，用淀粉或羧甲基纤维素等包裹 nZVI 颗粒，防止其团聚，修复土壤重金属污染也被广泛研究（Dong et al.，2016a）。因此，目前为提高 nZVI 修复污染的效率，最为广泛的方法是对 nZVI 颗粒进行改性。利用生物提高 nZVI 的修复效率的相关研究较少，研究仅局限于植物和微生物，利用土壤动物做助效剂的研究极为罕见。2018 年首次以蚯蚓作为助效剂进行研究，蚯蚓的运动使沙粒的孔隙度增加了 47.5%，nZVI 颗粒的传输效率提高了 34.4%，蚯蚓和 nZVI 复合作用对石英砂中 Cr（VI）的去除效率可达到 89%，高于两个单一系统处理效率的叠加，但是相关研究仅局限于石英砂的短期研究（王一言，2018）。而蚯蚓和 nZVI 颗粒复合修复农田土壤中重金属或有机氯化物的修复未见报道。

综上所述，结合国内外科研工作者对 nZVI 颗粒修复土壤污染的研究进展，首先以 nZVI 为研究对象，研究 nZVI 对土壤动物和土壤质量的影响，探讨 nZVI 的环境效应和生物效应，明确 nZVI 修复土壤重金属污染的可行性；然后深入研究蚯蚓介导下 nZVI 修复镉污染的效率、作用机制及修复过程中对土壤质量和土壤生物的影响，可为后续利用 nZVI 和土壤动物复合作用治理农田土壤重金属污染提供初步的理论指导,具有现实意义。

7.2　蚯蚓介导纳米零价铁修复镉污染土壤的研究设计

研究蚯蚓和纳米零价铁对土壤团聚体等理化性质的作用及蚯蚓行为强化纳米零价铁修复土壤镉污染过程的影响,构建模拟实验探讨蚯蚓介导下纳米零价铁修复土壤镉污染的效果。

7.2.1　研究材料

土壤:包括红壤和商用腐殖土,红壤采于云南省昆明市云南大学多年无污染的废弃地 0~10cm 土层,位于北纬 24°49′、东经 102°51′,海拔为 1980m;商用腐殖土购于云南圣比科技有限公司。将红壤和商用腐殖土按照质量比 2:1 混合配比试验土壤。其中红壤中大团聚体、小团聚体和黏土所占比例为 3%、77% 和 20%。土壤中全镉、有机质、全氮、碱解氮、总磷和速效磷的含量分别为 0g/kg、96.59 g/kg、2.74 g /kg、342.34 mg/kg、1.18 mg/kg 和 434.32 mg/kg。

修复剂:选用粒径为 50~70 nm 范围内的纳米零价铁(nZVI)颗粒,购于北京德科岛金科技有限公司,型号为 DK-Fe-001。物质表征的 TEM 详见图 7-1。

TEM

图 7-1　nZVI 的 TEM 图

土壤动物:赤子爱胜蚓,与第 4 章相同。

重金属:选用氯化镉,购买于天津市风船化学试剂科技有限公司(分析纯),与第 4 章相同。

试验装置:圆柱状 PVC 管(直径=13cm,高=12cm),上端开口,购于云南圣比科技有限公司。

7.2.2 试验设计

1. 纳米零价铁（nZVI）对蚯蚓的毒性影响

称取干重为 500g 的试验土壤，加入 nZVI（质量比为 0%、0.05%、0.25% 和 0.5%）混合均匀；加入去离子水使土壤含水率为 45%，同时装置中加入蚯蚓（5 条/桶）。装置上端用纱网封口，防止蚯蚓逃逸及外来物干扰。每组处理重复 9 个平行装置（8 个处理×9 个平行），培养周期 45 d。保持温度为 22±3℃；相对湿度为 45%；昼夜比=12：12。在第 15 d、第 30 d 和第 45 d 各选择 3 个平行装置进行分批收样，测定蚯蚓的存活率、生物量及相关生理指标。

2. 蚯蚓介导下纳米零价铁（nZVI）对土壤质量的影响

称取干重为 500g 的试验土壤，加入 nZVI（质量比为 0%、0.05%、0.25% 和 0.5%）搅拌均匀；加入去离子水使土壤含水率为 45%，同时装置中加入蚯蚓（0 条/桶和 5 条/桶）。装置上端用纱网封口，防止蚯蚓逃逸及外来物干扰。每组处理重复 6 个平行装置，共 48 个装置（8 个处理×6 个平行），培养周期 45d。保持温度为 22±3℃；相对湿度为 45%；昼夜比=12：12。第 45d 进行收样，测定土壤中团聚体结构、理化性质、土壤微生物群落结构及多样性。

3. 蚯蚓介导下纳米零价铁（nZVI）修复土壤镉污染研究

称取干重为 500g 的试验土壤，加入 $CdCl_2$ 溶液，使土壤含水率为 45%，镉浓度为 30 mg/kg，稳定 28d 后风干；加入 nZVI（质量比为 0%、0.05%、0.25% 和 0.5%）搅拌均匀，之后加入去离子水，使其含水率为 45%；加入蚯蚓（0 条/桶和 5 条/桶），装置上端用纱网封口，防止蚯蚓逃逸及外来物干扰。每个处理重复 12 个平行装置，共 96 个装置（8 个处理×12 个平行），培养周期 45d。保持温度为 22±3℃；相对湿度为 45%；昼夜比=12：12。在第 15d、第 30d、第 45d 分批采集蚯蚓样，测定蚯蚓存活率、生物量及相关理化指标；第 45d 的土壤样品进行土壤团聚体稳定性、土壤有效镉含量、土壤理化性质及土壤微生物多样性的分析。

7.2.3 样品处理

1. 土壤样品处理[①]

培养 45d 后，同一处理的 6 个装置中随机选取 3 个装置，用高温灭菌的钥匙取土壤样品装在高温灭菌的离心管中，−20℃低温保存，测定微生物相关指标；每个装置取 100g

---

① 0-0%、0-0.05%、0-0.25%、0-0.5%表示处理系统中没有蚯蚓处理，纳米零价铁浓度为 0%、0.05%、0.25%、0.5%；5-0%、5-0.05%、5-0.25%、5-0.5%表示处理系统中添加 5 条蚯蚓，纳米零价铁浓度为 0%、0.05%、0.25%、0.5%。

土样自然风干，避免破坏其结构，测定土壤的团聚体稳定性；每个装置取适量土样进行自然风干，分别过 2mm、1mm 和 0.25mm 粒径的筛子，标记并自封袋保存，测定土壤相关理化指标。

2. 蚯蚓处理

试验前：将购买的赤子爱胜蚓在红壤与腐殖土质量比为 2∶1、含水率为 45% 的试验土壤中驯养 14d；试验选择 0.3～0.5g 的健康且具有环带的蚯蚓，清洗干净，置于培养箱 24h 进行清肠处理，清肠处理后再次清洗干净，称其生物量后加入试验装置中进行试验。

试验后：手检法统计每个装置中蚯蚓的数量，然后清洗干净进行 24h 的清肠处理，清肠后再次清洗干净，称其生物量；称量结束后将蚯蚓置于干净的离心管中，−80℃ 超低温保存，测定其相关生理指标。

7.2.4　测定指标及方法

1. 蚯蚓生物量差值及生理指标的测定

蚯蚓生物量：采用重量法测定。

蚯蚓生理指标：用蒸馏水清洗蚯蚓体表 5 次，吸水纸吸干蚯蚓体表水分，待测。蚯蚓体内 SOD、CAT 活性、MDA 含量和脯氨酸（proline，Pro）含量均采用生物试剂盒进行测定，具体方法参考试剂盒说明书（试剂盒购买于上海优选生物科技有限公司）。

2. 土壤相关指标测定

1）土壤团聚体稳定性

使用团聚体尺寸分布（aggregate size distribution，ASD）和平均重量直径（mean weight diameter，MWD）指标评价团聚体稳定性。使用湿筛法对土壤水稳性团聚体进行筛分，将风干土壤样品浸入蒸馏水 5 min，使土壤样品快速崩解，然后 2 min 内以 3 cm 幅度手动上下震动筛子 50 次，筛分为大团聚体（直径>250 μm）、小团聚体（直径为 53～250 μm）和黏土、泥沙（直径<53 μm）三种组分。用蒸馏水淋洗土壤筛中的土样并保证全部进入表面皿，自然风干，称重并计算不同团聚体比例、团聚体尺寸分布（ASD）和平均重量直径（MWD）。

$$\mathrm{ASD} = \frac{W_i}{W} \times 100\% \qquad (7\text{-}1)$$

式中，W 为土壤团聚体总质量，W_i 为某尺寸团聚体质量。

$$\mathrm{MWD} = \sum_{i=1}^{n} W_i \times X_i \qquad (7\text{-}2)$$

式中，W_i 为某尺寸团聚体质量，X_i 为该组分团聚体平均直径。

2）土壤理化性质及元素测定方法

土壤 pH、含水量、有机质、总磷、全氮、碱解氮和速效磷测定方法同第 2 章表 2-7，土壤有效镉测定方法同第 3 章表 3-1。

3. 土壤微生物多样性的测定

培养 45d 后，同一处理的 6 个装置中随机选取 3 个装置用高温灭菌的钥匙取土壤样品装在高温灭菌的离心管中，−20℃低温保存，待检测。从样本中提取基因组 DNA 后，扩增 16S rDNA 的 V3～V4 区。DNA 的提取和测序委托广州基迪奥生物科技有限公司完成，测定方法同第 5 章。

7.2.5　数据处理

本研究过程中所得的研究数据使用 Excel、SPSS 23.0 进行统计分析，所有数据均满足正态分布和齐次性要求。采用皮尔逊相关性分析蚯蚓生物量、存活率、SOD 活性、CAT 活性、MDA 含量和 Pro 含量各指标之间的相关性并进行双尾检验。采用单因素重复测量方差分析来分析：①暴露时间和 nZVI 浓度分别对蚯蚓生物量、存活率、SOD 活性、CAT 活性、MDA 含量和 Pro 含量的影响；②蚯蚓介导下 nZVI 对土壤质量影响；③土壤 nZVI 浓度和蚯蚓对土壤中各级团聚体所占比例、团聚体平均重量直径、有效镉含量、有机质、全氮、总磷、速效磷、碱解氮、pH、不同门或不同属微生物相对丰度、微生物的多样性指数和丰度指数的影响。采用双因素重复测量方差分析进行：蚯蚓介导下 nZVI 对土壤质量影响；nZVI 和蚯蚓复合作用对土壤各级团聚体所占比例、团聚体平均重量直径、有效镉含量、有机质、全氮、总磷、速效磷、碱解氮、pH 的影响。其中，平均值以 Mean ± SEM 表示、Duncan 检验法进行统计分析。

7.3　蚯蚓介导纳米零价铁修复镉污染土壤研究

探讨了 nZVI 对蚯蚓的毒性影响、蚯蚓介导下 nZVI 对土壤质量的影响，以及蚯蚓介导下 nZVI 对镉污染土壤修复及机理，期待为 nZVI 和土壤动物复合修复农田重金属污染提供理论基础。研究结果如下。

（1）nZVI 对蚯蚓的毒性影响试验表明：在暴露初期（15d），0.5% nZVI 对蚯蚓会产生一定的负面影响，但随着暴露时间推移，45d 不同浓度的 nZVI 系统中蚯蚓的相关指标均不存在显著差异；与暴露 15d 相比，暴露 45d 5-0.5%系统中蚯蚓存活率和体内 MDA 含量降低 29.63%和 14.29%，然而，蚯蚓生物量减少量和 CAT 活性分别增加了 1.2 倍和 2.62 倍。

（2）蚯蚓介导下 nZVI 对土壤质量影响试验表明：①蚯蚓和 nZVI 复合作用可显著提高土壤团聚体结构的稳定性（$P<0.05$），蚯蚓-nZVI 复合系统中土壤大团聚体所占比例、团聚体平均重量直径显著高于与其对应的单一的 nZVI 系统；与空白处理（0-0%

系统）相比，5-0.5%系统中土壤大团聚体所占比例和团聚体平均重量直径分别升高了15.69%和12.59%。②nZVI 和蚯蚓复合作用会显著影响土壤全氮含量（P=0.005）和速效磷含量（P=0.001），对土壤有机质含量、碱解氮含量和总磷含量不存在显著性影响（P>0.05）。5-0.5%系统比 0-0%系统土壤速效磷含量增加了 21.2%；5-0.5%系统比 0-0.5%系统土壤碱解氮含量增加了 15.14%。③0.5% nZVI 对土壤中门或属水平下微生物的相对丰度和多样性指数均无显著影响（P>0.05）；但蚯蚓活动提高了土壤中指示物种的相对丰度。

（3）蚯蚓介导下 nZVI 对镉污染土壤修复试验表明：①处理第 15d，0.5%的 nZVI 会对蚯蚓产生一定的负面影响；处理第 45d，5-0.5%系统中蚯蚓体内 SOD 活性和 CAT 活性比第 15d 分别降低了 19.38%和 38.45%，MDA 含量明显低于其他修复系统。②蚯蚓和nZVI 复合作用极显著地降低了土壤中的有效镉含量（P<0.001），5-0.25%系统中土壤有效镉含量最低，为 7.40 mg/kg，修复效率高达 75.33%，高于单一的蚯蚓或 nZVI 修复系统，与 0-0.25%系统和 5-0.5%系统相比，修复效率分别提高了 21.3%和 9.62%。蚯蚓和nZVI 不仅显著降低了镉的有效性而且抑制了土壤中有机质、总磷、全氮、速效磷和碱解氮含量的损失，并改良了团聚体结构的稳定性和土壤 pH。③蚯蚓介导下 nZVI 修复镉污染土壤过程中提高了土壤中门水平下微生物的相对丰度和属水平下微生物的多样性指数、丰度指数，以及指示物种的相对丰度。

7.3.1　纳米零价铁对蚯蚓的毒性影响

1. 纳米零价铁对蚯蚓存活率及生物量的影响

nZVI 对蚯蚓存活率和生物量减少量的影响如图 7-2 所示。

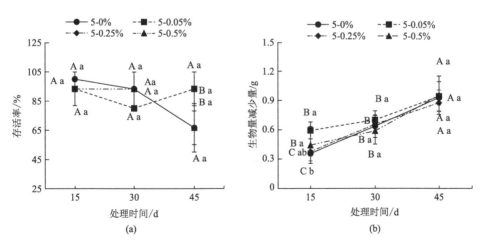

图 7-2　纳米零价铁对蚯蚓存活率（a）和生物量减少量（b）的影响

大写字母代表同一处理不同阶段蚯蚓存活率、生物量减少量和生理指标的差异性；小写字母代表同一阶段不同处理蚯蚓存活率、生物量减少量和生理指标的差异性由图 7-2（a）可知，nZVI 对蚯蚓的存活率不存在显著性影响（P>0.05）。暴露 15d，5-0%、5-0.05%、5-0.25%和 5-0.5%系统中蚯蚓存活率为 100%、93.33%、100%和 93.33%；随着暴露时间的延长蚯蚓存活率下降，暴露 45d，5-0%、5-0.05%、5-0.25%和 5-0.5%系统中蚯蚓存活率为 66.67%、93.33%、66.67%和 66.67%；因此，nZVI 不是导致蚯蚓存活率下降的主要原因。

由图 7-2（b）可知，同一浓度下（0%，0.05%，0.25%和 0.5%）的 nZVI，暴露时间显著影响蚯蚓生物量减少量（P=0.001，P=0.016，P=0.002 和 P=0.029），整体呈现随暴露时间延长，生物量减少量增大的趋势。但是，相同暴露时间下 nZVI 浓度对蚯蚓生物量减少量无显著影响（P>0.05）。暴露 15d，5-0%和 5-0.25%系统中蚯蚓生物量减少量小于 5-0.05%和 5-0.5%系统中蚯蚓生物量减少量；暴露 45d，5-0.5%系统中蚯蚓生物量减少量最大，为 0.9514g，仅略高于其他处理组并无显著差异。

2. 纳米零价铁对蚯蚓生理的影响

蚯蚓体内 SOD 活性、CAT 活性、MDA 含量和 Pro 含量受 nZVI 浓度和暴露时间的影响，在 15d、30d 和 45d，nZVI 对蚯蚓的生理指标的影响如图 7-3 所示。

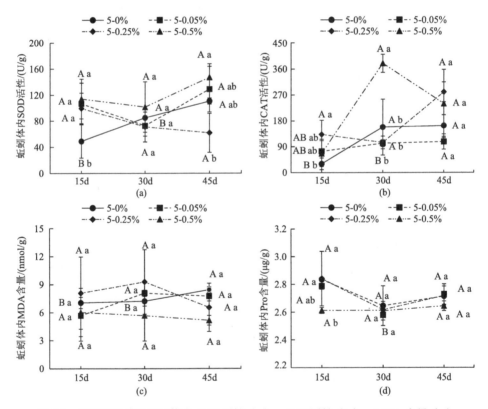

图 7-3　纳米零价铁对蚯蚓体内 SOD 活性（a）、CAT 活性（b）、MDA 含量（c）
和 Pro 含量（d）的影响

大写字母代表同一处理不同阶段蚯蚓存活率、生物量减少量和生理指标的差异性；小写字母代表同一阶段不同处理
蚯蚓存活率、生物量减少量和生理指标的差异性

由图 7-3（a）可知，在不同暴露阶段，5-0.5%系统、5-0.05%系统和 5-0.25%系统中，蚯蚓体内 SOD 活性无显著性差异（$P>0.05$）；但是 5-0%系统中，暴露时间显著影响蚯蚓体内 SOD 活性（$P=0.011$）。暴露 15d，5-0.5%系统、5-0.05%系统和 5-0.25%系统中蚯蚓体内 SOD 活性显著高于 5-0%系统；暴露 30d 蚯蚓体内 SOD 活性显著低于暴露 15d，5-0%系统蚯蚓体内 SOD 活性升高，nZVI 浓度不显著影响蚯蚓体内 SOD 活性；暴露 45d，nZVI 浓度显著影响蚯蚓体内 SOD 活性（$P>0.05$），5-0.5%系统中蚯蚓体内 SOD 活性最高，为 147.1174 U/g。

如图 7-3（b）所示，5-0.25%系统和 5-0.5%系统中，暴露时间显著影响蚯蚓体内 CAT 活性（$P=0.002$、$P=0.007$）；暴露 30d 和 45d，nZVI 浓度显著影响蚯蚓体内 CAT 活性（$P=0.001$、$P=0.048$）。蚯蚓暴露在不同浓度的 nZVI 下，除 5-0.25%系统，体内 CAT 活性随暴露时间基本呈现先升高后降低的趋势。暴露 15d 和 45d，5-0.25%系统中蚯蚓体 CAT 活性均最高，分别为 132.513 U/g 和 280.3167 U/g。5-0.5%系统蚯蚓体 CAT 活性随暴露时间呈现急剧升高后迅速下降趋势，暴露 30d 蚯蚓体内 CAT 活性最高，为 379.7016 U/g。

如图 7-3（c）和（d）所示，相同暴露时间下，nZVI 浓度对蚯蚓体内 Pro 和 MDA 含量无显著影响（$P>0.05$）。5-0%系统中，不同暴露时间蚯蚓体内 MDA 含量存在差异（$P=0.026$）；相同的 nZVI 浓度，不同阶段蚯蚓体内 MDA 含量呈现：30d>15d>45d。5-0.05%系统中，在不同暴露阶段蚯蚓体内 Pro 含量存在显著性差异（$P=0.0003$）。同一 nZVI 浓度下，蚯蚓体内 Pro 含量整体呈现先降低后升高趋势，但是暴露 45d 各个处理系统中蚯蚓体内 Pro 含量低于暴露 15d。

进行相关分析，以便比较分析蚯蚓的生物标志物对 nZVI 毒性作用的敏感性（表 7-1）。

表 7-1　暴露 45d 后蚯蚓指标间的相关分析（R 值）

指标	存活率	生物量减少量	CAT 活性	SOD 活性	MDA 含量	Pro 含量
存活率	1					
生物量减少量	−0.642**	1				
CAT 活性	−0.192	0.245	1			
SOD 活性	0.017	−0.102	−0.08	1		
MDA 含量	0.059	−0.084	−0.143	−0.032	1	
Pro 含量	0.198	−0.266	−0.161	−0.303	−0.029	1

** 在 0.01 级别（双尾），相关性显著。

综上所述，nZVI 对蚯蚓在试验初期存在一定的负面影响，但随着暴露时间延长，蚯蚓体内抗氧化酶不断清除因环境胁迫产生的 ROS 和—OH，nZVI 被氧化与周围物质发生反应，使其对蚯蚓负面影响减弱。因此，nZVI 处理不会导致蚯蚓大量死亡、生物量骤减和严重的生理胁迫。

7.3.2 蚯蚓介导下纳米零价铁对土壤质量的影响

1. 纳米零价铁和蚯蚓复合作用对土壤中团聚体结构的影响

蚯蚓介导下 nZVI 对土壤质量影响的研究中，nZVI 和蚯蚓复合作用对土壤团聚体结构稳定性的作用如图 7-4 所示。

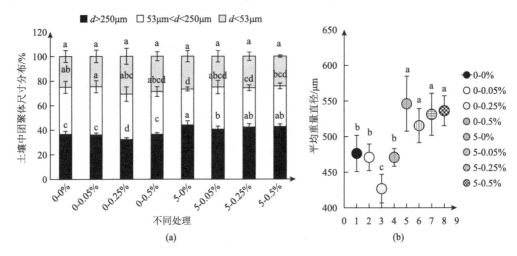

图 7-4　纳米零价铁对土壤中团聚体尺寸分布（a）和团聚体平均重量直径（b）的影响

小写字母代表不同处理中土壤大团聚体所占比例、小团聚体所占比例、黏土比例和团聚体平均重量直径随 nZVI 和蚯蚓变化的差异性；d 为直径

土壤中团聚体稳定性使用团聚体尺寸分布（ASD）和平均重量直径（MWD）指标进行评价。如图 7-4（a）所示，蚯蚓活动和 nZVI 浓度会极显著影响土壤中大团聚体（$d>250\mu m$）所占比例（$P=0$），并显著影响小团聚体（$53\mu m<d<250\mu m$）所占比例（$P=0.011$），5-0%系统中，大团聚体所占比例最高，为 44%。在蚯蚓-nZVI 复合系统中土壤大团聚体所占比例高于与其对照的单一的 nZVI 系统，而且在复合系统和单一系统中，大团聚体所占比例均随 nZVI 浓度的升高呈现下降趋势。0-0.05%系统中，土壤中小团聚体所占比例最高，为 38.34%；单一的 nZVI 系统中，土壤中小团聚体所占比例随 nZVI 浓度升高而降低；蚯蚓-nZVI 复合系统中，高浓度的 nZVI 有利于土壤中小团聚体的形成，其中5-0.5%系统中小团聚体所占比例最高，为 33.1%。然而，蚯蚓和 nZVI 对土壤中黏土所占比例不存在显著性影响（$P=0.3$），单一的 nZVI 系统中，土壤黏土所占比例随 nZVI 浓度升高而增大，但是复合系统中黏土所占比例不同处理间无显著差异。

蚯蚓和 nZVI 复合作用对土壤团聚体平均重量直径的影响如图 7-4（b）所示。蚯蚓-nZVI 复合系统中土壤团聚体平均重量直径显著高于单一的 nZVI 系统及空白处理（$P<0.001$），蚯蚓活动极显著影响土壤团聚体平均重量直径（$P<0.001$）。因此，蚯蚓和 nZVI 复合作用显著提高了土壤团聚体结构的稳定性。

2. 纳米零价铁和蚯蚓复合作用对土壤理化性质的影响

蚯蚓介导下 nZVI 对土壤质量影响的试验中，nZVI 和蚯蚓复合作用对土壤化学性质的影响如表 7-2 所示。

表 7-2　蚯蚓介导下 nZVI 对土壤化学性质的影响

处理	有机质/（g/kg）	总磷/（g/kg）	全氮/（g/kg）	碱解氮/（mg/kg）	速效磷/（mg/kg）
0-0%	114.78±16.59a	1.15±0.30ab	3.55±0.2abc	395.68±48.23a	446.22±13.41c
0-0.05%	120.64±13.44a	1.24±0.52ab	3.51±0.37abc	346.56±45.55ab	472.28±9.02bc
0-0.25%	108.27±29.05ab	1.45±0.36a	3.7±0.45ab	368.71±62.44a	452.5±30.30bc
0-0.5%	109.13±9.93ab	1.32±0.15ab	3.93±0.57a	292.28±51.95b	448.62±33.61c
5-0%	103.76±11.52ab	1.28±0.12ab	3.16±0.22c	392.92±38.11a	491.53±23.85b
5-0.05%	114.7±9.33a	0.98±0.40b	3.39±0.17bc	352.7±42.26ab	470.14±43.62bc
5-0.25%	109.44±6.1ab	1.21±0.38ab	3.29±0.19bc	365.46±54.99ab	490.86±24.15b
5-0.5%	88.29±25.41b	1.19±0.07ab	3.28±0.2bc	336.54±98.1ab	540.84±50.45a

注：小写字母代表不同处理中土壤有机质、总磷、全氮、速效磷、碱解氮含量随 nZVI 浓度和蚯蚓数量的差异性。

　　nZVI 和蚯蚓会显著影响土壤全氮含量（$P=0.005$）和速效磷含量（$P=0.001$），对土壤有机质、碱解氮和总磷含量不存在显著性影响（$P>0.05$）。在单一的 nZVI 系统以及蚯蚓-nZVI 复合系统中，土壤有机质含量均随 nZVI 浓度的升高而逐渐减少，且蚯蚓-nZVI 复合系统中土壤有机质含量低于与之对应的单一的 nZVI 系统；其中单一的 nZVI 处理（0-0.05%系统）土壤有机质含量最高，为 120.64g/kg，5-0.5%系统中土壤有机质含量最低，为 88.29 g/kg。蚯蚓-nZVI 复合系统中土壤有机质含量降低，主要与蚯蚓分解有机质及不溶性有机质与 nZVI 的表面活性位点结合有关。

　　蚯蚓-nZVI 复合系统中土壤总磷含量均低于与其对应的单一的 nZVI 系统；0-0.25%系统中土壤总磷含量最高，为 1.45 g/kg；在蚯蚓-nZVI 复合系统，5-0.25%系统中土壤总磷含量最高，为 1.21 g/kg。在单一的 nZVI 系统中，土壤速效磷随 nZVI 浓度升高而降低；而蚯蚓-nZVI 复合系统中，土壤速效磷含量随 nZVI 浓度的升高而呈现升高趋势；5-0.5%系统中土壤速效磷含量最高，为 540.84 mg/kg，蚯蚓活动和高浓度 nZVI 有利于总磷转化为速效磷。单一的 nZVI 系统中土壤全氮含量随 nZVI 浓度的升高而逐渐增加，与复合系统呈现相同趋势。这与蚯蚓和微生物分解有机质，促进土壤中的物质向全氮和总磷转化有关。0-0%和 5-0%系统中碱解氮含量分别为 395.68mg/kg 和 392.92mg/kg，高于其他系统，高浓度 nZVI 抑制其他形态的氮转化为碱解氮，蚯蚓活动和 0.25% nZVI 复合作用会将这种抑制作用降到最低。

　　基于图 7-4 和表 7-2，对蚯蚓介导下 nZVI 对土壤团聚体稳定性和理化性质进行双因素方差分析（蚯蚓、nZVI），结果如表 7-3 所示。

表 7-3　nZVI 和蚯蚓活动对土壤质量的双因素方差分析

	nZVI（n）	df	蚯蚓（E）	df	$E \times n$	df
大团聚体所占比例	6.998**	3	42.99**	1	1.353*	2
小团聚体所占比例	4.75**	3	12.468***	3	0.221ns	2
黏土所占比例	0.091ns	1	0.214ns	1	1.711ns	1
有机质含量	2.512ns	3	3.499ns	1	0.893ns	3
全氮含量	1.182ns	3	17.075***	1	1.282ns	3
总磷含量	0.907ns	3	1.689ns	1	0.959ns	3

续表

	nZVI（n）	df	蚯蚓（E）	df	$E \times n$	df
碱解氮含量	3.999^{**}	3	0.44^{ns}	1	0.453^{ns}	3
速效磷含量	1.71^{ns}	3	21.911^{***}	1	4.341^{**}	3
平均重量直径	3.693^{ns}	1	24.911^{***}	1	0.001^{ns}	1

ns 表示 $P>0.05$；*表示 $P<0.05$；**表示 $P<0.01$；***表示 $P<0.001$。

由表 7-3 可知，nZVI 极显著地影响土壤中大团聚体所占比例、小团聚体所占比例和碱解氮含量（$P<0.01$）；蚯蚓极显著地影响土壤中大团聚体所占比例、小团聚体所占比例、全氮含量、平均重量直径和速效磷含量（$P<0.01$）；蚯蚓和 nZVI 复合作用显著影响土壤中大团聚体比例（$P<0.05$），并对速效磷含量产生极显著的影响（$P<0.01$）。蚯蚓和 nZVI 复合的作用不会造成土壤中 C、N 和 P 的损失，对土壤中结构稳定性不会产生显著的负面影响。

3. 纳米零价铁和蚯蚓复合作用土壤微生物的影响

1）纳米零价铁和蚯蚓复合作用对土壤微生物物种组成的影响

对土壤样品通过高通量测序 16S rDNA V3～V4 区微生物进行分析，探讨蚯蚓介导下 nZVI 对土壤微生物群落结构特征。

分析发现，在门水平下土壤中超过 99% 的微生物均是已分类门，主要包括浮霉菌门、变形菌门、酸杆菌门、绿弯菌门、骸骨细菌门、放线菌门、芽单胞菌门、疣微菌门、拟杆菌门和厚壁菌门、其他菌门和非分类菌门。其中浮霉菌门、变形菌门、酸杆菌门、绿弯菌门为主要的优势菌。不同处理系统中土壤微生物组成相同，但是每个菌门所占比例和丰度略存差异。nZVI 和蚯蚓对绿弯菌门的相对丰度存在显著影响（$P=0.038$），对其他菌门相对丰度均无显著影响（$P>0.05$）。在属水平下，nZVI 和蚯蚓对土壤微生物的组成无显著影响（$P>0.05$），大于 55% 的为未分类属。因此，在门水平和属水平下，高浓度的 nZVI（如 0-0.5% 系统和 5-0.5% 系统）不会对土壤中微生物物种组成产生负面影响。

2）纳米零价铁和蚯蚓复合作用对土壤微生物多样性的影响

蚯蚓和 nZVI 复合作用对土壤微生物多样性的，结果如表 7-4 所示。

表 7-4 土壤微生物的丰度和多样性

处理	香农-维纳	辛普森	Chao	Ace
0-0%	$9.4873\pm0.3169a$	$0.9798\pm0.0010a$	$2915.06\pm545.16a$	$2940.93\pm570.35a$
0-0.05%	$9.4325\pm0.2324a$	$0.9797\pm0.0007a$	$2885.51\pm323.55a$	$2916.06\pm337.59a$
0-0.25%	$9.4387\pm0.3604a$	$0.9796\pm0.0012a$	$2771.03\pm523.41a$	$2783.71\pm561.79a$
0-0.5%	$9.5352\pm0.2096a$	$0.9799\pm0.0006a$	$3056.69\pm301.52a$	$3090.94\pm320.31a$
5-0%	$9.5499\pm0.0525a$	$0.9800\pm0.0002a$	$3157.4\pm104.32a$	$3204.63\pm107.87a$
5-0.05%	$9.5771\pm0.0521a$	$0.9801\pm0.0002a$	$3197.37\pm65.5a$	$3242.72\pm64.76a$

处理	香农-维纳	辛普森	Chao	Ace
5-0.25%	9.5796±0.0706a	0.9801±0.0001a	3113.03±91.71a	3156.79±97.9a
5-0.5%	9.5639±0.0606a	0.9800±2.3×10^{-5}a	3056.62±154.26a	3089.67±152.81a

注：a 代表不同处理中微生物多样性指数和丰度指数随 nZVI 和蚯蚓变化的差异性。

蚯蚓和 nZVI 浓度不会显著影响土壤中微生物多样性指数（香农-维纳指数、辛普森指数）（$P>0.05$）和丰富度指数（Ace 指数、Chao 指数）（$P>0.05$）。在 5-0.05% 系统中，微生物丰富度指数高于其他系统；在 5-0.25% 系统中，微生物多样性指数高于其他系统。

综上所述，高浓度的 nZVI 和蚯蚓复合作用对土壤微生物群落结构、多样性和丰富度没有产生负面影响，不会破坏土壤中微生物的生存环境。

3）纳米零价铁和蚯蚓对土壤微生物中指示物种的影响

对不同处理系统中土壤微生物指示物种分析，基于 Welch's T 检验（阈值 $P<0.05$）分析属水平下物种相对丰度差异性，结果如图 7-5 所示。

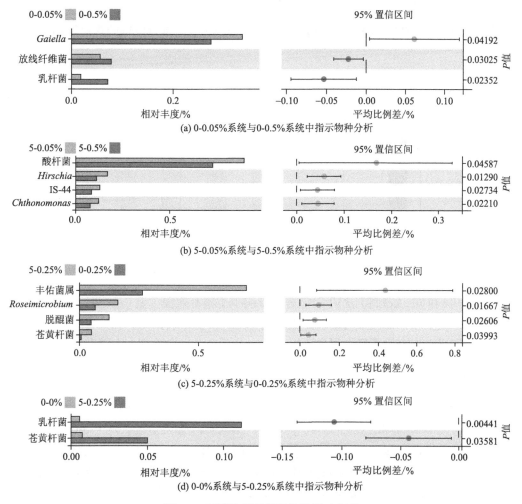

图 7-5 不同处理下指示物种相对丰度

0-0.05%系统中土壤微生物指示物种 *Gaiella* 的相对丰度显著高于 0-0.5%系统[图 7-5（a）]，5-0.05%系统土壤微生物指示物种酸杆菌（*Acidibacter*）、*Hirschia*、IS-44 和 *Chthonomonas* 的相对丰度显著高于 5-0.5%系统[图 7-5（b）]，单一的 nZVI 系统和蚯蚓-nZVI 复合系统中，低浓度的 nZVI 更利于土壤中微生物的生存；5-0.25%系统中土壤微生物指示物种 *Roseimicrobium*、丰佑菌属（*Opitutus*）、脱醌菌（*Demequina*）和苍黄杆菌（*Luteolibacter*）的相对丰度显著高于 0-0.25%系统[图 7-5（c）]，蚯蚓活动改善了土壤环境，使土壤中微生物指示物种的相对丰度升高；然而，5-0.25%系统与 0-0%系统（空白对照）相比，土壤微生物中指示物种的乳杆菌（*Lactobacillus*）和苍黄杆菌的相对丰度急剧升高[图 7-5（d）]。综上所述，蚯蚓活动和中浓度的 nZVI 对土壤质量及环境具有显著的改善效果，更利于土壤中微生物的生存。

7.3.3 蚯蚓介导下纳米零价铁修复土壤镉污染研究

1. 蚯蚓和纳米零价铁复合作用对土壤中有效镉含量的影响

蚯蚓介导下 nZVI 修复土壤镉污染，蚯蚓和 nZVI 对土壤有效镉的含量影响如图 7-6 所示。

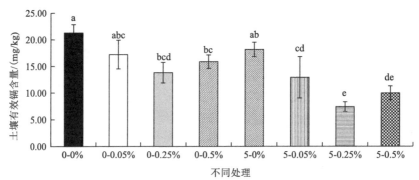

图 7-6　不同处理下土壤有效镉含量

不同小写字母代表不同处理下土壤有效镉含量随 nZVI 浓度和蚯蚓变化的差异性

由图 7-6 可知，蚯蚓和 nZVI 极显著地影响了土壤有效镉含量（$P<0.01$），蚯蚓-nZVI 复合系统修复土壤中镉污染与单一的蚯蚓或 nZVI 修复系统相比，土壤有效镉含量显著减少，对镉污染土壤的修复作用显著提高。0-0%系统（空白处理）土壤有效镉含量高达 21.25mg/kg，0-0.05%系统和 5-0%系统比 0-0%系统土壤有效镉含量略低但无显著差异，即本研究中蚯蚓和 0.05%的 nZVI 的单一因素对土壤有效镉含量无显著影响（$P=0.053$）。同时，蚯蚓-nZVI 复合（5-0.025%、5-0.25%、5-0.5%）系统中土壤有效镉含量均显著低于与其对应的单一 nZVI（0-0.025%、0-0.25%、0-0.5%）修复系统，其中 5-0.25%系统土壤有效镉含量最低，为 7.40 mg/kg，修复效率高达 75.33%，比 5-0%系统修复效率提高了 35.77%，比 0-0.25%系统修复效率提高了 21.38%，比 5-0.5%系统修复效率提高了 9.62%。综上所述，蚯蚓活动和 0.25% nZVI 可高效降低土壤有效镉的含量，即降低土壤中 Cd^{2+} 的毒性。

2. 蚯蚓和纳米零价铁复合作用对镉污染土壤质量的影响

1）蚯蚓和纳米零价铁复合作用对镉污染土壤物理性质的影响

蚯蚓介导下 nZVI 修复土壤镉污染过程中 nZVI 浓度和蚯蚓活动对土壤中团聚体结构、土壤 pH 和含水率的影响如图 7-7 所示。

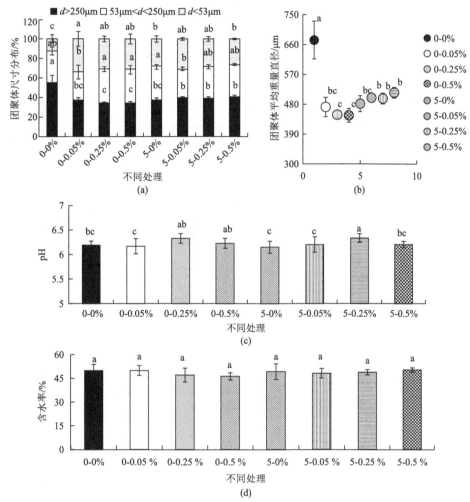

图 7-7 纳米零价铁对土壤团聚体尺寸分布（a）、团聚体平均重量直径（b）、pH（c）和含水率的影响（d）

不同小写字母代表不同处理土壤大团聚体所占比例、小团聚体所占比例、黏土比例、团聚体平均重量直径、pH 和含水率随 nZVI 浓度和蚯蚓变化的差异性；d 为直径

由图 7-7（a）可知，蚯蚓和 nZVI 会显著影响土壤团聚体尺寸分布（$P<0.05$），在 0-0%处理中大团聚体（$d>250\mu m$）所占比例最高，为 55.19%；黏土（$d<53\mu m$）所占比例最低，为 12.34%；单一的 nZVI 修复系统中 nZVI 浓度增加导致土壤中大团聚体所占比例降低、小团聚体所占比例升高；蚯蚓-nZVI 复合系统中土壤中大团聚体所占比例随 nZVI 浓度的升高而增加，但黏土呈相反趋势；0-0.25%、0-0.5%和 0-0.05%系统中，土壤小团聚体所占比例较多。5-0%系统中土壤小团聚体所占比例高于其他蚯蚓-nZVI 复合系

统。结果表明：高浓度的 nZVI、蚯蚓活动及中浓度的蚯蚓和 nZVI 复合作用修复土壤均有利于土壤小团聚体的形成，但不存在统计学差异（$P=0.057$）。

蚯蚓介导下 nZVI 修复土壤镉污染过程中对团聚体平均重量直径的影响如图 7-7（b）所示。蚯蚓活动和 nZVI 浓度会极显著影响土壤团聚体平均重量直径（$P<0.001$），土壤中加入 nZVI 会导致团聚体平均重量直径显著降低，蚯蚓活动会减缓高浓度的 nZVI 对团聚体平均重量直径的负面影响，从而提高了 nZVI 修复过程中土壤团聚体结构的稳定性。同时在整个修复过程中，nZVI 浓度和蚯蚓活动会显著影响土壤（$P<0.05$）[图 7-7（c）]；5-0.25% 系统中土壤 pH 最大，为 6.34；0-0.25% 系统中 pH 次之，为 6.33；其他处理中蚯蚓活动在一定程度上降低了土壤 pH，产生这种结果的主要原因与 nZVI 修复镉污染土壤过程 OH⁻ 的释放有关。不同修复系统中土壤含水率不存在统计学差异[图 7-7（d）]。

2）蚯蚓和纳米零价铁复合作用对镉污染土壤化学性质的影响

蚯蚓介导下 nZVI 修复土壤镉污染过程中，蚯蚓活动和 nZVI 浓度对土壤化学性质（有机质含量、全氮含量、总磷含量、碱解氮含量和速效磷含量）的影响如图 7-8 所示。

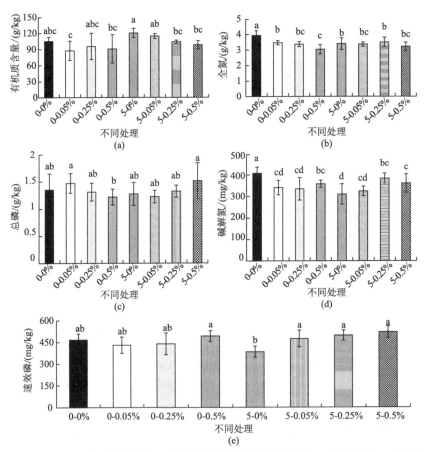

图 7-8　蚯蚓介导下纳米零价铁修复土壤镉污染对土壤有机质（a）、全氮（b）、总磷（c）、碱解氮（d）和速效磷（e）的影响

不同小写字母代表不同处理中土壤有机质、总磷、全氮、速效磷、碱解氮含量随 nZVI 和蚯蚓变化的差异性

由图 7-8（a）可知，蚯蚓和 nZVI 显著影响土壤有机质含量，5-0%系统中土壤有机质含量为 120.4662g/kg，高于其他修复系统。5-0.05%、5-0.25%及 5-0.5%系统中土壤有机质含量分别为 114.7584 g/kg、104.0753 g/kg、98.3296 g/kg，远高于与其对应的单一的 nZVI 修复系统中土壤有机质含量，从而说明蚯蚓活动与土壤有机质含量显著相关（$P=0.049$）。同时，nZVI 的浓度与土壤有机质含量呈负相关，其增加会导致土壤有机质含量减少，其主要原因与 nZVI 修复土壤重金属相关。

蚯蚓介导下 nZVI 修复土壤镉污染过程中，蚯蚓活动和 nZVI 浓度会极显著影响土壤全氮含量（$P=0.001$）[图 7-8（b）]，单一的 nZVI 修复系统中，土壤全氮含量随 nZVI 浓度的升高而减少，0-0.5%系统中土壤全氮含量最低，为 3.0432 g/kg；蚯蚓-nZVI 复合系统中，中低浓度的 nZVI 不会对土壤全氮含量产生影响，其中 5-0.25%系统中全氮含量为 3.4952g/kg 仅次于空白处理。

由图 7-8（c）可知，nZVI 和蚯蚓活动对土壤总磷含量不存在显著性影响（$P>0.05$）。单一的 nZVI 修复系统中，nZVI 对土壤总磷含量呈现低浓度促进、高浓度抑制的趋势，0-0.05%和 0-0.25%系统中土壤总磷含量分别为 1.4731g/kg 和 1.3113/kg，高于空白处理；但是，0-0.5%系统中，土壤总磷含量显著低于空白处理；在蚯蚓-nZVI 复合系统中，nZVI 与土壤总磷含量呈正相关，5-0.5%系统中土壤总磷含量最高，为 1.5174 g/kg。

由图 7-8（d）可知，nZVI 和蚯蚓活动会极显著地影响土壤碱解氮含量（$P=0.001$），然而单一的 nZVI 修复系统和蚯蚓-nZVI 复合系统中，土壤中 nZVI 含量与碱解氮含量不相关；5-0.25%系统中土壤碱解氮含量最高，为 384.1094mg/kg。

如图 7-8（e）可知，蚯蚓和 nZVI 会显著影响土壤速效磷含量（$P=0.048$），0-0.5%系统中土壤速效磷含量高于其他单一的 nZVI 修复系统；蚯蚓-nZVI 复合系统中，5-0.5%系统中土壤速效磷含量最高，为 519.06 mg/kg。

通过对蚯蚓介导下 nZVI 修复镉污染土壤过程土壤有机质、总磷、全氮、碱解氮和速效磷含量的分析发现，nZVI 和蚯蚓复合作用修复镉污染土壤过程中，不仅对土壤中 Cd^{2+} 具有良好的修复效果，而且提高了土壤中团聚体结构的稳定性从而减缓 Cd^{2+} 胁迫下土壤中 C、N、P 的损失。

基于图 7-7 和图 7-8 对蚯蚓介导下 nZVI 修复土壤镉污染试验中土壤的化学性质和物理性质进行双因素方差分析，结果如表 7-5 所示。蚯蚓和 nZVI 复合作用极显著影响土壤大团聚体所占比例、黏土所占比例、平均重量直径、碱解氮含量、速效磷含量和有效镉含量（$P<0.001$）。

表 7-5　蚯蚓介导下纳米零价铁修复土壤镉污染实验中双因素方差分析重复测定的结果

指标	nZVI（n）	df	蚯蚓（E）	df	$E \times n$	df
大团聚体所占比例	62.022***	1	35.034***	1	100.238***	1
小团聚体所占比例	0.983ns	1	0.082ns	1	1.479ns	1
黏土所占比例	48.099***	1	17.648***	1	40.766***	1
平均重量直径	70.307***	1	20.143***	1	102.167***	1
有机质含量	5.085*	1	5.422*	1	0.005ns	1

续表

指标	nZVI（n）	df	蚯蚓（E）	df	$E \times n$	df
全氮含量	13.089**	1	6.381*	1	10.399*	1
总磷含量	0.177ns	1	0.132ns	1	0.021ns	1
碱解氮含量	0.455ns	1	11.462ns	1	18.501***	1
速效磷含量	4.903*	1	0.86ns	1	7.687***	1
有效镉含量	39.795***	1	15.963***	1	1.236***	1
土壤pH	3.25ns	1	0.168ns	1	0.284ns	1

ns代表$P>0.05$；*代表$P<0.05$；**代表$P<0.01$；***代表$P<0.001$。

3. 蚯蚓对纳米零价铁修复镉污染土壤过程中的响应

1）纳米零价铁修复镉污染土壤过程中蚯蚓的生存和生长响应

蚯蚓介导下nZVI修复镉污染土壤过程中，土壤中的Cd^{2+}和不同浓度的nZVI会在一定程度影响蚯蚓的生长和生存，结果如图7-9所示。

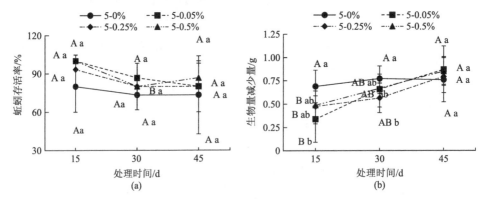

图7-9　纳米零价铁对蚯蚓存活率（a）和生物量减少量（b）的影响

大写字母代表同一处理不同阶段蚯蚓存活率、生物量减少量和生理指标的差异性；小写字母代表同一阶段不同处理蚯蚓存活率、生物量减少量和生理指标的差异性

由图7-9（a）可知，在修复镉污染土壤过程中，暴露时间和nZVI浓度对蚯蚓的存活率均不会产生显著性影响（$P>0.05$），蚯蚓的存活率随暴露时间的延长逐渐降低，暴露45d不同浓度的nZVI系统中蚯蚓无明显差异。

nZVI浓度和暴露时间一定程度上会影响蚯蚓生物量减少量，结果如图7-9（b）所示。暴露15d和30d，不同浓度的nZVI会显著影响蚯蚓的生物量减少量（$P<0.05$）；暴露15d，5-0.05%系统中，蚯蚓生物量减少量最小，为0.3393g；暴露30d，5-0.25%系统中，蚯蚓生物量减少量最小，为0.5637g；随着暴露时间的延长，蚯蚓的生物量减少量逐渐增大，相同的nZVI浓度系统中蚯蚓生物量减少量在不同时期呈现：15d<30d<45d。暴露45d，不同的nZVI浓度系统蚯蚓生物量减少量无显著差异（$P>0.05$）。蚯蚓生物量减少量在暴露初期受nZVI浓度的影响，随着暴露时间延长，nZVI浓度对蚯蚓生物量的影响逐渐减弱。

2）蚯蚓对纳米零价铁修复镉污染土壤的生理响应

蚯蚓介导下 nZVI 修复镉污染土壤过程中，土壤中的 Cd^{2+} 和 nZVI 在一定程度影响蚯蚓的生理状况，结果如图 7-10 所示，蚯蚓的体内 SOD 活性、CAT 活性、MDA 含量和 Pro 含量与 nZVI 的浓度和暴露时间呈现相关性。

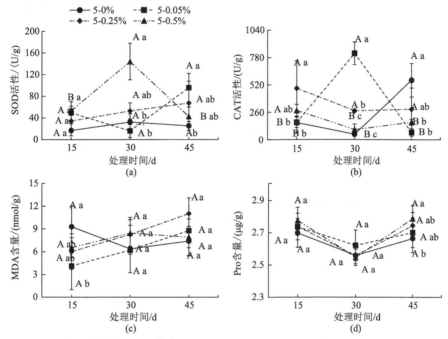

图 7-10　纳米零价铁对蚯蚓体内 SOD 活性（a）、CAT 活性（b）、MDA 含量（c）
和 Pro 含量（d）的影响

大写字母代表同一处理不同阶段蚯蚓酶活的差异性；小写字母代表同一阶段不同处理蚯蚓酶活的差异性

由图 7-10（a）所示，在不同暴露阶段，5-0%、5-0.05% 和 5-0.25% 系统中，蚯蚓体内 SOD 活性无显著差异（$P>0.05$）。暴露 15 d，nZVI 浓度不显著影响蚯蚓体内 SOD 活性；暴露 30 d，在 5-0.5% 系统中蚯蚓体内 SOD 显著高于暴露 15 d 和 45 d（$P<0.05$）；暴露 45 d，nZVI 浓度显著影响蚯蚓体内 SOD 活性，5-0.5% 系统中蚯蚓体内 SOD 活性仅高于 5-0% 系统，为 42.6112U/g，5-0% 和 5-0.5% 系统中蚯蚓体内 SOD 活性明显低于暴露 30 d。

由图 7-10（b）可知，蚯蚓体内 CAT 活性在 5-0%、5-0.05% 和 5-0.5% 系统中不同试验阶段存在显著性差异（$P=0.03$、$P=0$、$P=0.03$），5-0.25% 系统无显著差异（$P=0.707$）。暴露 45 d，5-0% 系统中蚯蚓体内 CAT 活性最高，为 565.73 U/g；暴露 30 d，5-0.05% 系统中蚯蚓体内 CAT 活性最高，为 818.06 U/g；暴露 15 d，5-0.25% 和 5-0.5% 系统蚯蚓体内 CAT 活性均是最高，分别为 486.73 U/g 和 277.77 U/g。暴露 15 d、30 d 和 45 d，不同浓度的 nZVI 均会对蚯蚓体内 CAT 活性产生显著性影响。暴露 45 d，蚯蚓-nZVI 修复系统中蚯蚓体内 CAT 活性降低，这与 CAT 清除 nZVI 和 Cd^{2+} 对蚯蚓胁迫产生的活性氧（ROS）和自由基（—OH）相关。

在 5-0%、5-0.05%、5-0.25% 和 5-0.5% 修复系统中蚯蚓体内 MDA 含量[图 7-10（c）]

和 Pro 含量[图 7-10（d）]在不同的暴露阶段均无显著性差异（$P>0.05$）。暴露 30d 和 45d，nZVI 浓度对蚯蚓体内 MDA 含量无显著影响；5-0.05%、5-0.25%系统中蚯蚓体内 MDA 含量随暴露时间的延长而增加，但是 5-0.5%系统中蚯蚓体内 MDA 含量在 45d 呈现降低趋势，仅高于 5-0%系统，为 7.912 nmol/g。暴露 15d 和 45d，nZVI 浓度会显著影响蚯蚓体内 Pro 含量（$P<0.05$）。蚯蚓体内 Pro 含量整体呈现先降低后升高趋势，暴露 45d，不同 nZVI 浓度系统下蚯蚓体内 Pro 含量无显著差异，且与暴露 15d 相比无明显的升高趋势。

综合分析不同暴露时间同一处理以及相同暴露时间不同处理下蚯蚓的存活率、生物量减少量和生理指标。结果表明，在镉污染修复过程中，高浓度的 nZVI 在暴露初期会对蚯蚓生理产生负面的影响，但不会影响其生存，随着暴露时间推移，蚯蚓会产生抗氧化酶（如 SOD、MDA），减缓并抵御 nZVI 和 Cd^{2+} 的毒害作用。因此，在暴露后期，5-0.25%和 5-0.5%系统中蚯蚓生理状态接近 5-0.05%和 5-0%系统，趋于稳定。

本研究进行了相关分析，以便比较分析蚯蚓的生物标志物对 nZVI 毒性作用的敏感性（表 7-6）。

表 7-6　暴露 45d 后蚯蚓指标间的相关分析（R 值）

指标	存活率	生物量减少量	CAT 活性	SOD 活性	MDA 含量	Pro 含量
存活率	1					
生物量减少量	−0.536**	1				
CAT 活性	0.138	−0.062	1			
SOD 活性	−0.077	0.12	−0.197	1		
MDA 含量	−0.188	0.401*	−0.073	−0.006	1	
Pro 含量	0.078	0.082	0.111	−0.071	0.011	1

** 在 0.01 级别（双尾）相关性显著；* 在 0.05 级别（双尾）相关性显著。

从表 7-6 可见，蚯蚓存活率和生物量减少量呈极显著相关，也就是说蚯蚓生物降低越多，其存活率越低。

4. 土壤微生物对蚯蚓和纳米零价铁复合修复土壤镉污染的响应

1）纳米零价铁和蚯蚓复合作用修复镉污染土壤对微生物群落结构的影响

基于 OUTs 水平的土壤微生物的 Goods_coverage 指数结果如图 7-11 所示。

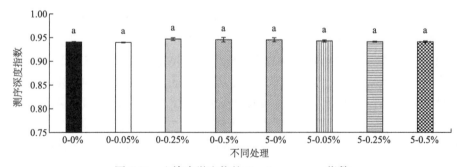

图 7-11　土壤中微生物的 Goods_coverage 指数

　　不同修复系统中,微生物的 Goods_coverage 指数随测序深度的加深逐渐趋于平缓,进而说明样本测序所得数据合理,可覆盖主要的土壤细菌微生物。nZVI 浓度和蚯蚓活动对土壤微生物的测序深度指数不存在显著影响($P>0.05$),所有处理组测序深度指数均大于 94%,从而说明 N50 指示的 Tag 测序长度可覆盖土壤中 V3~V4 区域中的细菌,具有可靠性。

　　对第 45d 的土壤样品的 16S rDNA V3~V4 区的土壤微生物高通量测序进行分析,总结土壤微生物群落结构特征。不同处理中土壤微生物组成相同,但是每个菌门所占比例存在显著差异、丰度存在差异。浮霉菌门在缺氧环境下利用亚硝酸盐(NO_2^-)氧化铵离子(NH_4^+)生成氮气获得能量,对全球氮循环具有重要意义。蚯蚓活动和 nZVI 浓度不显著影响土壤微生物中浮霉菌门、疣微菌门和拟杆菌门所占比例($P=0.06$、$P=0.427$ 和 $P=0.062$)。5-0.05% 修复系统土壤微生物中浮霉菌门所占比例最高,为 32.22%;其他修复系统中浮霉菌门所占比例均随 nZVI 所占比例升高而降低,且蚯蚓活动改善了土壤环境有利于浮霉菌门微生物生存。在 0-0.05%修复系统中疣微菌门所占比例最高,为 5.04%;0-0% 和 0-0.25%修复系统中疣微菌门所占比例分别高于与之对应的 0-5% 和 5-0.025%修复系统;相反,0-0.5%修复系统中疣微菌门所占比例低于 5-0.5%修复系统;同时,0-0.05%修复系统中厚壁菌门微生物所占比例最高,为 1.1%,单一的 nZVI 修复系统中厚壁菌门所占比例均明显高于复合修复系统。蚯蚓活动和 nZVI 浓度会极显著影响土壤微生物中变形菌门、酸杆菌门、绿弯菌门和髌骨细菌门微生物所占比例($P<0.01$)。蚯蚓-nZVI 复合系统中变形菌门所占比例随 nZVI 浓度的增加而升高;而单一的 nZVI 修复系统则呈相反趋势。酸杆菌门在土壤生态系统中具有重要作用,蚯蚓活动和高浓度的 nZVI 更有利于土壤中酸杆菌门微生物生存,5-0%、0-0.25%和 5-0.25%修复系统中,酸杆菌门所占比例高于其他修复系统,分别为 18.95%、18.93%和 18.87%。高浓度的 nZVI 有利于土壤微生物中绿湾菌门生存,0-0.25% 修复系统中其所占比例最高,为 10.8%;0-0.5%修复系统其所占比例次之,为 9.52%。5-0%修复系统中,髌骨细菌门所占比例最高,为 8.98%,空白处理中其所占比例最低,为 5.1%;单一的 nZVI 修复系统中,髌骨细菌门所占比例随 nZVI 浓度增加而升高,蚯蚓-nZVI 复合系统中呈相反趋势。

　　2)纳米零价铁和蚯蚓复合作用修复镉污染土壤对微生物多样性的影响

　　对第 45d 的土壤中 16S rDNA V3~V4 区域微生物的 α 多样性指数和丰度指数进行统计分析,比较蚯蚓介导下 nZVI 修复镉污染土壤过程中不同浓度 nZVI 对土壤中微生物多样性指数和丰度指数的影响结果(表 7-7)。

表 7-7　土壤微生物的多样性指数和丰富度指数

处理	香农-维纳指数	辛普森指数	Chao 指数	Ace 指数
0-0%	9.88±0.04ab	0.9913±0.0001ab	3862.55±82.79ab	3884.94±88.87ab
0-0.05%	9.96±0.03a	0.9914±0.0001a	3943.22±71.92a	3961.73±81.49a
0-0.25%	9.67±0.09c	0.9907±0.0001c	3408.96±195.69c	3396.43±201.2c
0-0.5%	9.68±0.15c	0.9908±0.0002bc	3511.74±341.27bc	3510.8±353.02bc

处理	香农-维纳指数	辛普森指数	Chao 指数	Ace 指数
5-0%	9.72±0.18bc	0.9907±0.0006bc	3524.53±302.38bc	3512.57±325.97bc
5-0.05%	9.75±0.1bc	0.9909±0.0004c	3722.61±160.35abc	3733.11±171.62abc
5-0.25%	9.78±0.07abc	0.9908±0.0003bc	3825.57±68.85ab	3840.46±68.82ab
5-0.5%	9.8±0.02 abc	0.991±0.0002abc	3828.45±160.79ab	3841.63±173.86ab

注：不同小写字母代表不同处理中微生物多样性指数和丰度指数随 nZVI 和蚯蚓变化的差异性。

蚯蚓和 nZVI 显著影响细菌的多样性指数（香农-维纳指数、辛普森指数）（$P=0.036$，$P=0.046$）和丰富度指数（Ace 指数、Chao 指数）（$P=0.033$，$P=0.035$）。0-0.05%、5-0.25% 和 5-0.5%修复系统中，土壤细菌的多样性指数和丰度指数与 0-0%系统（空白对照）相比不存在显著差异，进一步说明在修复镉污染土壤过程中，单一的低浓度 nZVI 以及中高浓度 nZVI 和蚯蚓复合作用修复土壤镉污染不会对土壤微生物的多样性和丰富度产生负面影响。

综上所述，nZVI 浓度和蚯蚓活动显著影响土壤中不同门细菌微生物占所有微生物的比例。在修复镉污染土壤的过程中，低浓度 nZVI 有利于土壤微生物的生存，高浓度 nZVI 则抑制其生存，蚯蚓活动改良土壤环境，则会降低高浓度 nZVI 对土壤微生物生存的抑制作用。因此，蚯蚓和中浓度 nZVI 复合作用修复土壤镉污染不会破坏其土壤微生物环境，不会对土壤微生物群落结构及多样性产生明显的负面影响。

对土壤微生物优势细菌的相对丰度和土壤环境因子进行 RDA 冗余分析，分析结果（图 7-12）显示，细菌丰度分布在第一轴和第二轴累计解释变量分别达到 69.22%和 84.31%。土壤细菌群落优势菌群的相对丰度与土壤环境因子冗余分析，结果显示不同样本的聚类特征与分组是一致，表示土壤细菌、环境对样本分布的影响与分组效应一致。全氮（TN）、速效磷（AP）、土壤含水量（SWC）、有机质（SOM）对物种分布的影响较大。

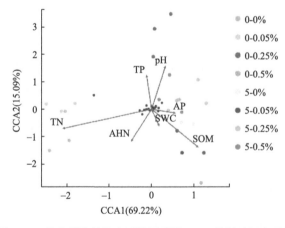

图 7-12　细菌群落结构和环境因子的 CCA 分析（门水平）

3）不同修复系统中土壤微生物中指示物种分析

结合不同修复系统中蚯蚓生理、土壤有效镉含量、土壤环境及微生物多样性的改变，对 0-0.25%系统与 5-0.25%系统、5-0.05%系统与 5-0.5%系统以及 0-0.05%系统与 0-0.5%系统中土壤微生物指示物种基于 Welch's *T* 检验（阈值 *P*<0.05）分析其属水平的物种丰度差异，结果如图 7-13 所示。

由图 7-13（a）可知，5-0.25%系统土壤中 *Pir4_lineage*、*Aridibacter* 和 *Escherichia-Shigella* 的相对丰度显著高于 0-0.25%系统中相应属的物种相对丰度；如图 7-13（b）所示，5-0.5% 系统中 *Luteimonas*、*Arenimonas*、*SWB02*、*Gaiella* 和 *Bdellovibrio* 的相对丰度显著高于 5-0.05%系统，但是在 5-0.05%系统中土壤微生物 *AKYG587*、*Aquisphaera* 和 *Nakamurella* 的相对丰度高于 5-0.5%系统；如图 7-13（c）所示，0-0.05%系统中 22 种指示物种，如 *Haliangium*、*Dongia*、*Gaiella*、*Pedomicrobium*、*Phenylobacterium*、*Bauldia*、*Hyphomicrobium* 的相对丰度显著高于 0-0.5%系统。结果表明：单一的 nZVI 修复镉污染土壤过程中，高浓度的 nZVI 会对土壤微生物的指示物种产生负面影响；但是在蚯蚓-nZVI 复合系统中，蚯蚓的加入可高效改善土壤环境，利于土壤中微生物对生存，使土壤微生物指示物种的相对丰度显著升高。因此，蚯蚓和中浓度 nZVI 复合作用不仅可高效降低污染土壤中镉的有效性，而且会改良土壤微生物群落，对土壤质量产生有利影响。

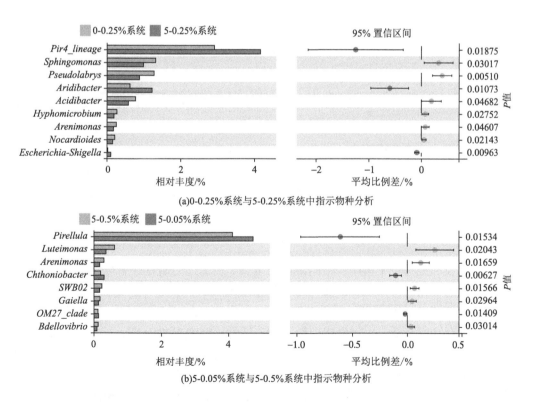

(a)0-0.25%系统与5-0.25%系统中指示物种分析

(b)5-0.05%系统与5-0.5%系统中指示物种分析

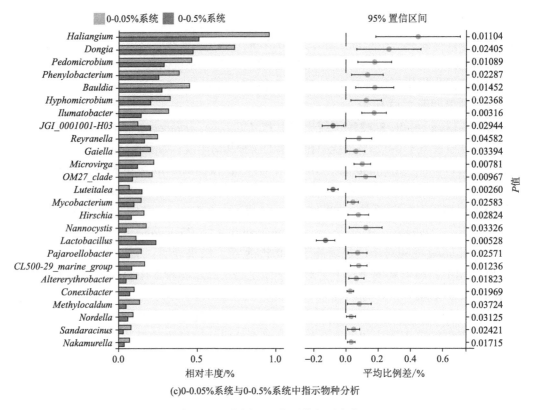

(c)0-0.05%系统与0-0.5%系统中指示物种分析

图 7-13　不同处理下指示物相对丰度

7.4　蚯蚓介导纳米零价铁修复镉污染土壤初探

长期暴露 nZVI 对蚯蚓和土壤微生物无显著的毒性影响，蚯蚓的活动对土壤团聚结构及土壤性质具有显著的改善作用；同时，蚯蚓和 nZVI 复合作用对土壤镉污染具有良好的修复效果，并明显减缓了 Cd^{2+}对土壤生物、土壤结构及土壤性质的负面影响。

7.4.1　纳米零价铁影响蚯蚓的机制

在无污染和镉污染土壤中，不同浓度的 nZVI 在暴露初期对蚯蚓均会产生显著的负面影响；随着暴露时间的延长，在 45d 不同浓度的 nZVI 系统中蚯蚓存活率、生物量减少量、CAT 活性、SOD 活性、MDA 含量和 Pro 含量不存在显著差异，且与暴露 15d 相比，蚯蚓的存活率降低，生物量减少量、CAT 活性、SOD 活性升高。蚯蚓体内 MDA 含量和 Pro 含量，在镉污染土壤中：45d>15d，在无污染土壤中：45d<15d，且 MDA 含量和 Pro 含量与 nZVI 浓度无显著相关性。大量研究表明，nZVI 在土壤中发生一系列的氧化还原反应后以 Fe^{2+}的形式存在（Ganguly et al., 2018），Fe^{2+}进入生物体内的细胞，刺激细胞产生的活性氧（ROS）和自由基（—OH）是破坏细胞内细胞结构和细胞膜的主要机制，最终导致细胞死亡并对生物体产生负面影响。受到不利因素的胁迫蚯蚓会产生抗

氧化酶，例如 SOD 和 CAT，SOD 和 CAT 是蚯蚓体内最重要的抗氧化酶，其含量和活性可表征蚯蚓受胁迫程度（孟祥怀，2019）。同时，SOD 和 CAT 可清除蚯蚓体内受胁迫产生的活性氧（ROS），抵抗 nZVI 对蚯蚓自身的不利影响。因此，随着暴露时间延长，在 45d 蚯蚓体内蚯蚓 SOD 活性和 CAT 活性升高；同时，高浓度的 nZVI 会导致蚯蚓体内产生更多的 ROS 和—OH，45d 时 5-0.5%系统蚯蚓体内 SOD 活性和 CAT 活性低于其他系统。然而，在无污染的土壤中，不同浓度的 nZVI 处理中，45d 蚯蚓体内 MDA 含量和 Pro 含量均低于 15d，蚯蚓体内 MDA 含量和 Pro 含量可直接反映胁迫条件下其机体受损伤程度，表明，暴露末期 nZVI 对蚯蚓的负面影响明显减弱。主要原因是随着暴露时间的延长，nZVI 会发生一系列的化学反应，被氧化为 Fe^{3+}，并以铁氧化物或铁氢氧化物（如 $FeOOH$、Fe_3O_4、$\alpha\text{-}Fe_2O_3$ 和 $\beta\text{-}Fe_2O_3$）的形式存在（Fajardo et al., 2019），外层的氧化铁薄膜对纳米零价铁（nZVI）颗粒活性存在很大影响，因此会降低其团聚和生物毒性（Wu et al., 2018）。其主要的原理如下所示：

$$2Fe^0 + O_2 + 2H_2O \longrightarrow 2Fe^{2+} + 4OH^-$$

$$2Fe^0 + 2H_2O \longrightarrow 2Fe^{2+} + H_2 + 2OH^-$$

$$Fe^{2+} + O_2 \longrightarrow Fe^{3+} + O_2^{0-}$$

$$Fe^{2+} + O_2^{0-} + H^+ \longrightarrow Fe^{3+} + OH^0 + OH^-$$

在镉污染土壤中暴露 45d，不同浓度的 nZVI 不会影响蚯蚓体内 MDA 含量（$P=0.355$）和 Pro 含量（$P=0.681$），且两者含量与暴露 15d 相比呈现升高趋势；5-0%系统中蚯蚓体内 SOD 活性最低。因此，nZVI 修复镉污染土壤过程中，蚯蚓机体所受损伤主要原因是 Cd^{2+} 的胁迫作用。土壤镉对于蚯蚓有较强的毒性，根据孟祥怀（2019）研究表明，蚯蚓的 24h-LC_{50} 与 24h-LC_{10} 值分别为 207.71mg/L 和 107.58mg/L，高浓度的镉会对蚯蚓的存活率、生物量、掘穴行为、繁殖率和生理状态（Richardson et al., 2017）产生显著的负面影响。因此，nZVI 修复镉污染土壤过程中对蚯蚓的负面影响主要是受到 Cd^{2+} 胁迫。

本研究表明，在无污染土壤和修复镉污染土壤过程中，暴露 45d，0.5%的 nZVI（5000mg/kg）不会造成蚯蚓的大量死亡和生物量骤减。但也有研究表明 nZVI 浓度高于 100mg/kg 会对蚯蚓生殖产生负面影响，高于 500 mg/kg 会对粉正蚓和赤子爱胜蚓的趋避行为、生物量和存活率产生显著负面影响（EL-temsah and Joner, 2012）。这种差异产生的主要原因是试验土壤和暴露时间的差异。本次试验使用农田土壤进行培养，避免了土壤中营养元素缺乏等因素对蚯蚓的负面影响。暴露时间的延长导致 nZVI 颗粒的老化，老化的 nZVI 颗粒其潜在毒性明显降低。因此，明确了长期暴露在高浓度的 nZVI 的环境下不会造成蚯蚓的大量死亡（刘嫦娥等，2021c），nZVI 以蚯蚓为活体"催化剂"进行土壤镉污染的修复具有可行性。

7.4.2 蚯蚓介导下纳米零价铁修复镉污染土壤的机理

土壤中镉元素与土壤生物的生命活动及土壤质量密切相关，nZVI 修复镉污染土壤的主要策略是将不稳定成分转化为稳定成分，并降低土壤中的有效镉含量（Xue et al.，2018a，Latif et al.，2020）。本研究得出，蚯蚓和 nZVI 复合作用与单一的 nZVI 修复镉污染土壤相比，可显著降低土壤镉的有效性，这与针对蚯蚓和 nZVI 复合作用修复土壤中铬污染的研究结果一致（王一言，2018）。研究表明，蚯蚓和 nZVI 复合作用修复土壤铬污染过程中，蚯蚓的活动使沙粒的孔隙度增加了 47.5%，nZVI 颗粒的传输效率提高了 34.4%，蚯蚓的活动可以增加 nZVI 颗粒与污染物接触，蚯蚓-nZVI 复合系统对石英砂中 Cr（Ⅵ）的去除效率可达到 89%，高于两个单一系统处理效率的叠加（王一言，2018）。在本次研究中，5-0.25%系统中土壤有效镉含量最低，修复效果最佳。蚯蚓的活动不仅可以延缓 nZVI 颗粒的团聚，而且可在一定程度上修复镉污染土壤，改善土壤质量。已有研究表明蚯蚓在土壤中可对土壤金属、农药等具有一定的修复作用。高浓度的 nZVI 颗粒不仅会对土壤中的蚯蚓生存状态产生一定程度的负面影响，而且容易发生团聚，使 nZVI 颗粒的比表面积和活性降低（Xue et al.，2018a），从而降低修复土壤重金属污染的效率。因此，5-0.5%系统修复土壤镉污染的效率低于 5-0.25%系统。nZVI 被氧化为 Fe^{2+} 和 Fe^{3+}，它们与环境中的 O_2、OH^- 和其他化学物质反应，并以各种形式存在，例如 FeO、$FeOOH$、Fe_3O_4 和 $\alpha\text{-}Fe_2O_3$。nZVI 外层的铁氧化物薄膜可吸附土壤中有毒的 Cd^{2+}，同时，nZVI 被氧化产生 Fe^{2+} 和 Fe^{3+}，可以与土壤中的 Cd^{2+} 和各种阴离子（如 OH^- 或酸根离子）发生共沉淀，形成沉淀物（Tasharrofi et al.，2020）。主要反应如下所述：

$$2Fe^0 + O_2 + 2H_2O \longrightarrow 2Fe^{2+} + 4OH^-$$

$$2Fe^0 + 2H_2O \longrightarrow 2Fe^{2+} + H_2 + 2OH^-$$

$$2Fe^{2+} + 2H_2O \longrightarrow 2Fe^{3+} + H_2 + 2OH^-$$

$$Fe^{3+} + 3OH^- \longrightarrow Fe(OH)_3$$

$$Fe(OH)_3 \longrightarrow FeOOH + H_2O$$

$$2Fe^0 + O_2 \longrightarrow 2FeO$$

$$6FeO + O_2 \longrightarrow 2Fe_3O_4$$

$$4Fe_3O_4 + O_2 \longrightarrow 6Fe_2O_3$$

$$Cd^{2+} + OH^- \longrightarrow Cd(OH)^-$$

$$FeOOH + [Cd(OH)]^+ \longrightarrow FeOOCdOH + H^+$$

综上所述，土壤有效镉含量的降低与蚯蚓运动和 nZVI 自身的氧化还原、共沉淀及其外层氧化铁薄膜的吸附密切相关。

7.4.3 纳米零价铁和蚯蚓复合作用对土壤质量的影响

通过蚯蚓介导下 nZVI 对土壤质量影响的研究表明：暴露 45d，蚯蚓和 nZVI 复合作用可显著提高土壤团聚体结构的稳定性；同时，蚯蚓和 nZVI 复合作用使土壤有机质含量减少、全氮含量增加，并促进土壤中总磷转化为速效磷；经双因素方差分析得出，nZVI 和蚯蚓是影响土壤大团聚体所占比例、小团聚体所占比例、碱解氮、全氮和速效磷含量的根本原因。在蚯蚓介导下 nZVI 修复镉污染土壤的研究表明：蚯蚓-nZVI 复合系统与单一的 nZVI 修复系统相比，土壤团聚体的稳定性、有机质、全氮和碱解氮含量均呈现升高趋势，土壤质量和环境明显改善。在镉污染土壤修复过程中产生这一结果的主要原因是 nZVI 和蚯蚓复合作用可显著降低土壤有效镉含量。重金属污染的土壤中，不稳定的重金属组分对土壤动物和土壤微生物生存会产生严重的负面影响，导致其运动减缓、繁殖率降低，甚至死亡（Yang et al., 2019）；同时，不稳定的重金属元素会破坏土壤团聚体稳定性，对土壤质量产生不良影响。试验结果表明，nZVI 和蚯蚓复合作用可显著降低土壤镉的有效性，5-0.25% 系统和 5-0.5% 系统相比其他系统中土壤有效镉含量较低，同时其土壤团聚体稳定性、全氮、总磷和速效磷含量更高，pH 更大（土壤酸碱度更偏向中性）。

在无污染和镉污染土壤中，蚯蚓均扮演重要的角色。蚯蚓是土壤生态系统的工程师，其产生的代谢物及在土壤中的活动均对土壤质量和土壤结构具有重要作用。研究表明蚯蚓活动促进土壤中微团聚体和黏粒结合转化为大团聚体（$d>2$mm），其他各粒级团聚体比例均降低，蚓粪可增加土壤中水稳性团聚体含量（朱玲，2006）。研究表明赤子爱胜蚓、南美岸蚓、壮伟远盲蚓和参状远盲蚓均可以显著提高红壤中大团聚体（$d>2000$ μm）所占比例（崔莹莹等，2020）。蚯蚓新陈代谢过程中会消耗和排泄植物和残留物，并通过自身运动加速植物和残留物与土壤团聚体融合，促进土壤团聚体的形成和稳定。研究表明蚯蚓活动有利于土壤中不稳定的碳组分吸附在黏土上，促进土壤中微团聚体的形成，同时蚯蚓的运动和食用促进土壤有机质的分解，导致土壤有机质含量减少（Bedano et al., 2019）。可见，蚯蚓作为助效剂，对无污染土壤和镉污染土壤团聚体结构的稳定发挥至关重要的作用。

本研究中土壤有机质含量的减少与 nZVI 的浓度也密切相关，单一的 nZVI 系统和蚯蚓-nZVI 复合系统，nZVI 浓度升高会导致土壤有机质含量减少，其主要原因是土壤中不溶性有机质黏附在 nZVI 表面的活性位点上。蚯蚓和 nZVI 复合作用不仅提高了土壤团聚体的稳定性和土壤质量，而且在镉污染土壤中显著降低了镉的有效性，从而抑制了不利因素导致的土壤中氮和磷的损失。同时，在修复镉污染土壤过程中土壤 pH 升高，其主要原因受 Cd^{2+} 和 nZVI 影响。研究表明，土壤中 Cd^{2+} 会与酸根离子结合；同时，nZVI 会发生一系列的氧化还原反应，释放 OH^-（Tasharrofi et al., 2020），均会导致土壤的酸性减弱。

综上所述，高浓度的 nZVI 对土壤团聚体稳定性、有机质、全氮和总磷含量具有一定的负面作用，但是蚯蚓活动可显著提高土壤团聚体稳定性，并改良土壤质量，两者复合作用后对土壤系统无负面作用产生，且可高效修复土壤镉污染。

7.4.4 纳米零价铁和蚯蚓复合作用对土壤微生物的影响

蚯蚓介导下 nZVI 对土壤质量影响的研究中，nZVI 浓度对土壤微生物门水平或属水平的微生物相对丰度及不同处理中土壤微生物的多样性指数和丰度指数无显著影响；但是，蚯蚓介导下 nZVI 修复镉污染土壤的研究中，蚯蚓和 nZVI 浓度不仅会显著影响土壤中变形菌门、酸杆菌门、绿弯菌门和髌骨细菌门微生物的相对丰度，而且会显著影响土壤微生物的多样性指数和丰度指数。nZVI 对土壤系统影响研究和 nZVI 修复镉污染土壤两个体系中，蚯蚓的数量（0 或 5 条）、nZVI 浓度（0%、0.05%、0.25%和 0.5%）、试验土壤、培养周期及温度相同，仅有 Cd^{2+} 浓度不同。因此，nZVI 浓度不会导致土壤中门水平或属水平微生物相对丰度、多样性指数和丰度指数降低；nZVI 修复镉污染土壤中门水平或属水平微生物相对丰度、微生物多样性指数和丰度指数变化根本原因是，修复过程中土壤有效镉含量的变化。在农田土壤中，镉的利用度和迁移率显著高于其他重金属元素，不仅直接对土壤生物产生毒性影响，而且会对土壤质量和结构产生严重的负面影响，破坏土壤微生物的生存环境。镉污染土壤中 5-0.25%系统和 5-0.5%系统中，土壤有效镉含量明显低于其他系统，其土壤中门水平下微生物的相对丰度、微生物多样性指数和丰度指数高于其他系统。

在污染土壤和镉污染土壤中，蚯蚓活动和 nZVI 浓度显著影响微生物指示物种的相对丰度，经分析单一的 nZVI 系统或蚯蚓-nZVI 复合系统中 nZVI 浓度升高会导致其土壤中指示物种相对丰度降低。研究表明高浓度的 nZVI 会使土壤中的抗铁性和 pH 升高，也有研究证明土壤中芽孢杆菌可促进 Fe（Ⅲ）还原并富集于 nZVI 外层附近，形成更稳定的固体相（Xue et al.，2018b）。然而，nZVI 会抑制革兰氏阴性菌（如酸性杆菌属等）和革兰氏阳性菌的生长，其根本原因是革兰氏阴性菌细胞壁中没有肽聚糖层，nZVI 被氧化为 Fe^{2+} 进入细胞，破坏细胞膜和细胞结构（Fajardo et al.，2019）；革兰氏阳性菌细胞壁的主要组成部分是磷酸酯，nZVI 与其结合形成铁氧化物沉淀物，堵塞细胞膜的孔隙，阻止其吸收外部环境营养物质，从而导致细菌死亡。同时，已有研究表明 nZVI 可降低植物对重金属（胶体）的吸收，改变根际金属（胶体）矿质和生物利用度，刺激 AM 真菌从土壤中吸收重金属（胶体），从而导致真菌群落结构发生改变（Wu et al.，2018）。nZVI 浓度相同，蚯蚓-nZVI 复合系统中土壤微生物指示物种的相对丰度显著高于单一的 nZVI 系统，主要原因与蚯蚓活动提高土壤团聚体的稳定性并改良土壤环境，以及蚯蚓自身通过新陈代谢携带微生物进入土壤系统有关。

综上所述，蚯蚓在 nZVI 修复镉污染土壤过程中，不仅在改良土壤质量和提高团聚体稳定性方面发挥重要作用，而且对土壤中微生物群落分布也至关重要。

7.4.5 蚯蚓介导纳米零价铁修复镉污染土壤小结

本研究首先研究了纳米零价铁（nZVI）对蚯蚓的毒性影响及蚯蚓介导下 nZVI 对无污染土壤质量的影响，进而确定蚯蚓和 nZVI 复合作用修复土壤重金属污染的可行性。然后研究蚯蚓介导下 nZVI 修复镉污染土壤，明确了 nZVI 和蚯蚓复合作用的修复效率及机制、对土壤质量和团聚体稳定性的影响及修复过程中土壤生物响应。得出以下结论。

（1）通过 nZVI 对蚯蚓毒性影响的研究表明，nZVI 对蚯蚓在暴露初期存在一定的负面影响，随着暴露时间延长，蚯蚓不断适应环境、nZVI 被氧化与周围物质发生反应，不会造成蚯蚓大量死亡和生物量骤减。因此，nZVI 对蚯蚓不会产生毒性影响。

（2）通过蚯蚓介导下 nZVI 对土壤质量影响的研究表明，高浓度的 nZVI 会一定程度上降低土壤团聚体结构的稳定性，但是蚯蚓活动会显著减缓 nZVI 对土壤团聚体结构的负面影响；蚯蚓活动和 nZVI 会降低土壤有机质含量，但不会造成土壤中氮和磷的损失；高浓度的 nZVI 对土壤中微生物的组成和多样性不会产生负面影响，但是降低了微生物指示物种的丰度，蚯蚓活动会减缓其对指示物种的负面影响。从而证明 nZVI 和蚯蚓复合作用可显著提高无污染土壤的质量。

（3）通过蚯蚓介导下 nZVI 对修复土壤质量影响的研究表明，在整个修复过程中，蚯蚓暴露初期受 Cd^{2+} 和 nZVI 的负面影响，随暴露时间延长，有效镉含量降低、nZVI 老化，负面影响逐渐减弱；蚯蚓和 nZVI 复合作用修复土壤镉污染的效率显著高于单一蚯蚓或 nZVI 修复系统，其中土壤有效镉含量最低、修复效率最高的是 5-0.25% 系统；在修复过程中提高了土壤团聚体结构的稳定性，修复过程中不会造成土壤中碳、氮、磷的损失和酸碱度失衡；土壤中 Cd^{2+} 抑制微生物的生存，蚯蚓活动和 nZVI 复合作用可降低土壤有效镉含量，改良土壤环境，以及显著提高土壤微生物的多样性及指示物种的相对丰度。因此，蚯蚓和 nZVI 复合作用可高效修复土壤重金属污染，可以被深入研究。

本研究所用室内模拟试验，室内模拟试验能较好地控制变量，排除其他环境因素的干扰，归纳出蚯蚓介导 nZVI 修复镉污染土壤的效果及土壤质量和土壤生物响应。但是，自然界重金属污染的现状复杂，在多种重金属复合污染土壤中，蚯蚓和 nZVI 复合作用的修复效率及影响是否与室内模拟试验变化规律一致，仍不得而知。后期需要研究蚯蚓介导下 nZVI 修复多种重金属复合污染的效率及对土壤质量和土壤微生物的影响；并针对单一的重金属污染和复合的重金属污染的农田土壤，采用 nZVI 和蚯蚓为修复材料进行野外实地验证，为 nZVI 和蚯蚓大范围修复农田重金属污染提供理论基础。

第8章 蚯蚓-重金属相互关系研究前沿与展望

众所周知，蚯蚓在陆地生态系统中具有十分重要的地位，通过物理掘穴与摄食、物质分泌、生物作用改变土壤养分的生物有效性，改善植物生长环境和营养状况，提高植物对重金属毒性的抵抗力。与此同时，蚯蚓活动也对重金属污染的土壤产生作用，使环境修复具有一定的风险性。研究表明，蚯蚓活动增加重金属的溶解性和有效性，进而提高重金属的生物有效性。因此，土壤重金属污染对蚯蚓的毒害及其相应的生态效应的关注是进行生态修复的基础，同时在生态修复中如何科学合理地利用蚯蚓的修复效能也需要二者之间的有机结合。为此，本章对蚯蚓与重金属相互关系的前沿工作予以评述，为未来开展相关研究提出展望。

8.1 土壤重金属污染对蚯蚓毒害及其响应

大型土壤动物作为土壤生态系统中的重要组成部分，生存状况与土壤环境质量密切关联。在自然生态系统中，蚯蚓是重金属等污染物从土壤到食物链高营养级转移的重要环节，常被用作化学物质在土壤毒理实验中的模式生物，来监测生态系统的状态和可能发生的变化，从而预示土壤的生态和环境健康状况。

已有研究表明镉胁迫会诱发土壤动物体内产生过量活性氧和醛类物质，破坏氧化还原平衡状态，引起氧化应激，造成氧化损伤，以及基因表达异常、生长迟缓、繁殖能力下降和行为改变等，最终导致动物数量和多样性降低。由于蚯蚓处于生物链的底端，对大多数污染物较其他土壤生物敏感，尤其是体内的氧化应激反应，研究表明应激氧化酶活性等能够敏感地指示出土壤重金属污染。同时，蚯蚓通过掘穴、搅动、排粪等行为，影响土壤微生物群落的功能，促进有机物质的分解，改变土壤 pH、E_h（氧化还原电位）等理化性质，进而影响镉的生物有效性。国内外以镉与蚯蚓相互作用的研究颇多，以"镉"和"蚯蚓"为关键词在 CNKI 数据库检测到论文 5414 篇（2000～2020 年），以 cadmium 和 earthworm 为关键词在 Web of Science 检索到论文 1237 篇（1973～2022 年），统计分析显示研究关键词以"重金属毒性""生物积累""生物有效性""氧化应激"为主，主要从个体层次开展研究（图 8-1）。从分子、细胞、组织、个体至蚯蚓种群系统阐述镉对蚯蚓的毒害作用，进一步探讨蚯蚓对镉的抵御机制及蚯蚓介导下镉在土壤中的环境行为，为其他生物抵抗重金属胁迫机制提供依据，也为土壤环境质量的生态风险评价及后续的土壤污染修复提供理论支持。

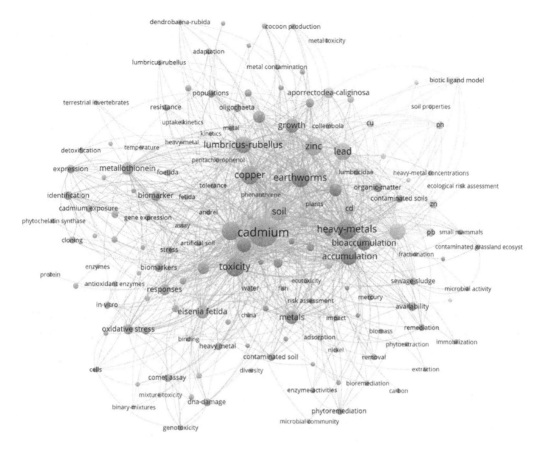

图 8-1 镉与蚯蚓研究的关键词共现图

8.1.1 镉对蚯蚓的毒害机理

目前，国内外就土壤镉对蚯蚓细胞膜损伤、再生能力变化、抗氧化酶活性、基因损伤和代谢途径紊乱等方面研究很多，成果丰硕，下面从分子、细胞、组织、个体、种群等不同层次的研究进行阐述。

1. 分子

关于重金属使生物中毒的分子机理目前尚未完全清楚，但根据大量的生物毒性实验推测出可能的分子机制有两种：一是有毒金属进攻生物大分子活性位点，取代活性位点上的有益微量金属，破坏生物大分子的生理代谢功能导致病变；二是有毒金属键结合到生物大分子的去活性位置上，降低或消除生物大分子（如酶）原有的生物活性，同样使生物发生病变。

1）对酶活性及大分子的影响

蚯蚓被污染物毒害会引起氧化应激反应，使机体内部细胞、生物大分子等受到氧化损伤，造成细胞衰老、凋亡，引发基因突变和细胞癌变。研究表明，镉损坏蚯蚓体内酶主要由两方面造成的：第一，镉可以改变线粒体的跨膜电位，从而导致线粒体 ATP 水平过早下降，同时损害重要的线粒体酶的功能，如柠檬酸合成酶和 NADP 依赖的异柠檬酸脱氢酶，这些酶都参与三羧酸循环。第二，镉与抗氧化酶中的金属发生竞争性替代作用，抑制了这些酶的活力，是由于重金属离子更倾向与酶上的—SH 结合，或取代酶活性中心的金属离子，改变其空间构象，使其失活。此外，镉胁迫会导致脂质发生过氧化反应，氧化终产物为 MDA，会引起蛋白质、核酸等生命大分子的交联聚合，且具有细胞毒性，在体外影响线粒体呼吸链复合物及线粒体内关键酶活性。在镉等重金属污染的土壤中，蚯蚓体内诱导型一氧化氮合酶（iNOS）表达和 AChE 活性被证实与体腔细胞中金属含量呈现负相关（Arunodaya et al., 2022），而 NO 在杀死细胞内病原体中起重要作用，并充当促炎介质，iNOS 抑制表明生物处于免疫受损状态。研究蚯蚓抗氧化应激时表明环己醇与环己酮的暴露破坏了 CAT 的氢键网络和 SOD 的分子结构，影响了蛋白质的二级结构，造成了肽链的错误折叠，镉对蚯蚓体内蛋白质的结构是否也有相似的影响有待证实。

2）对基因的损伤

镉胁迫也会导致基因损伤或影响基因传递。正常的 DNA 具有自我修复功能，这种修复是一系列的酶促反应过程，在污染物作用时，酶促反应受到干扰，使修复作用失调，增大了 DNA 的损伤。当抗氧化酶活性受抑制或自由基含量超过抗氧化酶系统清除能力上限时，均会破坏机体氧化-抗氧化动态平衡，引起组织细胞氧化损伤机制-脂质过氧化，脂质过氧化反应产物可以与 DNA 中的碱基发生作用从而破坏 DNA 结构，引发基因突变。机体内的活性氧基团或分子含量未达到一定程度时，它会参与肿瘤基因转录调控，促进肿瘤在生物机体内的增殖、侵袭和转移。大量研究证实了这种现象：通过比较中国天然红壤镉对赤子爱胜蚓基因转录的影响发现，基因转录产物热休克蛋白 HSP_{70} 在有镉处理时相较于对照下调，说明镉影响了基因转录产物的合成（Zhang et al., 2017）；通过彗星实验探究镉对蚯蚓基因的影响，结果表明随着暴露时间的延长，处理组中蚯蚓的尾矩有增加的趋势，且暴露浓度越高、暴露时间越长，镉造成的基因损伤就越强（Hu et al., 2016）。

2. 细胞

细胞是组成生物结构和功能的基本单位，而膜是细胞生理生化反应和功能发挥作用的结构基础。研究表明，镉胁迫会损伤蚯蚓体腔细胞和生殖细胞等，细胞损伤与结构改变可能导致细胞死亡和内稳态的破坏（贺卓，2020）。调查发现，镉污染土壤中生存的蚯蚓体腔细胞出现形态损伤与微核、核裂等核畸变，细胞内有膜损伤和气泡现象，且细胞损伤和核畸变与土壤金属含量呈正相关（Arunodaya et al., 2022）；虽然低浓度镉对体腔细胞毒性较小，但可以抑制体腔细胞的吞噬作用，也会抑制对肿瘤有杀伤作用的巨噬细胞。此外，镉也可导致蚯蚓生殖细胞损伤，暴露于镉污染中可导致蚯蚓卵巢结构受到损伤，卵母细胞中的细胞质和营养细胞中的细胞器数量增加，而细胞核退化，使卵子生成受损，从而影响蚯蚓的生殖。

此外，镉通过损害蚯蚓细胞膜进而影响细胞结构与功能。研究表明，镉胁迫下蚯蚓体细胞的溶酶体膜稳定性出现不同程度的降低，细胞膜损伤严重，部分蚯蚓的体腔细胞数量显著减少，或是凋亡，干扰细胞通信及分化；镉胁迫降低了赤子爱胜蚓溶酶体膜的稳定性，且高剂量镉暴露引起蚯蚓体腔细胞发生凋亡；改性纳米炭黑材料（modified nano-carbon black，MCB）作为吸附钝化剂与镉结合时，发现结合体 MCB-Cd 可以被蚯蚓体腔细胞吞噬，并造成细胞线粒体损伤、扰动核膜稳定性，从而导致细胞凋亡；镉暴露可抑制线粒体电子传递链，触发活性氧的形成，导致细胞膜通透性改变，导致细胞凋亡（Zhang et al.，2017）。这些研究结果均证实了镉通过损害细胞膜进而导致细胞数量减少或功能丧失。

3. 组织

镉胁迫导致蚯蚓体内大量氧化活性物质积累使蛋白质和细胞失去原有功能，进而使组织受到损伤。研究表明，镉能够在蚯蚓消化管细胞中产生积累，破坏整个消化管结构，进而改变或破坏消化管细胞结构，肠道表面绒毛和围食膜结构破坏受损甚至消失，最终使其消化能力受到严重影响。镉胁迫条件下，蚯蚓体表的刚毛囊零星地出现凸起，大部分刚毛已经脱落，部分蚯蚓的体表破裂，可见蚯蚓体内物质、体表分泌的黏液增多。在湖南省株洲市镉污染（镉浓度为 9.2mg/kg）土壤发现蚯蚓体表、胃肠道组织均受到极大损伤，中毒后发现环带附近有充血肿胀病变，中毒后期，身体呈暗红色，然后出现肢体麻痹状，尾部先呈溃烂，最后死亡（郭永灿等，1996）。此外，西脲和镉对蚯蚓的复合毒性时发现高毒性镉胁迫会引起蚯蚓的炎症、损伤，严重时还会导致蚯蚓身体后部脱落和组织自溶现象（Herman et al.，2017）。因此，可以看出蚯蚓在镉污染下，内部肠道与外部表皮组织皆会受到不同程度损伤，严重时甚至导致组织自溶及脱落。此外镉胁迫也会使蚯蚓诱发生殖毒性，干扰生殖激素的分泌，并对子宫和胚胎造成一定的影响。

4. 个体

在个体层面上，镉对蚯蚓的毒害主要表现在死亡率（生长抑制率）、生物量及行为影响等方面。研究表明，蚯蚓在较低镉浓度（<80mg/kg）胁迫下，随着胁迫时间的延长，蚯蚓的生长抑制率出现上下波动，但在 96 h 时蚯蚓生长抑制率逐渐接近于零，说明蚯蚓在可忍受的镉胁迫浓度下，机体内的重金属"解毒"机制保持运行并最终解毒；而在中等镉浓度（120mg/kg）胁迫下，生长抑制率伴随时间呈现先增后减的趋势，最后又增至100%，即蚯蚓死亡（周东兴等，2017）。这表明超过可忍受浓度时，随着胁迫时间延长，蚯蚓的解毒机制逐渐发挥作用，但当胁迫时间过长、镉积累超过处理阈值后，解毒机制崩溃并导致蚯蚓死亡。

另外，研究发现当土壤镉浓度低于 50mg/kg 时，蚯蚓体重变化并不太明显，镉浓度只有达到较高（200～800mg/kg）水平时，才会对蚯蚓的体重有明显的抑制，抑制率在60%～70%左右（刘海龙，2015）。这可能与蚯蚓肠道内的微生物群落受到镉胁迫的影响有关，通过影响肠道微生物群落结构进而导致蚯蚓进食不佳、生长缓慢并影响体重；然而，也有不同研究结果显示，赤子爱胜蚓暴露于镉浓度为 2.51 mg/kg 的土壤中 30d 后，其体重下降 11%，也有研究发现 50mg/kg 镉造成威廉环毛蚓（*Metaphire guillelmi*）体重显著降低（Elyamine et al. 2018），50mg/kg 和 100mg/kg 的镉还分别导致其 27% 和 100% 的死亡率；而在同等镉暴露条件下赤子爱胜蚓全部存活，且体重无显著性变化，可见赤子爱胜蚓对土壤镉的耐性更大，可以推断在同样镉污染的土壤中，威廉环毛蚓更易灭绝。可见，镉胁迫浓度、胁迫时间、蚯蚓种类等对蚯蚓体重的影响及机制还需进一步深入。

当然，蚯蚓在镉胁迫下也会出现垂直、水平或不规则的运动。研究表明，蚯蚓进入自然土壤后，蚯蚓洞穴长度与洞穴深度均逐日递增，但镉胁迫显著抑制了蚯蚓的洞穴长度和洞穴深度（孟祥怀，2019），这说明镉污染降低了蚯蚓单位时间内的运动能力。

5. 种群

虽然蚯蚓对于土壤中重金属镉有一定的耐受性，但是当土壤中镉浓度过高时，其物种多样性及数量依然会受到很大破坏。研究发现，随着土壤镉浓度增加，蚓茧数逐渐降低，镉抑制赤子爱胜蚓产茧的毒性阈值 EC_{50} 作用范围为 66.5～263.5mg/kg（刘海龙，2015）；镉影响蚯蚓种群产茧量的研究表明，蚯蚓产茧量随镉浓度升高逐渐下降，当添加镉浓度达到 460mg/kg 时，蚯蚓的产茧量已经下降为零（贺萌萌，2013）；此外，镉导致蚯蚓幼虫的阴蒂形成延迟，产茧受到抑制，并对成虫的生殖有抑制作用。随着土壤镉浓度的增加，蚯蚓密度和辛普森多样性指数成反比下降，在镉污染程度较高的土壤中，蚯蚓幼虫死亡率较高（Wang et al., 2018）。这些证据都表明镉污染会导致蚯蚓种群密度降低。这主要是蚯蚓种类不同，对镉的敏感性也存在差异，进而导致镉胁迫下可能会导致某些敏感蚯蚓种群更早在该区域消失。在重金属污染土壤进行蚯蚓种类调查时发现，镉导致蚯蚓物种多样性显著下降，在严重污染区发现的蚯蚓仅为 3 个种，中度污染区发现 5 个种，而在轻度和未污染区则有 8 个种（王振中等，1994），有害物质在蚯蚓体内大量富集并产生致死效应，一些对污染敏感的种类不能继续生存和繁衍，直至消失。综上可以得出镉胁迫会使得蚯蚓种群密度降低，蚯蚓物种丰富度降低。

综上，土壤镉对蚯蚓分子、细胞（含细胞器）、组织、个体和种群不同层次均造成一定的影响（表 8-1）。

表 8-1　土壤镉污染对蚯蚓的影响

层次		毒害表现
分子	大分子物质	蛋白质含量降低，组织糖原含量与胁迫镉浓度呈负相关
		热休克蛋白 HSP_{70} 在镉处理时相较于对照下调
	遗传物质	DNA 损伤[DNA 超甲基化等，尤指胞嘧啶第 5 碳（5mC）的甲基化]、Hsp70 基因表达和抗氧化酶活性遵循剂量效应、代谢组学紊乱等
细胞	细胞器	细胞器及核膜损伤导致细胞过早凋亡，产生微核、双核等核畸变
		溶酶体膜稳定性均出现不同程度的降低，细胞膜损伤严重
		抑制线粒体电子传递链，导致细胞凋亡
	细胞	体腔细胞形态损伤，出现微核、核裂等核畸变，细胞内有膜损伤和气泡现象
		黄色细胞解体
		生殖细胞损伤，卵母细胞中的细胞质和营养细胞中的细胞器数量增加，而细胞核退化，使卵子生成受损，从而影响蚯蚓的生殖

续表

层次	毒害表现
组织	胃肠道组织均受到极大损伤
	消化管结构破坏，肠道表面绒毛和围食膜结构破坏受损甚至消失
	尾部断裂、体表褶皱，分节不清晰、体表刚毛大部分脱落、部分体表破裂、口前叶周围出现黄色液体
个体	抑制蚯蚓的生长，导致蚯蚓死亡
	蚯蚓产茧量随镉浓度升高逐渐下降，当添加镉浓度达到 460 mg/kg 时，蚯蚓的产茧量已经下降为零
	镉浓度只有达到较高（200～800 mg/kg）时，才对蚯蚓的体重有明显的抑制
种群	当土壤镉浓度过高时，蚯蚓物种多样性及数量受到很大破坏
	随着土壤镉浓度的增加，蚯蚓密度和辛普森多样性指数成反比下降
	镉胁迫导致对污染敏感的蚯蚓种不能继续生存和繁衍，直至消失

8.1.2　镉胁迫下蚯蚓的响应机制

在镉污染土壤对蚯蚓的生命活动过程产生影响和毒害的同时，蚯蚓对镉胁迫也有一定的抗性和适应，对镉污染产生的毒害作用有积极的抵抗作用，这种响应主要表现为拒绝吸收、结合与钝化、隔离，以及主动的氧化应激等（图 8-2）。

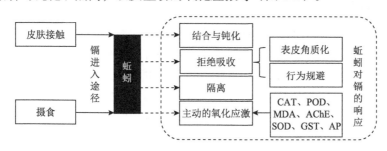

图 8-2　镉胁迫下蚯蚓的响应表现框图

1. 拒绝吸收

蚯蚓主要通过吞吐土壤及体表吸收的方式摄入镉，进而土壤镉通过被直接摄取或透皮吸收引起蚯蚓的规避行为和生理紊乱等致死和亚致死反应，所以从行为规避及表皮角质化抑制镉进入蚯蚓体内是蚯蚓对镉响应的第一步。

1）规避

蚯蚓通过躲避、逃离镉污染土壤区域从而减少因直接接触或吞吐土壤造成的摄入量。已有诸多研究表明镉会干扰蚯蚓的正常行为，如产生规避行为、运动能力下降等。研究表明蚯蚓在滤纸的镉急性毒性试验中发现蚯蚓有明显的逃逸现象，较低镉浓度下，蚯蚓随胁迫时间的延长而无法忍受镉毒害作用，通过培养皿上方 2mm 缝隙逃脱镉胁迫环境，也发现蚯蚓有逃逸急躁感，这是蚯蚓躲避镉吸收的策略之一。此外，蚯蚓的挖穴能力也受到镉的干扰，掘穴时间、蚓洞长度与土壤镉污染程度呈现显著的负相关关系。调查表明，镉污染区域土壤中蚯蚓垂直变化异常，呈逆分布现象，蚯蚓为避开镉污染环境而移到污染物浓度较低的下层土壤（孟祥怀，2019）。

2）表皮角质化

不吸收或少吸收镉是蚯蚓抵抗污染胁迫的一条重要途径，因此细胞的膜系统是抵御镉进入的屏障，将其排斥于体外而不进入蚯蚓体内是一种非常有效的方法。蚯蚓体表角质层主要是由上角质层突起、上角质层、胶原纤维和穿过其间的微绒毛构成的，是其抵御不良环境的第一层屏障，可以抵抗外源污染物质的毒害。一般来说，蚯蚓通过上角质层的增厚来减少镉的摄入。研究表明，受镉胁迫时，蚯蚓能够通过上角质层的增厚，增强土壤镉接触或进入蚯蚓皮肤的阻力，从而降低蚯蚓对镉的吸收。通过设定四种镉浓度处理研究蚯蚓角质层厚度变化时发现，角质层厚度最大增幅达到 144%；同时也发现角质层并不能随镉浓度的增加一直增厚，当土壤中镉质量分数或体内富集的镉质量分数超过自身的耐受或调节能力后，机体的防御系统就会被破坏，导致角质层变薄（郭永灿等，1996）。

2. 结合与钝化

生物活性位点可与污染物结合，固定污染物或降低其毒性。蚯蚓体内的一种富含半胱氨酸的金属硫蛋白（MT）可以结合大量的重金属而起到解毒的作用。MT 分子因富含—SH 而对重金属离子有很高的亲和力，可以通过抑制镉与其他细胞成分反应来钝化镉，一些早期的研究发现镉可以诱导 MT 在肝脏中的合成，同时 MT 与镉的结合可以降低镉与肝脏中的一些高分子的作用（Karin et al.，1983）。也有研究表明，金属离子通过增加 MT 的基因转录影响 MT 的合成，直接保证了蚯蚓可以在高重金属污染的土壤中存活。如研究表明当土壤镉含量为 30mg/kg 时，MT 基因表达是无镉添加的对照组的 12.68 倍（Mo et al.，2012）。当然除 MT 外，还有大分子金属诱导蛋白的产生也被证实是蚯蚓体内的解毒途径之一。通过监测荧光镉胁迫下蚯蚓体内金属诱导蛋白的变化情况，发现镉处理 60d 后，除 MT 增加外，还有很多分子量>100kda 的金属诱导蛋白（metal induced protein，MIP）产生，经纯化鉴定 MIP 是一类富含谷氨酸的蛋白质，MIP 中的谷氨酸残基易与镉结合降低其移动性及有效性（Nazneen et al.，2021）。

3. 主动的氧化应激

镉进入蚯蚓体内后产生毒性，因此蚯蚓为应对镉胁迫损伤进而产生氧化应激反应，表现在 CAT、过氧化物酶（POD）、脂质过氧化产物（MDA）、AChE、SOD、谷胱甘肽巯基转移酶（glutathione S-transferase，GST）、酸性磷酸酶（acid phosphate，AP）活性等变化，在可以接受的镉等重金属含量范围内作出生理响应并主动适应镉等重金属污染的土壤环境。当然蚯蚓的这种氧化应激反应也对机体的健康有着很大的损伤，可能会引发心血管疾病、代谢紊乱和细胞癌变等重大疾病。

研究证实，蚯蚓在镉等胁迫下，产生大量的超氧阴离子（O_2^-）和过氧化氢（H_2O_2）等自由基，既具有杀菌作用，同时又对机体本身有毒害作用，须及时清除。CAT 是抗氧化防御系统中的一种关键酶，可清除体内的 H_2O_2，避免其与 O_2^- 发生反应生成有害物质 OH^-，保护机体免受损伤。研究表明，蚯蚓在镉胁迫初期，氧化应激反应的主要指标是

CAT 和分解 H_2O_2。SOD 是抗氧化酶系中的典型酶，能在逆境胁迫过程中有效清除蚯蚓体内产生的超氧阴离子，终止自由基连锁反应，维持活性氧代谢平衡。蚯蚓在受镉等重金属复合污染的胁迫时，产生的氧自由基数量增加，为了消除氧自由基对蚯蚓造成的伤害，SOD 活性增加；但随着暴露时间的延长，重金属抑制了 SOD 的活性，从而使得 SOD 活性下降。GST 主要催化还原性谷胱甘肽（GSH）与内源性或外来有害物质的亲电子基团，增加其疏水性使其易于穿越细胞膜，并在被分解后排出体外，从而达到解毒的目的。研究表明，在镉等重金属复合污染下，蚯蚓体内的 GST 活性随着处理时间延长呈先升后降的趋势。在复合胁迫初期，蚯蚓体内 GST 活性升高以清除体内的类过氧化物和自由基，保护机体免受氧化损伤；这可能是由于重金属在体内长期积累，已经危害到蚯蚓的正常代谢。POD 以 H_2O_2 为电子受体，催化其他物质氧化分解的同时，使 H_2O_2 接受电子转化为 H_2O，可清除生物体内过量的 H_2O_2。AP 是溶酶体稳定性的标志酶，是检测重金属污染的可靠标志物。研究表明，蚯蚓暴露在镉等复合污染土壤中，AP 活性随时间变化呈现先降后升再降的趋势。在暴露 2d 时，AP 酶活性增加，这可能是细胞免疫体系对异源物质的早期适应性反应，以减少异源物质对机体的损伤，随着蚯蚓适应镉污染环境，增强了 AP 活性来抵抗不良环境；随着污染时间的延长，重金属对蚯蚓产生的毒性反应超过了自身的防御系统所能适应的范围，导致酶结构遭到破坏（王辉和谢鑫源，2014）。

国内外针对氧化应激开展了大量的相关研究，蚯蚓体内与氧化应激密切相关的酶活性伴随着镉浓度与暴露时间发生变化。研究发现低浓度镉溶液促进赤子爱胜蚓体内 CAT、SOD、POD 活性增强，高浓度时则抑制。蚯蚓应对低浓度镉污染时，可以通过自身氧化应激反应来解毒，当处理完镉毒害产生的自由基后，几种酶的活性或含量又有所降低（岳敏慧等，2019）。此外，镉胁迫下蚯蚓氧化应激酶变化与暴露时间有关。研究表明 SOD 和 CAT 活性随着暴露时间增加而增加，GST 活性在胁迫的前期无明显变化，而后期明显增加。另外，蚯蚓氧化应激酶对镉胁迫有不同的灵敏性，不同酶被激活和抑制的镉胁迫浓度范围不同。此外，通过蚯蚓抗氧化酶单一及复合污染的方差分析发现，污染物的浓度并不是影响抗氧化酶活性的主要因素，暴露时间的贡献最大。说明污染物浓度是影响酶活性主导因素的认知有待商榷。不同种类的蚯蚓、不同抗氧化酶对镉浓度的响应结果不一，具体机制有待全面深入研究。

此外，也有研究表明，在镉胁迫下，蚯蚓不同组织部位筛选出的氧化应激指标存在差异，产生这种现象的原因可能为：①镉在蚯蚓体内的分布具有异质性，造成机体启动的应对机制有所差异；②蚯蚓不同组织部位在应对镉胁迫时的机能不同，因而其酶活力水平也有所差异。

4. 隔离

隔离是指生物将污染物运输到体内特定部位，使污染物不能到达体内敏感点，最终使污染物毒性降低甚至无毒性的生理过程。蚯蚓摄入镉后，为最大程度减小损伤，不能及时排出体外的镉会被某些组织细胞隔离沉淀。由于金属对生物体的毒性主要是由靶器官中的金属浓度决定的而不是体内总浓度。因此，金属毒性和生物耐性需要参考金属亚细胞分布（Wallace et al., 2003）。也就是说，通过分析镉的体内分布及其对应毒性大小能揭示镉在对应部位富集时对生物体的毒性效应，以此来揭示某些部位是否存在隔离机制。

研究表明，在细胞水平上镉主要积累在蚯蚓的黄色细胞区域中，在亚细胞水平上镉主要分布在蚯蚓的细胞溶质组分中，可能是因为细胞溶质组分中存在着较多的 MT，该蛋白在生物体内的金属解毒、储存和平衡过程中起着重要的作用，这为镉在细胞液中与蛋白结合并稳定存在和低消除率提供了优势（周丽娜等，2017）。在组织水平上镉主要分布在表皮，在亚机体水平上镉主要分布在生殖环节后端和后消化道中；通过蛋白印迹法观测到进入蚯蚓体内的镉与一种富含谷氨酸的大分子蛋白质结合后沉积于蚯蚓后肠的黄化组织中，避免对其他组织产生毒害，进一步验证蚯蚓通过隔离机制降低镉损伤。然而，这种隔离能力是有限的，研究表明，体腔细胞中镉累积于蚯蚓体腔液中具有金属诱捕能力的黄化细胞中，而金属元素的高积累导致了土壤中蚯蚓细胞形态和功能的损伤（Arunodaya et al., 2022）。不仅如此，即使对多种重金属有积累作用的黄色细胞在极端镉胁迫的环境下细胞核也会明显肿大，最后使黄色细胞解体（Chen et al., 2022）。

8.1.3 蚯蚓介导下土壤镉的环境行为

镉进入土壤后会改变土壤生物（包括蚯蚓）的生境。首先，生活在土壤中的蚯蚓会主动或被动地对污染物进行吸收。吸收进入生物体内的镉经机体生物作用后发生改变，变成无毒或毒性较小的物质或被隔离，这种过程称为解毒作用；但有时通过蚯蚓的作用改变其生物有效性后使镉毒性加剧，这就是激活。解毒和激活作用统称为生物转化。镉在蚯蚓体内经过运输、转移进行再分配。一部分镉经过蚯蚓体后排出体外，另一部分镉将会残留在蚯蚓体内，导致镉在蚯蚓体内的积累。蚯蚓介导下镉在土壤中的环境行为详见图 8-3。

图 8-3　蚯蚓介导下镉在土壤中的环境行为

1. 生物转化

一般来说，土壤中镉的生物有效性与存在形态明显影响镉的生物毒性强度。研究表明，蚯蚓通过改变土壤理化性质、土壤微生物等影响土壤镉有效态含量（图 8-4）。一方面，蚯蚓通过改变土壤理化性质等直接或间接影响土壤中镉有效态含量，多数研究认为蚯蚓存在提高了土壤中镉的有效态含量，主要是由于蚯蚓体表可以分泌出大量的、成分复杂的胶黏物质（mucus），其中很多成分含有—COOH、—NH$_2$、—C═O 等活性基团，能够络合重金属，同时胶黏物质又是微生物生活的基质，在不断遭到微生物分解的同时持续分泌，推动重金属的活化（刘德鸿等，2007）。另一方面，蚯蚓通过影响土壤微生物种类、数量及活性等影响土壤镉有效态含量，由于微生物活动本身可以直接或间接地活化重金属。另外，蚯蚓通过与土壤微生物的相互作用提高了土壤重金属的有效性；蚯蚓活动能显著降低土壤的 pH，进而促进重金属的活化，增加了镉的生物有效性（刘嫦娥等，2021c）。此外，研究表明重金属有效态含量随着蚯蚓的数量增加而增大，其原因与蚯蚓活动降低 pH 和加快分解有机质等有关。但是关于蚯蚓影响土壤 pH 的机理尚不明确，也有研究表明蚯蚓在无污染土壤中产生的蚓粪中含有 NH_3 和 $CaCO_3$，会提高土壤 pH（Edwards，1998）。土壤 pH 控制着金属水合氧化物、碳酸盐，以及硫酸盐的溶解度，是影响重金属吸附特性的主要因素，但蚯蚓活动对 pH 的影响仍待进一步研究。

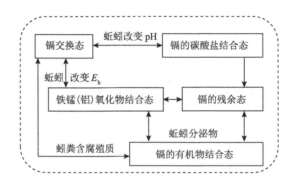

图 8-4　蚯蚓介导下土壤镉形态的生物转化

2. 生物积累和生物放大

蚯蚓通过不断地吞吐土壤食入镉，经消化一部分镉蓄积在体内，另一部分排泄至体外。根据蚯蚓体内镉浓度与土壤镉浓度的比值可以计算吸收富集系数 K，$K>1$ 时，则存在生物富集情况。研究表明，蚯蚓对镉具有富集能力，其富集量随着蚯蚓暴露时间的延长而逐渐增加，富集系数 K 值为 1.6～49.2（敬佩等，2009）。此外，随着土壤镉浓度的增加，蚯蚓体内镉浓度呈现先上升后下降的趋势，当土壤镉浓度为 220mg/kg 时，蚯蚓体内镉浓度达到最大值（为 787mg/kg），当土壤镉浓度为 22mg/kg 时，蚯蚓对镉的生物富集系数最大（为 15.3）（贺萌萌，2013），表明蚯蚓对低浓度镉有较好的富集效果。蚯蚓环带后部分主要是蚯蚓消化肠道，环带前部分是富含 AChE 的中枢神经系统，这会造成外来污染物在蚯蚓体内分布的异质性。蚯蚓富集的镉主要存储于身体后部消化道中，在蚯蚓的体节后部中（41～75 节）积累最多（Nazneen et al.，2021）。

蚯蚓体内富集的镉会伴随着食物链进入更高级生物体内，高营养级生物摄入的镉浓度远高于蚯蚓从环境中摄入的浓度。蚯蚓及其排泄物被用作家禽和鱼类的食物，也被用作有机肥料，因此蚯蚓摄入的镉会伴随着食物链进入更高的营养级中。这些被富集的镉可能并不对蚯蚓造成严重的伤害，但却可能影响食物链中更高级的生物。

8.1.4 结论与展望

蚯蚓与镉的相互作用机理目前已有较多研究，总体包含镉胁迫带来的蚯蚓氧化应激损伤，DNA 序列的损坏及表达的障碍，对蚯蚓的组织损伤、生长抑制和生殖影响；蚯蚓的存在对环境中镉存在形态的影响，其中不乏蚯蚓联合其他生物共同处理镉污染的研究。但仍有一些方面值得进一步探索。

（1）蚯蚓毒理研究中尚存的分歧点。目前关于蚯蚓体内抗氧化酶的响应机制是污染物浓度主导还是胁迫时间主导氧化酶活性，目前的研究尚有分歧；蚯蚓活动对土壤 pH 的影响，与蚓种相关还是与土壤质地、有机质含量相关，污染物种类不同是否影响蚯蚓分泌物的酸碱性都有待确定。大部分研究表明蚯蚓活动降低了土壤 pH，但也有部分研究表明无污染条件下蚯蚓活动提高了土壤 pH。

（2）蚯蚓的毒性生殖遗传研究。已有一些土壤无脊椎动物污染物母性转移的研究，但蚯蚓毒性生殖遗传方面研究尚缺，作为土壤中一个庞大的无脊椎动物类群，研究蚯蚓遗传毒理也是蚯蚓生态毒理的重点。

（3）目前蚯蚓生态毒理研究多选用抗逆能力较强的赤子爱胜蚓，研究对象单一。虽然赤子爱胜蚓是毒理学标准蚓种，但是它并非典型的土壤生物且通常对污染物具有较低的敏感性，实际镉污染环境中的蚯蚓类群各不相同，为提高研究的真实性与可靠性，后续研究应当多关注污染区域本地种的生态毒理状况。

（4）当前的研究多以急性毒性实验及短期慢性毒性实验为主。研究的时间尺度较小，未来研究可以从进化的角度关注镉胁迫对蚯蚓未来命运的影响。

8.2 蚯蚓-植物联合修复重金属污染土壤研究

目前，国内外在土壤重金属修复方面已做大量研究，在化学修复、物理修复、生物修复等方面已经开展了大量工作，虽然取得了较好的修复效果，但各有利弊。比如，微生物修复是土壤污染修复的一个重要的手段。用微生物可通过多种渠道改变重金属的活动性，使重金属在其活动相与非活动相之间转化，从而影响重金属的生物有效性，从而提高超积累植物对重金属的吸收进而提高重金属修复的效率。但是微生物对重金属的作用是有限的，当环境中的重金属增加到一定浓度时，重金属就会抑制微生物的生长代谢作用甚至引起死亡，而且微生物不能把污染物从土壤中去除，一般需要配合使用其他修复手段达到较好修复效果。物理化学修复使重金属的活性降低、钝化，从而降低其危害，但成本较高，易造成二次污染。在重金属污染土壤上，蚯蚓的确在提高植物生物量和活化重金属方面发挥了积极的作用，蚯蚓-植物联合修复为重金属的治理提供了一个新的思路和方向。

8.2.1 蚯蚓活动改良土壤质量加速植物修复重金属

作为土壤"生态系统工程师"的蚯蚓和植物的共同作用使土壤有机质结合到土壤团

聚体中，形成水稳性土壤团聚体，与微生物生物量、酶活性等对土壤肥力和质量起着关键作用。蚯蚓被视为土壤健康和质量的重要生物之一，其活动对土壤生态系统有着重要作用（图 8-5）。蚯蚓排泄、取食、挖穴等活动发挥着促进生态系统物质良性循环的作用，因此，蚯蚓介导与植物联合修复重金属污染土壤能提高植物对重金属的修复效率。

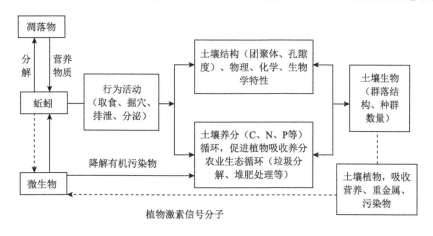

图 8-5　蚯蚓活动对土壤的作用

1. 蚯蚓活动改善土壤团聚体

土壤团粒结构为若干土壤单粒黏结在一起形成团聚体的土壤结构，蚯蚓是土壤中重要的聚集体形成管理者，土壤团聚体受到蚯蚓活动的影响。比如，蚯蚓掘穴行为可提高土壤孔隙度、改善土壤通气结构，不但为其他土壤动物和好氧微生物提供氧气和水分需求，还加快了有机质的分解，然而土壤有机质与土壤团聚体的密切相关性，使得土壤有机碳的稳定过程高度依赖于土壤团聚体的形成和稳定性。蚯蚓的添加还能提高退化土壤的团聚体稳定性，蚯蚓通过掘穴活动使得盐碱土中微团聚体的数量得到增加，土壤通气性和持水能力也得到提高。蚯蚓本身分泌的大量黏液也与土壤团聚体的水稳性有关，蚯蚓可利用植物根系分泌物或消化道的黏液将土壤有机质结合到土壤团聚体中。

不同生态类型的蚯蚓对土壤团聚体的形成和稳定性的作用是不同的。研究表明，在华南地区内栖类蚯蚓（南美岸蚓和壮伟远盲蚓）显著增加了赤红壤和红壤中的大团聚体，对土壤团聚体的形成和土壤结构的改善效果较赤子爱胜蚓更好（崔莹莹等，2020）。在免耕农业模式下，以土壤和植物残体为食的表栖类蚯蚓可通过将新鲜碳结合到土壤团聚体中而快速增加土壤碳（Arai et al.，2013），进而改善土壤质量。土壤团聚体作为土壤结构的基本单位，调控土壤中微量金属的分布，蚯蚓通过吞食土壤促进了土壤团聚体和铁锰氧化物的分解重构；土壤有机质是重金属的重要吸收库，对金属具有很高的亲和力。

蚯蚓活动与土壤有机质生物地球化学稳定机制相互作用，影响着土壤团聚体的分布及有机质在土壤中的停留时间。研究表明，接种蚯蚓不但提高了杨树人工林土壤团聚体中的全氮含量，还加速了土壤有机质的腐殖化过程（孟祥怀，2019）。此外，蚓粪含有丰富的腐殖质，既能增加土壤团聚体稳定性，还是植物营养素的主要来源，不会使土壤产生盐分胁迫。施用蚓粪增加了黄土高原土壤中不同大小团聚体的相关碳含量及重组有机碳（heavy fraction organic carbon，HFOC）、碳酸钙和交换性钙含量（Li et al.，2021）。蚯蚓活动显著影响土壤团粒结构的形成、腐殖质含量、土壤通透性等，进而影响植物的生长和对重金属的吸收。

2. 蚯蚓活动影响物质循环

蚯蚓通过自身活动调控土壤物理-化学-生物学特性，影响土壤养分的循环和转化。蚯蚓生活在富含腐殖质的湿润土壤中，以有机残落物作为生命活动的能源以及生长发育的营养物质，将有机物分解成无机物，是生态系统中的重要物质分解者，促进并积极参与自然界的物质循环过程。蚯蚓取食土壤和有机物质在肠道进行分解转化与吸收，可将蛋白质、脂肪、纤维素等物质转化为植物易于利用的氨、尿素、可给态的磷钾矿质元素等，同时将代谢剩余的产物与土壤一块排出到蚓粪中，参与肥沃土壤团聚体的形成，团聚体中含有的有机无机复合体及微量元素又成为植物的有效养分。蚯蚓一方面加快土壤凋落物和有机物释放养分的速度，提高土壤肥力促进植物养分吸收，另一方面还可分泌类似植物激素的信号分子，如生长素、细胞分裂素等促进植物生长，茉莉酸、水杨酸诱导对病原体的抗性。也有研究认为，蚯蚓影响小麦秸秆分解和养分循环，发现蚯蚓活动显著增加无机氮和硝态氮浓度（Pang et al.，2012），形成大量供植物吸收的无机氮。

蚯蚓在农业生态循环经济中也占有重要位置，发挥着农牧业废弃物的资源转化作用，使农牧业在良性循环中创造出更大的经济效益。作为腐食性土壤动物，对有机垃圾的蚯蚓分解处理具有很高的推广应用价值，蚯蚓生物处理不但对城市污泥与其他有机废弃物有净化作用，还可提高污泥中重金属的生物有效性及植物对重金属的吸收率。分解作用仅次于土壤微生物的蚯蚓，还通过掘穴、摄食、排泄等生理行为影响生态滤池中土壤微生物群落功能多样性，进而改善污水净化效率（王永谦等，2011）。可见蚯蚓在生态系统中具有的物质分解转化功能，无疑使其成为环境治理的主要载体之一。

蚯蚓的一个重要功能是混合基质，刺激碎屑食物网中微生物成分的活性、产量和生物量，从而消耗和分解难降解有机物在内的各种废物，成为保持土壤肥力养分和有机物的有效来源。有研究表明蚯蚓会通过掘穴、取食等活动加速包括木质素在内的土壤养分物质的循环，促进植物吸收，同时影响木质素及其酚酸类产物的降解过程，缓解其对植物产生的化感作用，提高植物的生物量（Akca et al.，2014）。此外，蚯蚓堆肥处理可弥补生物强化的局限性，提高污染物的去除效率，如蚓粪处理可加速阿特拉津的矿化（Zhong et al.，2018），加速其生物降解。蚯蚓通过摄食和掩埋活动调节有机废物分解的动态，影响农业生态系统中植物对肥料等养分的可用性。在矿物质存在的情况下，蚯蚓对有机质分解的影响与微生物生物量和矿物质相互作用有关。

8.2.2 蚯蚓-微生物相互作用促进植物修复重金属

作为"改良土壤能手"的蚯蚓，一方面通过自身活动改善土壤结构和肥力、促进植物根系生长，另一方面通过体外内分泌物和蚓粪提高微生物的数量和活性，加速土壤污染物的降解，蚯蚓与微生物相互作用详见图 8-6（张维兰等，2022）。蚯蚓与微生物的相互作用同时对有机质的分解及矿质营养的释放也起着重要作用，有机物中的 N、P、K、Ca 被释放且通过微生物行为转化为更易溶和更易被植物利用的成分（Zhang et al.，2000），从而提高植物吸收营养的能力，促进对重金属污染土壤的修复。

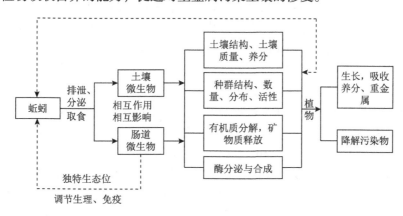

图 8-6　蚯蚓与微生物相互作用

1. 蚯蚓-土壤微生物相互作用

蚯蚓通过与土壤微生物的密切联系和共同作用来调节土壤生态功能。蚯蚓影响土壤微生物群落既可通过直接取食微生物，也可通过改变土壤孔隙度、团聚体稳定性、矿质养分元素的有效性等间接影响。不同生态类型的蚯蚓对土壤微生物的影响是不同的，表栖类赤子爱胜蚓，可增加土壤中细菌、真菌数量；深栖类环毛蚓（*Pheretima tschiliensis*）对细菌和真菌数量影响不大，但增加了微生物生物量、土壤酶活性和土壤呼吸强度；内栖类神女辛石蚓使土壤微生物生物量和土壤呼吸强度下降（曹佳等，2015）。蚯蚓黏液和蚓粪中含有的蛋白质、氨基酸等营养组分，能促进某些微生物生长繁殖，提高土壤中微生物的功能多样性。研究表明，不同添加量的蚓粪都能提高番茄根际土壤细菌、真菌，以及土壤微生物生物量碳和氮的含量，且 40%蚓粪处理的 CAT 活性增加幅度最大（曹旭等，2021）。

土壤微生物群落在调节污染土壤的植物修复中起着至关重要的作用。蚯蚓和微生物的相互作用影响了土壤氮、磷矿化，且改变了土壤微生物的群落结构和数量。研究表明，在镉污染土壤中引入蚯蚓后，革兰氏阴性菌和嗜热厌氧菌显著上调，而革兰氏阳性菌明显下降；在高处理水平的 Sb 和 Cd 土壤中，蚯蚓制造了鞘氨醇单胞菌属、黄杆菌属等，增加了细菌的多样性和均匀度（Xu et al.，2021）。此外，蚯蚓能减少不同植物物种根际微生物群落结构的差异。研究表明，在成年威廉环毛蚓存在下，六种植物根际微生物群落结构（由多个 PLFA 生物标记指示）的相似性增加（细菌和革兰氏阳性菌：革兰氏阴性菌比率的可变性降低）（Zheng et al.，2020）。在植物联合修复污染土壤的研究中，选择生物物种（蚯蚓、菌根真菌、固氮菌）进行土壤接种，可以改善土壤性质并促进养分循环。蚯蚓的生命代谢活动不仅影响土壤理化性质，还会改变土壤土著微生物群落与蚯蚓肠道微生物群落的组成。

2. 蚯蚓肠道微生物的贡献

肠道微生物是大量新物种和功能酶的重要来源。蚯蚓肠道微生物的研究对重金属污染土壤的修复、污染物降解等具有重要意义。但蚯蚓肠道微生物群落的多样性和丰富度受多种环境要素的影响。将赤子爱胜蚓暴露于磺胺甲噁唑污染土壤28d后，该抗生素可引起蚯蚓肠道微生物群落的紊乱，主要表现为内支杆菌属丰度降低，疣微菌科丰度增加，但对蚯蚓的存活率和生长无明显影响（熊小波等，2020）。而在研究微塑料（高密度聚乙烯和聚丙烯）对蚯蚓肠道和土壤细菌群的影响发现，微塑料的暴露使土壤中的气单胞菌科和假单胞菌科的相对丰度增加，对蚯蚓肠道微生物群落无显著影响（Cheng et al.，2021）。也有研究表明镉暴露扰乱蚯蚓肠道细菌群落平衡，且肠道中重金属抗性细菌更丰富。此外，蚯蚓通过在后消化道周围的嗜氯组织中形成有机金属络合物来积累金属，表明肠道细菌群落会对周围土壤中的金属污染做出反应。

蚯蚓肠道微生物群落可调节其宿主的生理和免疫，影响宿主的适应性，蚯蚓及其微生物群落还具有竞争、互利共生、捕食和促进等相互作用。蚯蚓肠道由于其独特的生态位（中性pH、厌氧条件、恒定水分和大量碳基质等），使得蚯蚓肠道细菌群落的 α 多样性较土壤的低，与周围土壤细菌群落具有明显不同的结构（拟杆菌门、变形菌门和厚壁菌门相对丰度较高）（Liu et al.，2020）。肠道的特殊环境也可作为土壤微生物的选择过滤器，蚯蚓消化后排出体外的蚓粪中大多为与金属迁移转化相关的优势菌群（如香味菌属、金丛毛单胞菌属、不动杆菌属等）。多数研究还采用了肠道微生物群落生存力测定作为评估土壤毒性的方式。肠道微生物群落的组合是由蚯蚓种类和生命形式决定的。研究表明，喜土内生蚯蚓肠道内存在的硅酸盐细菌既加速硅的风化，也增加了玉米植株的硅吸收和生长（Hu et al.，2018）。肠道细菌群落在重金属铜、锌胁迫下也可用于植物生长促进和生物修复，研究证实了蚯蚓肠道中分离的三种解磷细菌菌株具有促进绿豆种子生长、抗金属和溶解磷酸盐的能力（Biswas et al.，2018）。此外，进一步阐明了生物炭在土壤-植物-蚯蚓肠道细菌生态系统中的影响，高通量测序显示肠道中厚壁菌门和放线菌门的丰度与对照组有极显著差异，这为蚯蚓-植物联合修复重金属污染土壤提供了有力科学依据。

8.2.3 蚯蚓改变重金属形态影响植物修复重金属

蚯蚓对重金属具有一定的富集、迁移、转化功能，也能改变土壤重金属形态（图8-7）。土壤中重金属的形态（交换态、碳酸盐态、铁锰氧化态、有机态和残渣态）在适当条件下是可以相互转化的，其中蚯蚓发挥重要作用。研究表明，蚯蚓处理可使污泥中的Cu、Zn、Cd、Ni 等重金属从稳定形态（残渣态和铁锰态等）向有效形态（交换态和水溶态等）转化（Bai et al.，2020），且重金属污染相关的胁迫可触发蚯蚓体内金属硫蛋白的合成，该蛋白可与 Cd^{2+}、Cu^{2+}等金属离子有效结合，且蚯蚓体内的金属硫蛋白与重金属浓度呈正相关。因此，金属硫蛋白浓度可视为屠宰场土壤重金属污染的生物标志物。作为蚯蚓产物的分泌液和蚓粪在植物修复重金属污染土壤进程中同样发挥着不可替代的作用。蚯蚓分泌液中含有大量能够促进植物生长发育的营养元素和可络合、活化重金属的胶黏物质。作为常见多功能生物有机肥的蚓粪也具有修复土壤、活化和固定重金属的功能。可见，蚯蚓分泌液和蚓粪可作为有潜力的土壤重金属污染修复剂。

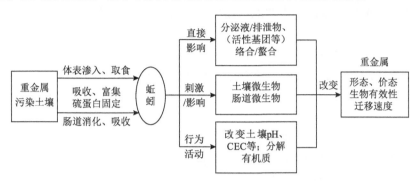

图 8-7　蚯蚓改变土壤重金属形态机制

1. 蚯蚓分泌液改变重金属的环境行为

1g 生物量蚯蚓平均每天能产生 5.6 mg 黏液，黏液蛋白对重金属的络合作用使得蚯蚓分泌液能提高土壤中重金属活性，黏液中富含—COOH、—NH_2、—C—O 等活性基团及有机物质，提高了土壤中重金属的生物有效性（有机酸及氨基酸溶解重金属化合物和含重金属的矿）（张东光，2016）。研究表明，稀释的蚯蚓黏液提取物降低了砷的迁移率（形成砷-氨基酸-氧化铁三元复合物），在缺氧肠道环境中发现 As（Ⅴ）还原为 As（Ⅲ）（Sizmur et al.，2011）。此外，在添加蚯蚓分泌液的情况下，番茄幼苗根、茎、叶中镉浓度增加了 103.4%、64.3%和 37.4%，镉富集量增加 364.1%、151.5%和 129.2%；而且，蚯蚓黏液和氨基酸促进植物生长和镉积累（提高了镉在番茄幼苗中的亚细胞分布及无机态和可溶性态镉的浓度）（Zhang et al.，2009）。

植物生长与分泌液中含有大量的可溶性有机碳、氮、磷、钾等植物可利用的营养成分有关。研究表明，蚯蚓黏液中还含有微量植物激素 IAA，促进了黑麦草生长（根系鲜重增加 33.6%～146%），并提高了菲在黑麦草体内的传输系数（约 54.0%～102.0%）（史志明等，2013）。此外，蚯蚓分泌液在土壤中不仅有利于蚯蚓运动的减阻特性，还对土壤中微生物活性的刺激和植物残留物的分解具有激发作用，驱动植物残留物的矿化和腐殖化。蚯蚓在受到热刺激、机械、电击等时分泌的黏液中还含有抗菌肽等活性成分（有较强抑菌活性）。作为微生物易同化碳源的黏液，可诱发微生物吸附重金属或进行重金属价态转化，影响植物对重金属的吸收。

2. 蚓粪对重金属的影响

蚯蚓体内的重金属超过其耐受极限便会以蚓粪的形式排出体外，蚓粪是蚯蚓吞食土壤通过肠道消化后含粗灰分和腐殖酸的排泄物，能高效吸附各类重金属。研究表明，施用蚓粪使草莓果实中铅、汞、无机砷 3 类重类金属的含量显著下降；蚓粪中具有赤霉素、细胞分裂素等植物激素，能影响植物的生长和作物品质（胡佩等，2002）。重金属的最终归宿和生物利用度（迁移、分布、运输和吸收），可通过金属形态来评估，蚓粪的添加降低了土壤可交换态 Cd 含量，从而显著降低水稻糙米中 Cd 含量。蚓粪还因其结构疏松、表面积大、营养元素丰富等特点，能增加土壤微团聚体数量，较大程度吸附重金属。在物质组配改良酸性土壤研究中发现，蚓粪处理的有效态 Pb 含量显著降低 11.68%（潘攀等，2020），且提高了土壤 pH、阳离子交换量和土壤有机质含量。

适宜的蚓粪配比对植物的生长发育具有重要意义，可提高植物生物量和养分的吸收总量。冯萍等（2012）研究表明，蚓粪配比为 50%和 75%时，墨西哥玉米茎叶及根系的生物量最大，但茎叶对 Cu、Zn 的积累量在蚓粪配比为 50%时最高，75%的配比则有利于根系对 Cu、Zn 的吸收。

此外，蚓粪复合材料钝化重金属，广泛用于土壤重金属稳定性研究。如蚓粪和石灰作为复合土壤改良剂可显著促进葡萄生长，抑制其可食部分的铜积累（Trentin et al.，2019）；蚓粪+零价铁+磷矿粉改良剂，使土壤 Cd、Pb 从可交换态（活性高）向残渣态（活性低）转化（潘攀等，2020）；不同生物炭的添加能降低蚓粪中镉、铬、铜、锰和锌等重金属浓度，增加细菌 16S rDNA 和真核生物 18S rDNA 丰度（Khan et al.，2019）。

8.2.4 结语与展望

蚯蚓作为土壤生态系统中最具代表性的大型无脊椎动物，适应性强、分布性广，能通过自身活动改善土壤物理-化学-生物学特性，提高土壤肥力、质量及植物抗逆性；并且与微生物相互作用、相互影响，改变重金属价态及形态等环境行为，也促进植物生长。蚯蚓还能显著影响重金属的最终归宿和生物利用度。从蚯蚓与土壤、微生物、重金属三方面论述蚯蚓在植物修复重金属污染土壤中的作用，可知蚯蚓介导联合植物修复重金属污染土壤具有较好的应用前景与价值。但该技术仍处于发展阶段，需进一步探究多种作用机制，减少限制因素。

在今后的研究中，要充分考虑到：①目前生态毒理实验主要采用赤子爱胜蚓等国际标准蚓种，而不同品种蚯蚓对环境因素的需求是不同的，因此环境因子的选择和调控及蚯蚓种类的驯化，是提高修复效率的关键；②蚯蚓-植物修复技术虽有诸多优点，而超积累植物大多生长周期缓慢、生物量低、种类有限，同时存在蚯蚓的规避行为进而逃逸污染区域的问题，根据污染土壤的具体状况制定针对性的修复方案是核心；③对于复合型重金属污染土壤，蚯蚓-植物修复可能会活化其他重金属元素，提升土壤潜在风险，因此选育优良生物品种成为研究的重点；④当前研究主要在实验室进行，持续时间短，人为控制因素多，而长期金属污染下的蚯蚓-土壤-植物-微生物（含肠道微生物）的作用机制需要深入研究。可将这些不足与现代分子生物学技术、转基因技术等结合，进行蚯蚓良种培育，筛选抗逆能力强、活化重金属能力强的品种，改善超积累植物的生物现状，充分发挥植物与蚯蚓各自优势，弥补不足，进而提高蚯蚓-植物联合治理土壤重金属的修复效率，最终达到彻底修复重金属污染土壤的目的。

参 考 文 献

安梦洁, 王开勇, 王海江, 等. 2019. 修复剂调控铅镉污染棉田对土壤微生物多样性的影响[J]. 土壤, 51 (3): 541-548.

白建峰, 林先贵, 尹睿, 等. 2007. 蚯蚓对 As 污染土壤酶活性及其 P 养分的影响[J]. 土壤通报, (5): 978-983.

毕婷婷, 钱琪所. 2015. 云南省重金属污染源控制途径与对策[J]. 南方农机. 46 (8): 61-62.

曹佳, 王冲, 皇彦, 等. 2015. 蚯蚓对土壤微生物及生物肥力的影响研究进展[J]. 应用生态学报, 26 (5): 1579-1586.

曹四平, 谭灿, 王欢, 等. 2018. 南泥湾湿地陆栖蚯蚓的分布及其影响因素[J]. 干旱区资源与环境, 32 (4): 80-84.

曹旭, 张先成, 王向向, 等. 2021. 蚯蚓粪对番茄根际土壤微生物学特性的影响[J]. 北方园艺, (15): 97-105.

柴轶凡, 张灿, 孔令阳, 等. 2018. 云南错恰湖两百年来气候环境变化与重金属污染[J]. 湖泊科学, 30 (6): 1732-1744.

晁会珍, 孙明明, 朱国繁, 等. 2020. 蚯蚓肠道细菌生态功能及毒理学研究进展[J]. 生态毒理学报, 15 (5): 35-48.

陈丽萍, 陈青, 赵辉, 等. 2020. 贺兰山东麓荒漠藻结皮微生物群落结构及其演替研究[J]. 生态学报, 40 (9): 3105-3114.

陈穗玲, 李锦文, 邓红梅. 2014. 福建沿海地区农田土壤理化性质与重金属含量的关系[J]. 湖北农业科学, 53 (13): 3025-3029.

陈卫平, 杨阳, 谢天, 等. 2018. 中国农田土壤重金属污染防治挑战与对策[J]. 土壤学报, 55 (2): 261-272.

陈义. 1956. 中国蚯蚓[M]. 北京: 科学出版社.

陈义, 许智芳. 1977. 中国陆栖寡毛类几个新种的记述 II [J]. 动物学报, (2): 61-67.

陈义, 许智芳, 杨潼, 等. 1975. 中国陆栖寡毛类几个新种的记述[J]. 动物学报, (1): 89-99

陈兆进, 李英军, 邵洋, 等. 2020. 新乡市镉污染土壤细菌群落组成及其对镉固定效果[J]. 环境科学, 41 (6): 2889-2897.

陈志伟. 2007. 铜、镉单一及复合污染对蚯蚓的急性毒性效应[J]. 浙江农业学报, 19 (1): 20-24.

程思远, 李欢, 梅慧玲, 等. 2021. 接种蚯蚓与添加有机物料对茶园土壤结构的影响[J]. 土壤学报, 58 (1): 259-268.

崔莹莹, 吴家龙, 张池, 等. 2020. 不同生态类型蚯蚓对赤红壤和红壤团聚体分布和稳定性的影响[J]. 华南农业大学学报, 41 (1): 86-93.

代金君, 张池, 周波, 等. 2015. 蚯蚓肠道对重金属污染土壤微生物群落结构的影响[J]. 中国农业大学学报, 20 (5): 95-102.

杜杰. 2008. 西双版纳橡胶林与次生林植物碳输入对蚯蚓分布及其种群动态的影响[D]. 西双版纳: 中国科学院双版纳热带植物园.

段旭, 陶云, 段长春. 2011. 云南省细网格气候区划及气候代表站选取[J]. 大气科学学报, 34 (3): 336-342.

冯萍, 郭丹, 姚武, 等. 2012. 蚓粪配比对墨西哥玉米生长及重金属积累特性的影响[J]. 杭州师范大学学报(自然科学版), 11(5): 403-406, 409.

高超, 李霁, 刘征涛, 等. 2015. 土壤铅镉铬暴露下赤子爱胜蚓的回避行为和急性毒性[J]. 环境科学研究, 28(10): 1596-1601.

高翔云, 汤志云, 李建和, 等. 2006. 国内土壤环境污染现状与防治措施[J]. 江苏环境科技, 19(2): 52-55.

高岩, 骆永明. 2005. 蚯蚓对土壤污染的指示作用及其强化修复的潜力[J]. 土壤学报, 42(1): 140-148.

郜雅静, 李建华, 靳东升, 等. 2018. 重金属污染土壤的微生物修复技术探讨[J]. 山西农业科学, 46(1): 150-154.

谷盼妮, 王美娥, 陈卫平. 2015. 环草隆与镉复合污染对城市绿地重金属污染土壤有机氮矿化量、基础呼吸和土壤酶活性的影响[J]. 生态毒理学报, 10(4): 65-87.

谷卫彬. 2008. 外来种紫茎泽兰对入侵地土壤动物群落及多样性的影响[D]. 北京: 中国科学院植物研究所.

顾浩天, 袁永达, 张天澍, 等. 2021. 蚯蚓修复污染土壤的作用与机理研究进展[J]. 江苏农业科学, 49(20): 30-39.

郭永灿, 王振中, 张友梅, 等. 1996. 重金属对蚯蚓的毒性毒理研究[J]. 应用与环境生物学报, 2(1): 132-140.

郝月崎. 2018. 蚯蚓对土壤中乙草胺降解的作用及机理研究[D]. 北京: 中国农业科学院.

贺萌萌. 2013. 北京褐潮土中的镉对玉米幼苗和蚯蚓的毒性效应[D]. 杨凌: 西北农林科技大学.

贺卓. 2020. 分子和细胞水平上解析环己醇与环己酮对蚯蚓抗氧化系统的影响及作用机理[D]. 济南: 山东大学.

胡斌, 段昌群, 刘醒华. 1999. 云南寻定几种农作物籽粒中重金属的比较研究[J]. 重庆环境科学, 21(6): 45-47.

胡佳妮. 2021. 农田土壤中微塑料污染特征和典型塑料地膜的环境行为研究[D]. 上海: 华东师范大学.

胡佩, 刘德辉, 胡锋, 等. 2002. 蚓粪中的植物激素及其对绿豆插条不定根发生的促进作用[J]. 生态学报, (8): 1211-1214.

胡正勋. 2018. 稳定型纳米零价铁对重金属污染河道底泥的修复及其迁移性研究[D]. 长沙: 湖南大学.

黄福珍. 1979. 论蚯蚓对土壤结构形成及性态的影响[J]. 土壤学报, (3): 211-217, 319-320.

简兴, 翟晓钰, 王喻, 等. 2020. 土地利用方式改变对湿地土壤总有机碳与可溶性有机碳的影响[J]. 浙江农业学报, 32(3): 475-482.

姜锦林, 单正军, 周军英, 等. 2017. 常用农药对赤子爱胜蚓急性毒性和抗氧化酶系的影响[J]. 农业环境科学学报, 36(03): 466-473.

蒋际宝. 2016. 中国巨蚓科蚯蚓分类与分子系统发育研究[D]. 上海: 上海交通大学.

蒋际宝, 邱江平. 2018. 中国巨蚓科蚯蚓的起源与演化[J]. 生物多样性, 26(10): 1074-1082.

蒋新宇. 2009. 镉、毒死蜱复合污染对土壤酶活性和青菜生长的影响[D]. 南京: 南京农业大学

敬佩, 李光德, 刘坤, 等. 2009. 蚯蚓诱导对土壤中铅镉形态的影响[J]. 水土保持学报. 23(3): 65-68.

康玉娟, 武海涛. 2021. 蚯蚓对土壤碳氮循环关键过程的影响及其机制研究进展[J]. 土壤与作物, 10(2): 150-162.

李春华. 2016. 云南中甸县雪鸡坪矿区土壤重金属污染评价[D]. 成都: 成都理工大学.

李江燕, 杨永珠, 李志林, 等 2013. 云南个旧大屯镇蔬菜重金属污染现状及健康风险评价[J]. 安全与环境学报, 13(2): 91-96.

李孝刚, 丁昌峰, 王兴祥. 2014. 重金属污染对红壤旱地小节肢类土壤动物群落结构的影响[J]. 生态学报, 34(21): 6198-6204.

李妍, 石岩, 吴迪. 2022. 过腹转化有机废弃物对蚯蚓及蚯蚓粪的影响研究[J]. 环境保护科学, 48(4): 84-88.

李志强. 2009. 蚯蚓对铜离子的富集及其对人工土壤铜锌形态的影响[D]. 泰安: 山东农业大学.

梁继东, 周启星. 2003. 甲胺磷、乙草胺和铜单一与复合污染对蚯蚓的毒性效应研究[J]. 应用生态学报, 14(4): 593-596.

林恭华, 赵芳, 陈桂琛, 等. 2012. 青海湖北岸不同土地利用方式对大型土壤动物群落的影响[J]. 草业学报, 21(2): 180-186.

刘白林. 2017. 甘肃白银东大沟流域农田土壤重金属污染现状及其在土壤-作物-人体系统中的迁移转化规律[D]. 兰州: 兰州大学.

刘嫦娥, 孟祥怀, 秦媛儒, 等. 2020. 乙草胺胁迫下蚯蚓活动对土壤-作物系统影响研究[J]. 环境生态学, 2(12): 8-14.

刘嫦娥, 秦媛儒, 孟祥怀, 等. 2021a. 镉-乙草胺胁迫对蚯蚓-土壤-玉米系统的影响[J]. 中国生态农业学报(中英文), 29(3): 549-558.

刘嫦娥, 肖艳兰, 谭佳欣, 等. 2021b. 铅单一及铅镉复合暴露对赤子爱胜蚓急性毒性效应及其掘穴行为响应[J]. 农业现代化研究, 42(2): 330-338.

刘嫦娥, 岳敏慧, 谭辉林, 等. 2021c. 纳米零价铁(nZVI)对蚯蚓-微生物-土壤生态系统的毒性效应研究[J]. 中国生态农业学报 (中英文), 29(10): 1722-1732.

刘德鸿, 成杰民, 刘德辉. 2007. 蚯蚓对土壤中铜、镉形态及高丹草生物有效性的影响[J]. 应用与环境生物学报. 13(2): 209-214.

刘广深, 徐冬梅, 李克斌, 等. 2004. 酸雨、铜和莠去津对土壤水解酶活性的影响[J]. 应用生态学报, 15(1): 127-130.

刘海龙. 2015. 基于蚯蚓生物毒性的土壤 Cd 生态阈值研究[D]. 苏州: 苏州科技学院.

刘丽艳, 宁玉翠, 邬欣慧, 等. 2017. 基于因子分析的 Cd^{2+} 胁迫下赤子爱胜蚓氧化应激响应[J]. 生态学杂志, 36(7): 1923-1932.

刘青源. 2022. 秸秆还田过程中添加蚯蚓对土壤微生物功能多样性的影响[D]. 长春: 长春师范大学.

刘一凡, 杨丽娟, 王红, 等. 2021. 蚯蚓粪肥在农业生产中的应用效果及研究进展[J]. 土壤通报, 52(311): 361-368.

龙正南. 2021. 多菌灵对蚯蚓肠道菌群及抗生素抗性基因的影响[D]. 杭州: 浙江大学.

卢明珠, 吕宪国, 管强, 等. 2015. 三江平原碟形洼地中陆栖蚯蚓的分布及影响因素[J]. 湿地科学, 13(5): 563-568.

鲁福庆, 王兴明, 储昭霞, 等. 2022. 蚯蚓对不同厚度复垦土壤中重金属生物有效性的影响[J]. 生态学杂志, 41(1): 124-131.

马建明, 王焕校, 何玉芹. 1998. 铅污染对小麦生态型的影响[J]. 环境科学学报, (4): 104-107.

孟祥怀. 2019. 镉污染下蚯蚓行为和微生物群落结构对杨树凋落物分解的影响研究[D]. 昆明: 云南大学.

苗明升, 孙倩, 魏述勇. 2010. 镉与乙草胺复合作用对玉米生物学性状的影响[J]. 山东师范大学学报(自然科学版), 25(2): 116-118.

潘攀, 刘贝贝, 吴琳. 2020. 蚯蚓粪、生物炭和海泡石对酸性土壤改良和镉铅风险控制的对比研究[C]// 第十届重金属污染防治技术及风险评价研讨会论文集. 长沙: 中国环境科学学会: 224-231.

潘声旺, 魏世强, 袁馨, 等. 2011. 蚯蚓在植物修复芘污染土壤中的作用[J]. 生态学报, 31(5): 1349-1355.

潘政, 郝月崎, 赵丽霞, 等. 2020. 蚯蚓在有机污染土壤生物修复中的作用机理与应用[J]. 生态学杂志, 39(9): 3108-3117.

普秋榕, 王红漫. 2018. 云南省出口食用菌产业发展研究——以食品安全监管为视角[J]. 食品安全质量检测学报, 9(16): 4193-4199.

钱雷晓. 2014. 镉污染对小白菜氮素吸收代谢及土壤氮素转化的影响[D]. 武汉: 华中农业大学.

秦建桥, 夏北成, 周绪, 等. 2008. 粤北大宝山矿区尾矿场周围土壤重金属含量对土壤酶活性影响[J]. 生态环境学报, 17(4): 1503-1508.

秦天才, 吴玉树. 1998. 镉、铅及其相互作用对小白菜根系生理生态效应的研究[J]. 生态学报, 18(3):

320-325.

瞿燕, 高原, 杨婉秋. 2015. 云南省普洱市茶叶中重金属及稀土总量分析[J]. 昆明学院学报, 37(6): 34-38.

任婷. 2012. 重金属污染区土壤动物群落结构特征及其与重金属污染的相关性研究[D]. 太原: 山西师范大学.

单存海, 钟鸣, 刘宛, 等. 2011. 镉胁迫对拟南芥 MMLLHH11 基因启动子甲基化的影响[J]. 植物生理学报, 47(3): 298-304.

盛积贵, 张晶, 李晓梅. 2015. 有机磷农药氧乐果对玉米幼苗生长的影响[J]. 湖北农业科学, 54(15): 3671-3674.

施时迪, 白义, 马勇军. 2010. 重金属污染对土壤动物的毒性效应研究进展[J]. 中国农学通报, 26(14): 288-293.

史志明, 马丽丽, 胡飞龙, 等. 2013. 蚯蚓黏液对黑麦草幼苗生长及其对菲吸收的影响[J]. 土壤, 45(6): 1091-1096.

宋凤敏. 2013. 蚯蚓在环境污染治理及其资源化应用中的研究进展[J]. 广东农业科学, 40(6): 164-168.

宋伟, 陈百明, 刘琳. 2013. 中国耕地土壤重金属污染概况[J]. 水土保持研究, 20(2): 293-298.

宋阳, 于晓菲, 邹元春, 等. 2016. 冻融作用对土壤碳、氮、磷循环的影响[J]. 土壤与作物, 5(2): 78-90.

孙福来, 张延霞, 庞祥锋, 等. 2007. 长期定位施肥对土壤有机质和碱解氮及冬小麦产量的影响[J]. 土壤通报, 38(5): 1016-1018.

唐浩, 朱江, 黄沈发, 等. 2013. 蚯蚓在土壤重金属污染及其修复中的应用研究进展[J]. 土壤, 45(1): 17-25.

陶亮, 张乃明. 2017. 云南部分地区农产品重金属污染现状与分析[J]. 中国农学通报, 33(20): 83-89.

万盼, 黄小辉, 熊兴政, 等. 2018. 农药施用浓度对油桐幼苗生长及土壤酶活性、有效养分含量的影响[J]. 南京林业大学学报(自然科学版), 42(1): 73-80.

王斌, 蒋洋杨, 焦加国, 等. 2015. 蚯蚓活动对土壤氨基酸组分及含量的影响[J]. 生态学报, 35(14): 4816-4823.

王飞菲, 郑梦梦, 刘树海, 等. 2014. 两种除草剂对蚯蚓的急性毒性及氧化胁迫效应[J]. 生态毒理学报, 9(6): 1210-1218.

王恒亮, 张永超, 吴仁海, 等. 2011. 氰草·莠去津悬浮剂对玉米形态和生理指标的影响[J]. 农药, 50(2): 150-152.

王红, 王邵军, 李霁航. 2017. 不同森林群落类型土壤蚯蚓数量和生物量的时空分布特征[J]. 南京林业大学学报(自然科学版), 41(3): 37-42.

王洪涛, 丁晶, 邵元虎, 等. 2022. 4 种蚯蚓肠道微生物对砷毒性的响应差异研究[J]. 生态学报, 42(1): 379-389.

王辉, 谢鑫源. 2014. Cd、Cu 和 Pb 复合污染对蚯蚓抗氧化酶活性的影响[J]. 环境科学, 35(7): 2748-2754.

王理德, 姚拓, 王方琳, 等. 2016. 石羊河下游退耕地土壤微生物变化及土壤酶活性[J]. 生态学报, 36(15): 4769-4779.

王明娣, 刘芳, 刘世亮, 等. 2010. 不同磷含量和秸秆添加量对褐土镉吸附解吸的影响[J]. 生态环境学报, 19(4): 803-808.

王邵军, 王红, 李霁航. 2017. 不同土地利用方式对蚯蚓数量及生物量分布的影响[J]. 生态学杂志, 36(1): 118-123.

王秀英, 曹文洪, 陈东. 1998. 土壤侵蚀与地表坡度关系研究[J]. 泥沙研究, 2: 36-41.

王彦华, 陈丽萍, 赵学平, 等. 2010. 新烟碱类和阿维菌素类药剂对蚯蚓的急性毒性效应[J]. 农业环境科学学报. 9(12): 2299-2304.

王彦华, 俞卫华, 杨立之, 等. 2012. 22 种常用除草剂对蚯蚓(*Eisenia fetida*)的急性毒性[J]. 生态毒理学报, 7(3): 317-325.

王艳龙, 林道辉. 2017. 纳米零价铁与土壤组分的相互作用及其环境效应[J]. 化学进展, 29(9): 1072-1081.

王一言. 2018. 蚯蚓协助纳米零价铁迁移及对污染物的去除[D]. 大连: 大连理工大学.

王永谦, 杨林章, 冯彦房, 等. 蚯蚓活动对生态滤池微生物群落功能多样性的影响[J]. 中国农学通报, 2011, 27(32): 162-167.

王振中, 颜亨梅. 1996. 有机磷农药对土壤动物群落结构的影响研究[J]. 生态学报, 16(4): 357-366.

王振中, 张友梅, 胡觉莲, 等. 1994. 土壤重金属污染对蚯蚓(Opisthopra)影响的研究[J]. 环境科学学报, 14(2): 236-243.

王振中, 张友梅, 李忠武, 等. 2002. 有机磷农药对土壤动物毒性的影响研究[J]. 应用生态学报, 13(12): 1663-1666.

韦杰. 2021. 蚯蚓-植物协同移除土壤中铬的机制研究[D]. 扬州: 扬州大学.

吴纪华, 孙希达. 1996. 长白山杜拉属蚯蚓一新种(寡毛纲: 链胃蚓科)[J]. 四川动物, (3): 98-99, 117.

吴志豪. 2016. 蚯蚓对土壤阿特拉津降解的影响与机理研究[D]. 广州: 华南农业大学.

肖艳兰, 岳敏慧, 王朋, 等. 2020. 蚯蚓群落结构与分布的影响因素研究进展[J]. 环境科学与技术, 43(7): 72-83.

邢益钊. 2020. 浅谈蚯蚓对土壤环境的指示作用及其功能的影响[J]. 热带农业科学, 40(12): 87-90.

熊小波, 孙博琳, 秦静婷, 等. 2020. 磺胺甲恶唑对赤子爱胜蚓肠道微生物群落的影响[J]. 环境科学学报, 40(11): 399-406.

徐冬梅, 饶桂维. 2016. 铜-毒死蜱对蚯蚓的联合毒性效应[J]. 应用生态学报, 27(9): 3029-3034.

徐建, 张平, 穆洪, 等. 2006. 两种除草剂复合污染对蚯蚓的毒性效应[J]. 农业环境科学学报, (5): 1188-1192.

徐瑾. 2020. 蚯蚓对杨树人工林土壤酶活性及微生物群落结构的影响[D]. 南京: 南京林业大学.

徐少慧, 蒋代华, 史鼎鼎, 等. 2019. 重金属复合污染土壤中耐铅镉微生物的筛选及鉴定[J]. 应用与环境生物学报, 25(3): 532-538.

徐轶群, 吴小飞, 许健, 等. 2016. 蚯蚓堆肥对城市生活污泥氮、磷营养物质矿化的影响[J]. 家畜生态学报, 37(4): 54-58.

严红梅, 杜丽娟, 和丽忠, 等. 2017. 云南省不同产地大米重金属砷污染风险分析[J]. 食品安全质量检测学报, 8(9): 3654-3660.

严珺, 吴纪华. 2018. 植物多样性对土壤动物影响的研究进展[J]. 土壤, 50(2): 231-238.

杨牧青, 康宏宇, 刘源, 等. 2017. 云南会泽某铅锌冶炼厂周边土壤重金属污染特征与评价[J]. 山东农业科学, 49(4): 72-77.

于建光, 胡锋, 李辉信, 等. 2010. 接种蚯蚓对土壤团聚体分布、稳定性及有机碳赋存的影响[J]. 水土保持学报, 24(3): 175-179, 184.

禹明慧, 孟祥怀, 段昌群, 等. 2020. 蚯蚓介导下镉胁迫对土壤理化性质和玉米生长的影响[J]. 环境化学, 39(10): 2654-2665.

袁馨, 潘声旺, 陈勇, 等. 2011. 蚯蚓对土壤-植物系统中菲、芘降解的强化效应研究[J]. 农业环境科学学报, 30(5): 904-911.

岳敏慧, 王朋, 禹明慧, 等. 2019. 云南地区土壤重金属污染危害及其防治措施建议[J]. 农业科学, 9(4): 278-289.

曾远, 罗立强. 2017. 土壤中特异性微生物与重金属相互作用机制与应用研究进展[J]. 岩矿测试, 36(3): 209-221.

张宝贵. 1997. 蚯蚓与微生物的相互作用[J]. 生态学报, 17(5): 106-110

张池, 周波, 吴家龙, 等. 2018. 蚯蚓在我国南方土壤修复中的应用[J]. 生物多样性, 26(10): 1091-1102.

张东光. 2016. 蚯蚓粘液脱附减阻机理和仿生沃土应用[D]. 吉林：吉林大学.

张慧琦, 王坤, 岳士忠, 等. 2017. 土壤镉污染对赤子爱胜蚓 (*Eisenia fetida*) 和加州腔蚓 (*Metaphire californica*) 体表角质层的影响[J]. 生态环境学报, (10)：1807-1813.

张树杰. 2009. 蚯蚓粘液对番茄幼苗生长及 Cd 富集的影响机理初探[D]. 南京：南京农业大学.

张维兰, 张悦, 刘萍, 等. 2022. 蚯蚓在植物修复重金属污染土壤中的研究进展[J]. 环境科学与技术, 45(8)：155-165.

张卫信, 李健雄, 郭明昉, 等. 2005. 广东鹤山人工林蚯蚓群落结构季节变化及其与环境的关系[J]. 生态学报, (6)：1362-1370.

张小敏, 张秀英, 钟太洋, 等. 2014. 中国农田土壤重金属富集状况及其空间分布研究[J]. 环境科学, 35(2)：692-703.

张晓绪, 张嘉伟, 孙星星, 等. 2020. 蚯蚓粪对镉在土壤-水稻系统中迁移转化影响[J]. 农业环境科学学报. 39(8)：1723-1733.

张旸. 2009. 铜与菊酯农药复合污染对土壤微生物群落的影响[D]. 南京：南京大学.

张一. 2016. 基于组学的蚯蚓 (*Amynthas heterochaetus*) 自身免疫系统及肠道微生物群落协同防御机理研究[D]. 北京：中国农业大学.

张钊, 张海清. 2019. 湖南省镉污染土壤现状及建议[J]. 现代农业科技, (10)：150-151, 153.

章淼, 肖洪文, 贾传钊, 等. 2019. 蚯蚓对土壤重金属转化机制研究进展[J]. 科技创新导报, 16(2)：134-135.

郑丽萍, 王国庆, 林玉锁, 等. 2015. 贵州省典型矿区土壤重金属污染对蚯蚓的毒性效应评估[J]. 生态毒理学报, 10(2)：258-265.

钟远辉. 1992. 四川陆栖寡毛类两新种记述 (寡毛纲：链胃蚓科、棘蚓科) [J]. 动物分类学报, 17(3)：268-273.

仲伟彦, 殷秀琴, 陈鹏. 1999. 帽儿山森林落叶分解消耗与土壤动物关系的研究[J]. 应用生态学报, 10(4)：511.

周垂帆. 2013. 重金属和草甘膦复合污染生态毒理研究[D]. 南京：南京林业大学.

周东兴, 王晓, 宁玉翠, 等. 2017. 镉胁迫对赤子爱胜蚓 (*Eisenia fetida*) 氧化应激反应影响[J]. 东北农业大学学报, 48(2)：59-68.

周丽娜, 周静, 李辉信, 等. 2017. 镉对苯并 (a) 芘在蚯蚓亚细胞组分中分配积累的影响[J]. 生态学报, 19：6616-6623.

周雨婷. 2020. 中国农田土壤中抗生素抗性基因分布及典型污染物浓度特征、对其影响与风险评估[D]. 杭州：浙江大学.

朱玲. 2006. 蚯蚓对土壤生物学性质、活性有机碳组分和土壤团聚体稳定性的影响[D]. 南京：南京农业大学.

庄海峰. 2010. 落叶松和水曲柳人工林土壤动物群落生态以及施氮肥的影响[D]. 哈尔滨：东北林业大学.

庄昭城, 陈宇谦, 汪靖, 等. 2018. 福州市市售稻米镉含量调查[J]. 海峡预防医学杂志, 24(4)：4-5.

Ahmad I, Akhtar M J, Asghar H N, et al. 2015. Differential effects of plant growth-promoting rhizobacteria on maize growth and cadmium uptake[J]. Journal of Plant Growth Regulation, 35(2)：1-13.

Aira M, Fernando M, Jorge D. 2007. *Eisenia fetida* (Oligochaeta: Lumbricidae) modifies the structure and physiological capabilities of microbial communities improving carbon mineralization during vermicomposting of pig manure[J]. Microbial Ecology, 54(4)：662-671.

Akca, Yilmaz, Kızılkaya. 2014. Evaluation of suppression of rhizomania disease by earthworm (*Lumbricus terrestris* L.) and its effects on soil microbial activity in different sugar beet cultivars[J]. Archives of Agronomy and Soil Science, 60(11)：1565-1575.

Alves P R L, Cardoso E J B N, Martines A M, et al. 2013. Earthworm ecotoxicological assessments of pesticides used to treat seeds under tropical conditions[J]. Chemosphere, 90(11): 2674-2682.

Amosse J, Dozsa-Farkas K, Boros G, et al. 2016. Patterns of earthworm, enchytraeid and nematode diversity and community structure in urban soils of different ages[J]. European Journal of Soil Biology, 73: 45-58.

Anna M. R, Fischer H, Tranvik M L J. 2006. Interactions of bacteria and fungi on decomposing litter: Differential extracellular enzyme activities[J]. Ecology, 87(10): 2559-2569.

Arai M, Tayasu I, Komatsuzaki M, et al. 2013. Changes in soil aggregate carbon dynamics under no-tillage with respect to earthworm biomass revealed by radiocarbon analysis[J]. Soil & Tillage Research, 126: 42-49.

Araujo Y, Luiz F, Barros E. 2004. Effect of earthworm addition on soil nitrogen availability, microbial biomass and litter decomposition in mesocosms[J]. Biology and Fertility of Soils, 39(3): 146-152.

Arunodaya G, Soumalya M, Sumit M, et al. 2022. Metal accumulation and morphofunctional damage in coelomocytes of earthworm collected from industrially contaminated soil of Kolkata, India[J]. Comparative Biochemistry and Physiology (Part C: Toxicology & Pharmacology), 256: 109299.

Bai H C, Luo M, Wei S Q, et al. 2020. The vital function of humic acid with different molecular weight in controlling Cd and Pb bioavailability and toxicity to earthworm (Eisenia fetida) in soil [J]. Environmental Pollution, 261: 223-246.

Bartz M L C, Pasini A, Brown G G. 2013. Earthworms as soil quality indicators in Brazilian no-tillage systems[J]. Applied Soil Ecology, 69: 39-48.

Bastardie F, Capowiez Y, Renault P, et al. 2005. A radio-labelled study of earthworm behaviour in artificial soil cores in term of ecological types[J]. Biology and Fertility of Soils, 41(5): 320-327.

Bedano J C, Vaquero F, Dominguez A, et al. 2019. Earthworms contribute to ecosystem process in no-till systems with high crop rotation intensity in Argentina[J]. Acta Oecologica-International Journal of Ecology, 98: 14-24.

Berg B, Mcclaugherty C. 2013. Plant Litter: Decomposition, Humus Formation, Carbon Sequestration[M]. 3rd ed. New York: Springer.

Bernard L, Chapuis-Lardy L, Razafimbelo T, et al. 2012. Endogeic earthworms shape bacterial functional communities and affect organic matter mineralization in a tropical soil[J]. The ISME Journal, 6: 213-222.

Bertrand M, Barot S, Blouin M, et al. 2015. Earthworm services for cropping systems: A review[J]. Agronomy for Sustainable Development, 35(2): 553-567.

Birkhofer K, Schoning I, Alt F, et al. 2012. General relationships between abiotic soil properties and soil biota across spatial scales and different land-use types[J]. Plos One, 7(8): 43292.

Biswas J K, Banerjee A, Rai M, et al. 2018. Potential application of selected metal resistant phosphate solubilizing bacteria isolated from the gut of earthworm (Metaphire posthuma) in plant growth promotion[J]. Geoderma, 330: 117-124.

Burton N C, Guilarte T R. 2009. Manganese neurotoxicity: Lessons learned from longitudinal studies in nonhuman primates [J]. Environmental Health Perspectives, 117: 325-332.

Butt K R, Quigg S M. 2021. Earthworm community development in soils of a reclaimed steelworks[J]. Pedosphere, 31(3): 384-390.

Campos D, Alves A, Lemos M F L, et al. 2014. Effects of cadmium and resource quality on freshwater detritus processing chains: A microcosm approach with two insect species[J]. Ecotoxicology, 23(5): 830-839.

Capowiez Y, Cadoux S, Bouchant P, et al. 2009. The effect of tillage type and cropping system on earthworm communities, macroporosity and water infiltration[J]. Soil and Tillage Research, 105(2): 209-216.

Capowiez Y, Rault M, Mazzia C, et al. 2003. Earthworm behaviour as a biomarker-A case study using imidacloprid: The 7th international symposium on earthworm ecology · Cardiff · Wales · 2002[J]. Pedobiologia, 47(5-6): 542-547.

Carpenter, Alexis, Wells, et al. 2015. Enhanced biogas production from nanoscale zero valent iron-amended anaerobic bioreactors[J]. Environmental Engineering Science, 56: 236-254.

Chakarvorty M, Dwivedi A K, Shukla A D, et al. 2015. Geochemistry and magnetic measurements of suspended sediment in urban sewage water vis-à-vis quantification of heavy metal pollution in Ganga and Yamuna Rivers, India[J]. Environmental Monitoring & Assessment, 187(9): 604.

Chan K Y, Barchia I. 2007. Soil compaction controls the abundance, biomass and distribution of earthworms in a single dairy farm in south-eastern Australia[J]. Soil and Tillage Research, 94(1): 75-82.

Chen K, Tang R, Luo Y, et al. 2022. Transcriptomic and metabolic responses of earthworms to contaminated soil with polypropylene and polyethylene microplastics at environmentally relevant concentrations[J]. Journal of Hazardous Materials, 427: 1-11.

Cheng X, Danek T, Drozdova J, et al. 2018. Soil heavy metal pollution and risk assessment associated with the Zn-Pb mining region in Yunnan, Southwest China[J]. Environmental Monitoring and Assessment, 190(4): 194.

Cheng Y, Song W, Tian H, et al. 2021. The effects of high-density polyethylene and polypropylene microplastics on the soil and earthworm *Metaphire guillelmi* gut microbiota[J]. Chemosphere, 267: 129219.

Cline L C, Zak D R. 2015. Initial colonization, community assembly and ecosystem function: Fungal colonist traits and litter biochemistry mediate decay rate[J]. Molecular Ecology, 24(19): 5045-5058.

Crittenden S J, Eswaramurthy T, De Goede R G M, et al. 2014. Effect of tillage on earthworms over short- and medium-term in conventional and organic farming[J]. Applied Soil Ecology, 83: 140-148.

Cui J, Wang W, Peng Y, et al. 2019. Effects of simulated Cd deposition on soil Cd availability, microbial response, and crop Cd uptake in the passivation-remediation process of Cd-contaminated purple soil[J]. Science of the Total Environment, 683(15): 782-792.

Dam R F, Mehdi B B, Burgess M S E, et al. 2005. Soil bulk density and crop yield under eleven consecutive years of corn with different tillage and residue practices in a sandy loam soil in central Canada[J]. Soil and Tillage Research, (84): 41-53.

Danger M, Chauvet E. 2013. Elemental composition and degree of homeostasis of fungi: Are aquatic hyphomycetes more like metazoans, bacteria or plants?[J]. Fungal Ecology, 6(5): 453-457.

Danila V, Vasarevicius S, Valskys V. 2018. Batch removal of Cd(II), Cu(II), Ni(II), and Pb(II) ions using stabilized zero-valent iron nanoparticles[J]. International Scientific Conference Environmental and Climate Technologies, 147: 214-219.

Das P, Barua S, Sarkar S, et al. 2018. Mechanism of toxicity and transformation of silver nanoparticles: Inclusive assessment in earthworm-microbe-soil-plant system[J]. Geoderma, 314: 73-84.

Datta S, Singh J, Singh S, et al. 2016. Earthworms, pesticides and sustainable agriculture: A review[J]. Environmental Science & Pollution Research International, 23(9): 8227-8243.

Dey A, Chaudhuri P S. 2014. Earthworm community structure of pineapple (Ananas comosus) plantations under monoculture and mixed culture in West Tripura, India[J]. Tropical Ecology, 55(1): 1-17.

Dominguez-Crespo M A, Sanchez-Hernandez Z E, Torres-Huerta A M, et al. 2012. Effect of the heavy metals Cu, Ni, Cd and Zn on the growth and reproduction of epigeic earthworms (*E. fetida*) during the vermistabilization of municipal sewage sludge[J]. Water Air & Soil Pollution, 223: 915-931.

Don A, Steinberg B, Sche N I, et al. 2008. Organic carbon sequestration in earthworm burrows[J]. Soil Biology & Biochemistry, 40(7): 1803-1812.

Dong H, Ahmad K, Zeng G, et al. 2016a. Influence of fulvic acid on the colloidal stability and reactivity of nanoscale zero-valent iron[J]. Environmental Pollution, 211: 363-369.

Dong H, Zhao F, Zeng G, et al. 2016b. Aging study on carboxymethyl cellulose-coated zero-valent iron nanoparticles in water: Chemical transformation and structural evolution[J]. Journal of Hazardous Materials, 312: 234-242.

Dwivedi A D, Ma L Q. 2014. Biocatalytic synthesis pathways, transformation, and toxicity of nanoparticles in the environment[J]. Critical Reviews in Environmental Science and Technology, 44(15): 1679-1739.

Edwards C A, Pimentel D. 1989. Impact of herbicides on soil ecosystems[J]. Critical Reviews in Plant Sciences, 8(3): 221-257.

Edwards C A. 1998. The use of earthworms in the breakdown and management of organic wastes[M]// Earthworm Ecology. Boca Raton: CRC Press: 327-354.

Edwards C A. 2004. Earthworm Ecology. Second Edition[M]. Boca Raton: CRC Press.

El-temsah Y S, Joner E J. 2012. Ecotoxicological effects on earthworms of fresh and aged nano-sized zero-valent iron (nZVI) in soil [J]. Chemosphere, 89: 76-82.

Elyamine A, Afzal J, Rana M, et al. 2018. Phenanthrene mitigates cadmium toxicity in earthworms *Eisenia fetida* (epigeic specie) and *Aporrectodea caliginosa* (endogeic specie) in soil [J]. International Journal of Environmental Research and Public Health, 15(11): 2384.

Fajardo C, Costa G, Nande M, et al. 2019. Heavy metals immobilization capability of two iron-based nanoparticles (nZVI and Fe_3O_4): Soil and freshwater bioassays to assess ecotoxicological impact [J]. Science of the Total Environment, 656: 421-432.

Fajardo C, Sánchez-fortúNns, Costa G, et al. 2020. Evaluation of nanoremediation strategy in a Pb, Zn and Cd contaminated soil[J]. Science of the Total Environment, 706: 112-122.

Felten D, Emmerling C. 2009. Earthworm burrowing behaviour in 2D terraria with single- and multi-species assemblages[J]. Biology and Fertility of Soils, 45(8): 789-797.

Fontaine S, Mariotti A, Abbadie L. 2003. The priming effect of organic matter: A question of microbial competition?[J]. Soil Biology & Biochemistry, 2003, 35(6): 837-843.

Frey-Klett P, Garbaye J, Tarkka M. 2010. The mycorrhiza helper bacteria revisited[J]. New Phytologist, 176(1): 22-36.

Frund H C, Graefe U, Tischer S. 2011. Earthworms as Bioindicators of Soil Quality[J]. Biology of Earthworms, 24: 261-278.

Ganguly P, Breen A, Pillais S C. 2018. Toxicity of nanomaterials: Exposure, pathways, assessment, and recent advances[J]. ACS Biomaterials Science & Engineering, 4: 2237-2275.

Gao Y, Zhou P, Mao L, et al. 2010. Assessment of effects of heavy metals combined pollution on soil enzyme activities and microbial community structure: modified ecological dose-response model and PCR-RAPD[J]. Environmental Earth Sciences, 60(3): 603-612.

Gil-Díaz M, Pinilla P, Alonso J, et al. 2017. Viability of a nanoremediation process in single or multi-metal (loid) contaminated soils[J]. Journal of Hazardous Materials, 321(5): 812-819.

Gupta R D, Chakravorty P P, Kaviraj A. 2011. Susceptibility of epigeic earthworm *Eisenia fetida* to agricultural application of six insecticides[J]. Chemosphere, 84(5): 724-726.

Hassen A, Jedidi N, Cherf M, et al. 1998. Mineralization of nitrogen in a clayey loamy soil amended with organic wastes enriched with Zn, Cu and Cd[J]. Bioresource Technology, 64: 39-45.

He X, Liu S, Wang J, et al. 2020. Disturbance intensity overwhelms propagule pressure and litter resource in controlling the success of *Pontoscolex corethrurus* invasion in the tropics[J]. Biological Invasions, 22: 1705-1721.

Helen R P, Carlos A G, Marie L C B, et al. 2019. Global distribution of earthworm diversity[J]. Science, 366:

480-485.

Herman U, Wang M, Chen W, et al. 2017. Evaluation of combined noxious effects of siduron and cadmium on the earthworm *Eisenia fetida*[J]. Environmental Science and Pollution Research, 24: 5349-5359.

Hobbelen P H F, Josée E. K, Gestel C A. 2007. Effects of heavy metals on the litter consumption by the earthworm *Lumbricus rubellus* in field soils[J]. Pedobiologia, 50(1): 51-60.

Hoeffner K, Santonja M, Monard C, et al. 2021. Soil properties, grassland management, and landscape diversity drive the assembly of earthworm communities in temperate grasslands[J]. Pedosphere, 31(3): 375-383.

Hogsden K L, Harding J S. 2013. Leaf breakdown, detrital resources, and food webs in streams affected by mine drainage[J]. Hydrobiologia, 716(1): 59-73.

Hoppe B, Purahong W, Wubet T, et al. 2016. Linking molecular deadwood-inhabiting fungal diversity and community dynamics to ecosystem functions and processes in Central European forests[J]. Fungal Diversity, 77(1): 367-379.

Hu F, He Y Q. 2000. Organic matter decomposition in red soil as affected by earthworms[J]. Pedosphere, 10(2): 143-148.

Hu L, Xia M, Lin X h, et al. 2018. Earthworm gut bacteria increase silicon bioavailability and acquisition by maize[J]. Soil Biology and Biochemistry, 125: 215-221.

Hu S, Zhang W, Li J, et al. 2016. Antioxidant and gene expression responses of *Eisenia fetida* following repeated exposure to BDE209 and Pb in a soil-earthworm system [J]. Science of the Total Environment, 556: 163-168.

Huang W X, Huang Y, Ye F Y, et al. 2011. Effects of copper on phenology and reproduction in *Rumex dentatus* from metalliferous and non-metalliferous sites[J]. Ecotoxicology and Environmental Safety, (74): 1043-1049.

Javed M T, Akram M S, Tanwir K, et al. 2017. Cadmium spiked soil modulates root organic acids exudation and ionic contents of two differentially Cd tolerant maize (*Zea mays* L.) cultivars [J]. Ecotoxicology and Environmental Safety, 141: 216-225.

Jégou D, Cluzeau D, Wolf H J, et al. 1997. Assessment of the burrow system of *Lumbricus terrestris*, *Aporrectodea giardi*, and *Aporrectodea caliginosa* using X-ray computed tomography[J]. Biology & Fertility of Soils, 26(2): 116-121.

Kabi F, Kayima D, Kigozi A, et al. 2020. Effect of different organic substrates on reproductive biology, growth rate and offtake of the African night crawler earthworm (*Eudrilus eugeniae*)[J]. Organic Agriculture, 10: 395-407.

Karin M, Cathala G, Nguyen-Huu M C. 1983. Expression and regulation of a human mentallothionein gene carried on an autonomously replicating shuttle vextor[J]. PNAS, 80: 4040-4044.

Keller A A, Kendra G, Miller R J, et al. 2012. Toxicity of nano-zero valent iron to freshwater and marine organisms[J]. Plos One, 7(8): 505-512.

Khan M B, Cui X, Jilani G, et al. 2019. *Eisenia fetida* and biochar synergistically alleviate the heavy metals content during valorization of biosolids via enhancing vermicompost quality[J]. Science of the Total Environment, 684: 597-609.

Kim Y N, Robinson B, Lee K A, et al. 2017. Interactions between earthworm burrowing, growth of a leguminous shrub and nitrogen cycling in a former agricultural soil[J]. Applied Soil Ecology, 110: 79-87.

Kumar A, Dorodnikov M, Splettster T, et al. 2017. Effects of maize roots on aggregate stability and enzyme activities in soil[J]. Geoderma, 306: 50-57.

Kuramae E E, Hillekens R H E, Hollander M D, et al. 2013. Structural and functional variation in soil fungal communities associated with litter bags containing maize leaf[J]. FEMS Microbiology Ecology, 84 (3) : 519-531.

Langdon C J, Piearce T G, Meharg A A, et al. 2001. Survival and behaviour of the earthworms *Lumbricus rubellus* and *Dendrodrilus rubidus* from arsenate-contaminated and non-contaminated sites[J]. Soil Biology & Biochemistry, 33 (9) : 1239-1244.

Latif A, Sheng D, Sum K, et al. 2020. Remediation of heavy metals polluted environment using Fe-based nanoparticles: Mechanisms, influencing factors, and environmental implications [J]. Environmental Pollution, 264: 125-146.

Lavelle P. 1983. The Structure of Earthworm Communities[M]. Berlin: Springer.

Le Couteulx A, Cédric W, Hallaire V, et al. 2015. Burrowing and casting activities of three endogeic earthworm species affected by organic matter location[J]. Pedobiologia, 58 (2-3) : 97-103.

Leveque T, Capowiez Y, Schreck E, et al. 2015. Effects of historic metal (loid) pollution on earthworm communities[J]. Science of the Total Environment, 511 (4) : 738-746.

Li G, Sun S. 2011. Experimental warming induces degradation of a Tibetan alpine meadow through trophic interactions[J]. Journal of Applied Ecology, 48 (3) : 659-667.

Li L Y, Hu J W, Shi X D, et al. 2016. Nanoscale zero-valent metals: A review of synthesis, characterization, and applications to environmental remediation [J]. Environmental Science and Pollution Research, 23: 17880-17900.

Li Y P, Wang J, Shao M A. 2021. Application of earthworm cast improves soil aggregation and aggregate-associated carbon stability in typical soils from Loess Plateau[J]. Journal of Environmental Management, 278: 111504.

Liu A, Liu J, Zhang W. 2015. Transformation and composition evolution of nanoscale zero valent iron (nZVI) synthesized by borohydride reduction in static water[J]. Chemosphere, 119: 1068-1074.

Liu C E, Duan C Q, Liu F, et al. 2012. Early-phase detection of heat shock proteins (Hsp27 and Hsp40) in extruded earthworm tissue after dermal exposure to herbicides[J]. Advanced Materials Research, 343-344: 1140-1151.

Liu C E, Duan C Q, Meng X H, et al. 2020. Cadmium pollution alters earthworm activity and thus leaf-litter decomposition and soil properties [J]. Environmental Pollution, 267: 12208-12231.

Lu Y F, Lu M. 2015. Remediation of PAH-contaminated soil by the combination of tall fescue, arbuscular mycorrhizal fungus and epigeic earthworms[J]. Journal of Hazardous Materials, 285: 535-541.

Mamat A, Zhang Z, Mamat Z, et al. 2020. Pollution assessment and health risk evaluation of eight (metalloid) heavy metals in farmland soil of 146 cities in China[J]. Environmental Geochemistry and Health, 187: 112-128.

Maria K, Whalen J K, Bradley R L. 2014. Litter controls earthworm-mediated carbon and nitrogen transformations in soil from temperate riparian buffers[J]. Applied and Environmental Soil Science, 2014: 1-12.

Mcinga S, Mnkeni P, Manyevere A. 2020. Earthworm diversity and density as affected by soil and climatic factors in Raymond Mhlaba municipality, Eastern Cape province, South Africa[J]. South African Journal of Plant and Soil, 38 (1) : 19-26.

Medeiros A O, Rocha P, Rosa C A, et al. 2008. Litter breakdown in a stream affected by drainage from a gold mine[J]. Fundamental and Applied Limnology, 172 (1) : 59-70.

Melin, Elias. 1930. Biological decomposition of some types of litter from North American forests[J]. Ecology, 11 (1) : 72.

Meshcheryakova E N, Berman D I. 2014. Cold hardiness and geographic distribution of earthworms

(*Oligochaeta, Lumbricidae, Moniligastridae*) [J]. Entomological Review, 94: 486-497.

Miao R Q, Yan Y F, Bai Y, et al. 2015. Assessment of heavy metal contamination of soil in Kunming[J]. Advanced Materials Research, 1092-1093: 774-779.

Mo X H, Yu H Q, Zhen J S, et al. 2012. Molecular toxicity of earthworms induced by cadmium contaminated soil and biomarkers screening[J]. Journal of Environmental Sciences, 24 (8): 1504-1510.

Monga Y, Kumar P, Sharma R K, et al. 2020. Sustainable synthesis of nanoscale zerovalent iron particles for environmental remediation[J]. ChemSusChem, 13: 3288-3305.

Nagajyoti P, Lee K, Sreekanth T. 2010. Heavy metals occurrence and toxicity for plants: A review[J]. Environmental Chemistry Letters, 8 (3): 199-216.

Nazneen H, Subhendu K C, Tushar K M, et al. 2021. Metal induced non-metallothionein protein in earthworm: A new pathway for cadmium detoxification in chloragogenous tissue[J]. Journal of Hazardous Materials, 401: 123357.

Nuutinen V. 1992. Earthworm community response to tillage and residue management on different soil types in southern Finland [J]. Soil and Tillage Research, (32): 353-361.

Pablo G P, Maestre F T, Kattge J, et al. 2013. Climate and litter quality differently modulate the effects of soil; fauna on litter decomposition across biomes[J]. Ecology Letters, 16 (8): 1045-1053.

Pang J Z, Qiao Y H, Sun Z J, et al. 2012. Effects of epigeic earthworms on decomposition of wheat straw and nutrient cycling in agricultural soils in a reclaimed salinity area: A microcosm study[J]. Pedosphere, 22 (5): 726-735.

Rahman M M, Tsukamoto J, Rahman M M, et al. 2013. Lignin and its effects on litter decomposition in forest ecosystems[J]. Chemistry & Ecology, 29 (6): 540-553.

Reiser, René, Simmler M, et al. 2014. Cadmium concentrations in New Zealand pastures: Relationships to soil and climate variables[J]. Journal of Environment Quality, 43 (3): 917.

Richardson J B, Gorres J H, Friedland A J. 2017. Exotic earthworms decrease Cd, Hg, and Pb Pools in upland forest soils of Vermont and New Hampshire USA[J]. Bulletin of Environmental Contamination and Toxicology, 99: 428-432.

Rosciszewska M, Lapinski S. 2008. The impact of cadmium and mercury contamination on reproduction and body mass of earthworms[J]. Plant Soil Environmental, 54 (2): 61-65.

Sampedro L, Jeannotte R, Whalen J K, et al. 2006. Trophic transfer of fatty acids from gut microbiota to the earthworm *Lumbricus terrestris* L. [J]. Soil Biology and Biochemistry, 38 (8): 2188-2198.

Sarwar N, Saifullah, Malhi S S, et al. 2010. Role of mineral nutrition in minimizing cadmium accumulation by plants[J]. Journal of the Science of Food & Agriculture, 90 (6): 925-937.

Schwarz B, Dietrich C, Cesarz S, et al. 2015. Non-significant tree diversity but significant identity effects on earthworm communities in three tree diversity experiments[J]. European Journal of Soil Biology, 67: 17-26.

Shylesh Chandran M S, Sujatha S, Mohan M, et al. 2012. Earthworm diversity at Nilgiri biosphere reserve, Western Ghats, India[J]. Biodiversity and Conservation, 21 (13): 3343-3353.

Singh J, Schadler M, Demetrio W, et al. 2019. Climate change effects on earthworms: A review[J]. Soil Organisms, 91 (3): 113-137.

Singh S, Sharma A, Khajuria K, et al. 2020. Soil properties changes earthworm diversity indices in different agro-ecosystem[J]. BMC Ecology, 20: 27.

Sivakumar S. 2015. Effects of metals on earthworm life cycles: A review[J]. Environmental Monitoring and Assessment, 187 (8): 530.

Sizmur T, Watts M J, Brown G D, et al. 2011. Impact of gut passage and mucus secretion by the earthworm

Lumbricus terrestris on mobility and speciation of arsenic in contaminated soil[J]. Journal of Hazardous Materials, 197(24): 169-175.

Suthar S, Gairola S. 2014. Nutrient recovery from urban forest leaf litter waste solids using *Eisenia fetida*[J]. Ecological Engineering, 71: 660-666.

Talbot J M, Treseder K K. 2011. Ecology: Dishing the dirt on carbon cycling[J]. Nature Climate Change, 1(3): 144-146.

Tang H, Yan Q, Wang X, et al. 2016. Earthworm (*Eisenia fetida*) behavioral and respiration responses to sublethal mercury concentrations in an artificial soil substrate[J]. Applied Soil Ecology, 104: 48-53.

Tasharrofi S, Rouzitalab Z, Maklavany D M, et al. 2020. Adsorption of cadmium using modified zeolite-supported nanoscale zero-valent iron composites as a reactive material for PRBs[J]. Science of the Total Environment, 736: 1124-1136.

Teng Z, Shao W, Zhang K, et al. 2020. Enhanced passivation of lead with immobilized phosphate solubilizing bacteria beads loaded with biochar/ nanoscale zero valent iron composite[J]. Journal of Hazardous Materials, 384: 121505.

Tian H, Cheng K, Wang Y, et al. 2012. Temporal and spatial variation characteristics of atmospheric emissions of Cd, Cr, and Pb from coal in China[J]. Atmospheric Environment, 50(1): 157-163.

Trentin E, Facco D B, Hammerschmitt R K, et al. 2019. Potential of vermicompost and limestone in reducing copper toxicity in young grapevines grown in Cu-contaminated vineyard soil[J]. Chemosphere, 226: 421-430.

Tripathi G, Kachhwaha N, Dabi I. 2010. Alterations in aerobic and anaerobic dehydrogenases and protein levels of three tropical earthworm species with respect to different seasons[J]. Environmentalist, 30(2): 163-170.

Usman A R, Almaroai Y A, Ahmad M, et al. 2013. Toxicity of synthetic chelators and metal availability in poultry manure amended Cd, Pb and As contaminated agricultural soil[J]. Journal of Hazardous Materials, 262: 1022-1030.

Van Schaik L, Palm J, Klaus J, et al. 2014. Linking spatial earthworm distribution to macropore numbers and hydrological effectiveness[J]. Ecohydrology, 7(2): 401-408.

Vorıskova, Jana, Baldrian P. 2013. Fungal community on decomposing leaf litter undergoes rapid successional changes[J]. The ISME Journal, 7(3): 477-486.

Wachendorf C, Irmler U, Blume H P, et al. 1997. Relationships between litter fauna and chemical changes of litter during decomposition under different moisture conditions[C]. Driven by Nature: Plant Litter Quality & Decomposition.

Wallace W G, Lee B G, Luoma S N. 2003. Subcellular compartmentalization of Cd and Zn in two bivalves. I. Significance of metal-sensitive fractions (MSF) and biologically detoxified metal (BDM)[J]. Marine Ecology Progress Series, 249: 183-197.

Wang H T, Zhu D, Li G, et al. 2019. Effects of arsenic on gut microbiota and its biotransformation genes in earthworm *Metaphire sieboldin*[J]. Environmental Science & Technology. 53(7): 3841-3849.

Wang K, Qiao Y H, Zhang H Q, et al. 2018. Influence of cadmium-contaminated soil on earthworm communities in a subtropical area of China[J]. Applied Soil Ecology, 127: 64-73.

Wang L, Cui X, Cheng, et al. 2015. A review of soil cadmium contamination in China including a health risk assessment[J]. Environmental Science and Pollution Research, 22: 16441-16452.

Wang M, Zhou Q, Ren L. 2009. Toxicological responses in wheat Triticum aestivum, under joint stress of chlorimuron-ethyl and copper[J]. Ecotoxicology & Environmental Safety, 72(8): 2121-2129.

Wu S, Vosatka M, Vogel-Mikus K, et al. 2018. Nano zero-valent iron mediated metal(loid) uptake and translocation by arbuscular mycorrhizal symbioses[J]. Environmental Science & Technology, 52: 7640-7651.

Xu J M, Tang C, Chen Z L. 2006. Chemical composition controls residue decomposition in soils differing in initial pH [J]. Soil Biology and Biochemistry, 38: 544-552.

Xu S, Johnson-Maynard J L, Prather T S. 2013. Earthworm density and biomass in relation to plant diversity and soil properties in a Palouse prairie remnant[J]. Applied Soil Ecology, 72: 119-127.

Xu Z, Yang Z, Zhu T, et al. 2021. Ecological improvement of antimony and cadmium contaminated soil by earthworm *Eisenia fetida*: Soil enzyme and microorganism diversity[J]. Chemosphere, 273: 129496.

Xue W, Huang D, Zeng G, et al. 2018a. Performance and toxicity assessment of nanoscale zero valent iron particles in the remediation of contaminated soil: A review[J]. Chemosphere, 210: 1145-1156.

Xue W, Huang D, Zeng G, et al. 2018b. Nanoscale zero-valent iron coated with rhamnolipid as an effective stabilizer for immobilization of Cd and Pb in river sediments[J]. Journal of Hazardous Materials, 341: 381-389.

Yang Q, Li Z, Lu X, et al. 2018. A review of soil heavy metal pollution from industrial and agricultural regions in China: Pollution and risk assessment[J]. Science of the Total Environment, 642: 690-700.

Yang X, Tsibsrt A, Nam H, et al. 2019. Effect of gasification biochar application on soil quality: Trace metal behavior, microbial community, and soil dissolved organic matter[J]. Journal of Hazardous Materials, 365: 684-694.

Yirsaw B D, Mayilswami S, Megharaj M, et al. 2016a. Effect of zero valent iron nanoparticles to *Eisenia fetida* in three soil types [J]. Environmental Science and Pollution Research, 23: 9822-9831.

Yirsaw B D, Megharaj M, Chen Z, et al. 2016b. Environmental application and ecological significance of nano-zero valent iron[J]. Journal of Environment Sciences (China), 44: 88-98.

Zhang B G, Li G T, Shen T S, et al. 2000. Changes in microbial biomass C, N, and P and enzyme activities in soil incubated with the earthworms *Metaphire guillelmi* or *Eisenia fetida*[J]. Soil Biology and Biochemistry, 32 (14): 2055-2062.

Zhang L, Duan X, He N, et al. 2017. Exposure to lethal levels of benzo[a]pyrene or cadmium trigger distinct protein expression patterns in earthworms (*Eisenia fetida*) [J]. Science of the Total Environment. 595: 733-742.

Zhang M, Jin B J, Bi Q F, et al. 2022. Variations of earthworm gut bacterial community composition and metabolic functions in coastal upland soil along a 700-year reclamation chronosequence[J]. Science of the Total Environment, 804: 149994.

Zhang S J, Hu F, Li H, et al. 2009. Influence of earthworm mucus and amino acids on tomato seedling growth and cadmium accumulation [J]. Environmental Pollution, 157 (10): 2737-2742.

Zhao C, Griffin J N, Wu X, et al. 2013. Predatory beetles facilitate plant growth by driving earthworms to lower soil layers[J]. Journal of Animal Ecology, 82 (4): 749.

Zheng Y, Chen X, Gong X, et al. 2020. The geophagous earthworm *Metaphire guillelmi* effects on rhizosphere microbial community structure and functioning vary with plant species[J]. Geoderma, 379: 114647.

Zhong L, Zhen Z, Lei R, et al. 2018. Effects of two ecological earthworm species on atrazine degradation performance and bacterial community structure in red soil[J]. Chemosphere, 196: 467-475.

Zhou B, Chen Y Y, Zhang C, et al. 2021. Earthworm biomass and population structure are negatively associated with changes in organic residue nitrogen concentration during vermicomposting[J]. Pedosphere, 31 (3): 433-439.

Zhu Y, Liu X L, Hu Y L, et al. 2019. Behavior, remediation effect and toxicity of nanomaterials in water environments[J]. Environmental Research, 174: 54-60.